工业和信息化人才培养规划教材

Industry And Information Technology Training Planning Materials

Technical And Vocational Education

高职高专计算机系列

C 语言程序设计 精编教程

C Language Programming Tutorial

陈正权 岳睿 ◎ 主编

王宇一 蒋治国 邓小龙 ◎ 副主编

陆国平 朱艳琴 ◎ 主审

人民邮电出版社

北 京

图书在版编目（CIP）数据

C语言程序设计精编教程 / 陈正权，岳睿主编. --
北京：人民邮电出版社，2014.1（2018.9重印）
工业和信息化人才培养规划教材. 高职高专计算机系
列
ISBN 978-7-115-33204-2

Ⅰ. ①C… Ⅱ. ①陈… ②岳… Ⅲ. ①
C语言－程序设计－高等职业教育－教材 Ⅳ. ①TP312

中国版本图书馆CIP数据核字(2013)第241316号

内 容 提 要

　　C语言是国内外广泛使用的计算机语言，也是计算机程序员应掌握的一种基本程序设计语言。本书面向程序设计初学者编写，内容包括：初识 C 语言，数据类型、运算符与表达式，顺序结构程序设计，选择结构程序设计，循环结构程序设计，数组，函数，指针，结构体与共用体，文件以及项目综合实训。本书针对 C 语言初学者和高职高专学生的特点，以"注重基础、注重方法、注重编程技能、注重应用"为指导思想，灵活运用案例教学、任务驱动、启发式教学等多种教学方法，对 C 语言的语法知识和 C 程序的设计思想及设计方法等进行了系统介绍，特别适合将 C 语言程序设计作为第一门程序设计课程的高等职业院校的学生。

　　本书既可作为高职高专院校各专业的 C 语言课程教材，又可以作为成人教育、培训机构的 C 语言培训教材，还可以作为 C 语言编程爱好者的自学参考书。

◆ 主　　编　陈正权　岳睿
　　副 主 编　王宇一　蒋治国　邓小龙
　　主　　审　陆国平　朱艳琴
　　责任编辑　桑珊
　　责任印制　杨林杰

◆ 人民邮电出版社出版发行　　北京市丰台区成寿寺路 11 号
　　邮编　100164　电子邮件　315@ptpress.com.cn
　　网址　http://www.ptpress.com.cn
　　北京九州迅驰传媒文化有限公司印刷

◆ 开本：787×1092　1/16
　　印张：17.75　　　　　　　2014 年 1 月第 1 版
　　字数：457 千字　　　　　 2018 年 9 月北京第 4 次印刷

定价：39.80 元

读者服务热线：(010)81055256　印装质量热线：(010)81055316
反盗版热线：(010)81055315

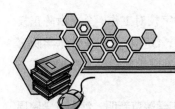

前言

　　C 语言功能强大，使用灵活，语言简洁紧凑，具有丰富的运算符和数据类型，生成目标代码质量高，程序执行效率高，可移植性好。C 语言既具有高级语言的优点，又具有低级语言的许多特点，既可以用来编写系统软件，又可以用于编写应用软件，是国内外广泛使用的计算机语言，也是高校计算机专业和非计算机专业的首选语言。本书面向程序设计初学者编写，针对 C 语言初学者和高职高专学生的特点，从 C 语言的基本概念、基本知识、基本技能、基本的编程思想入手，力求内容简洁明快、重点突出、定位准确、浅显易懂，是高职高专学生学习 C 语言程序设计的理想教材，也是 C 语言初学者自学的好教材。

　　本书以"注重基础、注重方法、注重编程技能、注重应用"为指导思想，灵活运用案例教学、任务驱动、启发式教学等多种教学方法，对 C 语言众多的语法知识和 C 程序的设计思想、方法等进行了系统介绍，特别适合将 C 语言程序设计作为第一门程序设计课程的高等职业院校学生。

　　本书的主要特色如下。

　　1. 采用 C-Free 5.0 作为 C 程序的开发工具，它是一款支持多种编译器的专业化 C/C++集成开发环境（Integrated Development Environment，IDE）。利用 C-Free 智能化提示功能，可以轻松地编辑、编译、连接、运行、调试 C 程序。书中的所有源代码均在 C-Free 5.0 中精心调试，保证能正确无误地运行。

　　2. 本书以"阐述相关知识点→经典例题精讲→体验编程"的方式组织内容，然后再通过自测题和上机实践与能力拓展加以巩固，这符合学生的认知过程，把任务驱动、案例教学和启发式教学等多种教学方法融入书中，把对 C 语言的语法讲解完全融会贯通在一个个程序设计的过程中。

　　3. 在例题设计上更加精心，既考虑了例题对知识面的覆盖程度，同时又考虑了例题的实用性和趣味性，并将所要掌握的知识点都融入到例题之中，使读者能轻松愉快地掌握其应用。

　　4. 除了丰富的课后习题和上机实践与能力拓展外，本书还设计了一章项目综合实训，作为本书学完之后的课程设计，使读者能够具有综合应用所学知识解决实际问题的能力。

　　全书共分为 11 章，各章编写分工如下：第 1 章、第 9 章、第 10 章及习题答案的第 8～10 章由江苏信息职业技术学院陈正权编写；第 2 章、第 5 章、第 6 章、附录 1～3 及习题答案的第 1～3 章由江苏信息职业技术学院岳睿、郭力子、赵玉编写；第 3 章、第 4 章由江苏信息职业技术学院邓小龙、无锡科技学院邹洪芬编写；第 7 章、第 11 章及习题答案的第 4～5 章由江苏信息职业技术学院王宇一编写；第 8 章、附录 4 及习题答案的第 6～7 章由江苏联合职业技术学院蒋治国编写；江苏师范大学陈哲轩承担了本书全部源程序的运行调试与文字校对工作。全书由陈正权策划并确定框架结构，最后由陈正权、王宇一统编定稿，江苏信息职业技术学院院长、博导陆国平教授和苏州大学计算机科学与技术学院副院长朱艳琴教授担任本书主审。

在本书的编写过程中，得到了南通大学周洁、盐城工学院范新明、沙洲工学院周洪斌、宿迁学院孙琳琳、常州工学院陶骏、扬州教育学院何剑、苏州农业职业技术学院秦昌友、苏州科技学院毕永成、徐州建筑职业技术学院李黎、苏州经贸职业技术学院钟铸、苏州工业职业技术学院沈茜、安徽商贸职业技术学院韩成勇、福建宁德师专李志亮、苏州建设交通学校陈真等老师的大力支持和帮助，在此表示衷心感谢！

本书配套电子教案、程序源代码、习题答案和试卷，可登录人民邮电出版社教学服务与资源网（www.ptpedu.com.cn）免费下载使用，或者向编者索取（E-mail：chenzq@jsit.edu.cn）。

由于编者水平有限，书中难免有疏漏和不足之处，敬请读者批评指正。

编　者
2013 年 6 月

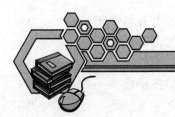

目　录

第1章

初识 C 语言

本章学习要点

1. 了解 C 语言的产生、发展及其特点；
2. 了解 C 程序的组成；
3. 了解 C 程序的开发步骤；
4. 掌握 C 程序集成开发环境（IDE）的下载与安装；
5. 初步掌握在 IDE 中编辑、编译与运行 C 程序的方法；
6. 初步学会用 C-Free 5.0 开发 C 程序的方法。

1.1 C 语言的产生与发展

众所周知，计算机是由硬件和软件组成的，软件又分为系统软件和应用软件，而早期的操作系统等系统软件主要是用汇编语言编写的。由于汇编语言是一种低级语言，它依赖于计算机硬件，用它编写的程序，其可读性与移植性都比较差，但一般的高级语言又难以实现汇编语言的某些功能（譬如对计算机硬件的直接操作），于是人们期盼找到一种集高级语言和汇编语言的优点于一身的新语言，C 语言就在此背景下应运而生。

C 语言的发展颇为有趣，它的原型是 ALGOL 60 语言（也称为 A 语言）。1963 年剑桥大学将 ALGOL 60 语言发展成为 CPL（Combined Programming Language）。1967 年剑桥大学的马丁·理察斯（Matin Richards）对 CPL 进行了简化，于是产生了 BCPL。1970 年美国贝尔实验室的肯·汤普逊（Ken Thompson）将 BCPL 进行了修改，并为它起了一个有趣的名字——B 语言，意思是将 CPL 煮干，提炼出它的精华，并用 B 语言写了第一个 UNIX 操作系统。1972 年美国贝尔实验室的丹尼斯·里奇（D.M.Ritchie）在 B 语言的基础上最终设计出了一种新的语言，他取了 BCPL 的第二个字母作为这种新语言的名字，这就是 C 语言。为了推广 UNIX 操作系统，1977 年 Dennis M.Ritchie 发表了不依赖于具体机器系统的 C 语言编译文本——《可移植的 C 语言编译程序》。1978 年布莱恩·科尔尼干（Brian W.Kernighan）和丹尼斯·里奇（Dennis M.Ritchie，C 语言之父、UNIX 之父）出版了名著《The C Programming Language》，使 C 语言成为后来广泛流行的高级程序设计语言。随着微型计算机的日益普及，出现了许多 C 语言版本。由于没有统一的标准，这些 C 语言之间出现了一些不一致的地方。为了改变这种状况，美国国家标准化协会（ANSI）于 1983 年为 C 语言制定了一套标准即 83 ANSI C，成为现行的 C 语言标准；1987 年又公布了新标准——87 ANSI C；1989 年又公布了 89 ANSI C 标准；1990 年国际标准化组织（International Organization for Standardization，ISO）接受 87 ANSI C 为 ISO C 的标准（ISO 9899:1990）。1999 年，ISO 又对 C 语言标准进行了修订，在基本保留原来 C 语言特征的基础上，增加了一些功能，命名为 ISO/IEC9899:1999。2011 年 12 月 8 日，ISO 正式公布了 C 语言新的国际标准草案——ISO/IEC 9899:2011，即 C11。

1.2 C语言的特点

　　每种语言之所以能生存和发展，总有其不同于或优于其他语言的特点，C 语言的特点主要如下。

　　（1）语言简洁、紧凑，使用方便、灵活

　　C 语言一共有 32 个关键字，9 种控制语句；程序书写自由，主要用小写字母表示；压缩了一切不必要的成分。

　　（2）运算符和数据类型丰富

　　C 语言的运算符包含的范围很广泛，共有 34 种运算符；它把括号、赋值、强制类型转换都作为运算符处理，灵活使用这些运算符可以实现其他高级语言难以实现的操作。

　　C 语言的数据类型有整型、实型、字符型、数组类型、指针类型、结构体类型、共用体（联合）类型等，能用来实现复杂的数据结构（链表、树、栈、图）的运算。

　　（3）结构化的控制语句

　　9 种控制语句可以实现结构化的程序设计，C 程序由若干程序文件组成，一个程序文件由若干函数构成。用函数作为程序的模块，便于按模块化的方式组织程序，层次清晰，易于调试和维护。

　　（4）C 语言是中级语言

　　C 语言可以直接访问物理地址，进行位操作，能实现汇编语言的大部分功能，可以直接对硬件操作，有人称它为中级语言。

　　（5）语法限制不太严格，程序设计自由度大

　　一般的高级语言语法检查比较严，能检查出几乎所有的语法错误，而 C 语言允许程序员有较大的自由度，因此放宽了语法检查。一个不熟练的程序员，编写一个正确的 C 程序可能会比编写一个其他高级语言程序难一些，这就要求用 C 语言编程时，对程序设计更熟练一些。

　　（6）目标代码质量高，可移植性好

　　C 程序生成的目标代码质量很高，程序执行效率很高，一般只比汇编程序生成的目标代码效率低 10%～20%。用 C 语言写的程序可移植性好（与汇编语言相比），基本上不用修改就可以用于各种型号的计算机和各种操作系统中。

1.3 简单的 C 程序介绍

1. C 程序的构成

为了说明 C 语言源程序的构成，我们通过两个简单的 C 程序来说明。虽然程序的有关内容还没介绍，但可以通过这两个简单的程序，了解一个完整的 C 程序的基本构成和书写格式。我们先看下面的例子，这是一个简单的 C 程序，其功能是向终端（显示屏）输出一行文字信息。

【例 1-1】输出一行信息：Hello World!

源程序如下：

```
#include<stdio.h>          /*文件包含命令*/
main()                     /*主函数*/
{                          /*函数体开始*/
 printf("Hello World!");   /*输出函数语句,语句要以分号结束*/
}                          /*函数体结束*/
```

【例 1-2】求两个给定整数（123 和 456）的和。

源程序如下：

```
#include <stdio.h>
main()                       /*主函数*/
{
 int a=123,b=456,sum;        //定义 3 个整型变量,并同时对变量 a 和 b 进行了初始化
 sum=a+b;                    //将 a+b 的和赋值给变量 sum
 printf("sum= %d\n",sum);    //将变量 sum 的值以十进制的形式输出
}
```

　　main 是主函数的函数名，表示这是一个主函数，函数名后面的一对圆括号是函数的标志，不可省略，（ ）里面为空，表明它是一个没有参数的函数，即无参函数。每一个 C 源程序都必须有，并且只能有一个主函数，这是整个 C 程序运行的入口点；{ }是函数开始和结束的标志，不可省略，花括号之间的内容是构成主函数的函数体；printf()是 C 语言中的输出函数（详见第 3 章），是一个由系统定义的标准库函数，可在程序中直接调用，它的功能是把双引号内的一串字符原样输出到显示器屏幕上去，"\n" 是回车换行符。使用标准库函数时应在程序的开头一行写上如下一条命令：

　　　　#include <stdio.h>

注意：

　　上述命令的末尾不能加分号或其他符号，它是一条编译预处理命令，不是语句。

我们从本例可以得知：

① C 程序是由函数组成的，函数是 C 程序的基本单位，因此 C 语言是函数式的语言。

② 一个完整的 C 程序是由一个 main()函数和若干其他函数组成的，但有且只有一个 main()函数。无论主函数在整个程序中的什么位置，一个 C 程序总是从 main()函数开始执行，最后在 main()函数中结束。

③ 一个函数由函数首部和函数体两部分组成，函数首部包括函数类型、函数名、参数类型和参数名，函数名后面必须有一对圆括号，这是函数的标志；函数体必须位于一对花括号内，一个函数至

少有一对花括号，如出现多对{…{…}…}，则最外面的一对{ }就是函数体的范围，函数体内可以什么都没有，表示该函数什么都不做，不能实现任何功能，是一个空函数，但它是合法的。

④ C 程序中每条语句都是以分号结束。

⑤ /*……*/表示注释。可以对 C 程序的任何部分进行注释，以提高程序的可读性，对程序的编译和运行没有任何影响，注释的内容可用汉字或英文字符。/*…*/用于多行注释，//…用于单行注释。注意：/*和*/必须成对出现。

⑥ C 程序书写格式自由，一行可以写多条语句，一条语句也可以写在多行上。

⑦ C 语言严格区分大小写字母。C 程序中多用小写字母，较少用大写字母。

⑧ C 语言本身没有输入输出语句。输入和输出的操作由标准库函数 scanf()和 printf()等函数来完成。

2．C 程序的开发步骤

在介绍 C 程序的开发与运行之前，先简单了解以下几个概念。

（1）程序

程序是由一组计算机可以识别和执行的指令构成的，每条指令执行特定的操作。

（2）源程序

用高级语言或汇编语言编写的程序就称为源程序。源程序不能直接在计算机上执行，必须用编译程序或解释程序将其翻译为二进制形式的目标代码。

（3）目标程序

源程序经过编译程序翻译后所得到的二进制代码就称为目标程序（其扩展名为.obj 或.o）。

（4）可执行文件

目标程序和库函数连接后，就得到完整的可以在操作系统下独立执行的文件，该文件就称为可执行文件（其扩展名为.exe）。

开发一个 C 程序一般要经过编辑、编译、连接、运行 4 个步骤，如图 1-1 所示。

图 1-1　C 程序的开发步骤

（1）编辑

编辑就是建立、修改 C 语言源程序并把它输入计算机的过程。C 语言的源程序是以文本文件的形式存储在磁盘上的，其后缀名必须为.c。

C 源程序文件的编辑可以用任何文本编辑器来完成，一般用编译器本身集成的编辑器进行编辑。

（2）编译

将源程序翻译成计算机能识别的二进制代码文件的过程就称为编译，这个工作由 C 语言编译器来完成，编译程序会对源程序进行语法检查，如无错误则会生成目标代码并对代码进行优化，最后生成与源程序文件同名的目标文件（后缀名为.obj 或.o）。

编译前一般先要进行预处理，譬如进行宏代换、包含其他文件等。

如果源程序中出现错误，编译器一般会指出错误的种类及位置，此时就要返回到第一步编辑修改源文件，然后再重新编译。

（3）连接

编译形成的目标代码还不能在计算机上直接运行，必须将其与库文件进行连接处理，这个过程由连接程序自动进行，连接后就会生成可执行文件（后缀名为.exe）。

如果连接出错，同样需要返回到第一步编辑修改源程序，直到正确为止。

（4）运行

一个 C 源程序经过编译、连接后生成了可执行文件。要运行此文件，可以通过集成开发环境窗口中的运行菜单，也可在命令行提示符窗口中输入文件名后再按回车键（Enter），或者在 Windows 系统中双击该文件名。

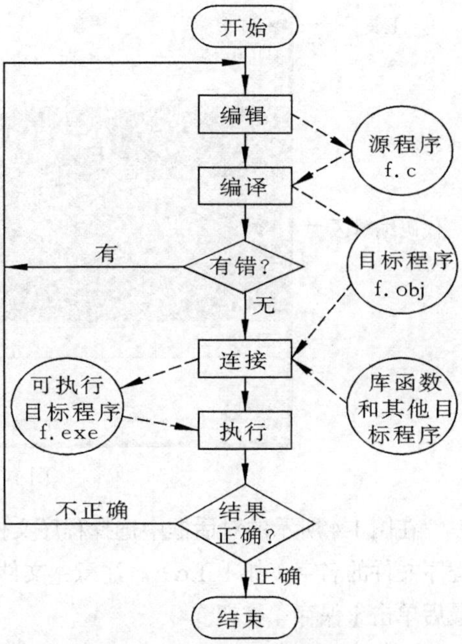

图 1-2　C 程序的开发流程

程序运行后，根据输出的结果判断程序是否还存在其他方面的错误。编译时产生的错误属于语法错误，而运行时出现的错误一般是逻辑错误。出现逻辑错误时，需要修改该程序的原算法，重新编辑、编译、连接和运行，直到程序完全正确为止。

3．C 程序的上机步骤

要上机运行 C 程序就必须选用一种 C 语言编译系统，目前大多数 C 编译系统都是集程序的编辑、编译、连接与运行于一体的集成开发环境，使用方便而快捷。常用的有 Turbo C 2.0、Turbo C 3.0、Visual C++ 6.0、C-Free 5.0 等。由于 C-Free5.0 具有方便、直观和易用的操作界面，支持鼠标操作，而且占用资源少等优点，故本书中所有的 C 程序都是利用 C-Free5.0 集成开发环境开发的，在此主要介绍 C-Free5.0 的使用。

（1）C-Free 5.0 的安装与启动

C-Free 是一款支持多种编译器的专业化 C/C++集成开发环境（IDE），用它可以轻松地编辑、编译、连接、运行、调试 C/C++程序；C-Free 中集成了 C/C++代码解析器，能够实时解析代码，并且在编写时能给出智能提示；可定制的快捷键、外部工具以及外部帮助文档，使用户在编写代码时得心应手；另外，完善的工程/工程组管理能够方便地管理自己的代码。

你可以从网址为 http://www.programarts.com/cfree_ch/download.htm 处下载 C-Free 软件，然后双击运行 cfree5_0_pro_setup_ch.exe 文件完成 C-Free 的安装，双击桌面的 C-Free 5 快捷方式即可启动它，最后在你的计算机屏幕上就会出现如图 1-3 所示的 C-Free 5.0 主窗口。

（2）用 C-Free 5.0 运行 C 程序的步骤

① 编辑源程序。

单击"文件"→"新建"菜单，然后在代码编辑区输入要编辑的源程序，代码输入完后单击"文件"→"保存"或工具条上面的图标 时出现如图 1-4 所示的对话框。

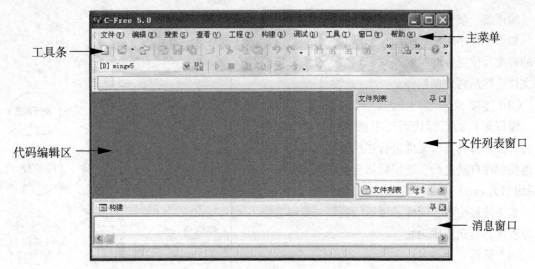

图 1-3   C-Free 5.0 主窗口

在图 1-4 所示的对话框中选择程序文件保存的路径 D:\ c_program，在文件名对话框中输入源程序文件的名字（如 1_1.c）。注意：文件的后缀名必须为.c（保存类型（T）为所有文件(*.*)）。最后单击【保存】按钮。

图 1-4   程序文件保存对话框

② 编译、连接和运行。

对上面编辑好的源程序 1_1.c 进行编译的方法为：单击"构建"→"编译   1_1.c"后就可以在下面的消息窗口中看到 0 个错误、0 个警告以及生成的目标文件 1_1.o（如图 1-5 所示）。

如果程序在编译时有问题，就会在下面的信息提示窗口中看到错误与警告的个数以及出错的位置（如图 1-6 所示），此时就需要对源程序进行编辑修改，然后重新编译，直到正确为止。

图1-5 C程序编译后的窗口信息

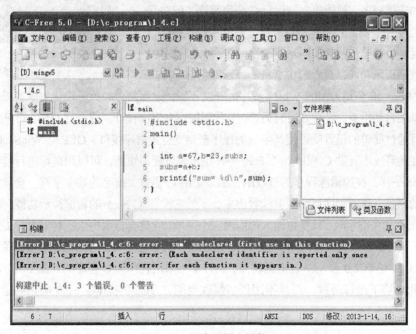

图1-6 C程序编译出错信息

　　源程序编译无误生成目标程序后，继续单击"构建"→"构建 1_1.c（file）"就会连接生成一个可执行文件1_1.exe（如图1-7所示）。

　　得到可执行文件后就可以直接运行该文件（1_1.exe）了，运行后就会看到程序的运行结果。具体方法为：单击菜单栏"构建"→"运行"或工具条上面的图标 ▶，就可在下面的窗口中看到程序的运行结果（如图1-8所示）。

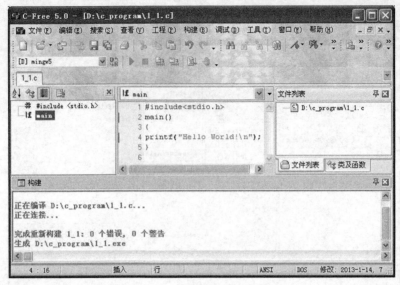

图 1-7 目标代码连接后的窗口信息

（3）和其他开发工具的比较

Turbo C 是美国 Borland 公司的产品，Turbo C 2.0 不仅是一个快捷、高效的编译程序，同时还是一个易学、易用的集成开发环境。使用 Turbo C 2.0 无需独立地编辑、编译和连接程序，就能建立并运行 C 语言程序，但在开发 C 程序的过程中，不能用鼠标进行操作，只能用键盘操作，包括代码的复制、粘贴、移动和删除等操作，在输入 C 语言关键字时也无智能提示功能，源程序中字符的显示颜色都一样。

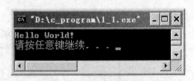

图 1-8 运行结果窗口

VC++6.0 是 Microsoft 公司推出的 Win32 程序的开发环境，是面向对象的可视化集成编程系统，它不但具有程序框架自动生成、灵活方便的类管理、代码编写和界面设计集成交互操作、可开发多种程序等优点，而且通过简单的设置就可使其生成的程序框架支持数据库接口、OLE2、WinSock 网络、3D控制界面。在此环境中开发 C 程序和 C-Free 一样也比较方便、快捷，可以用鼠标进行各种操作，而且它和 C-Free 一样，在编辑源程序的过程中，如果输错 C 语言关键字的某个字符，会显示与正确的关键字不同的颜色，这样程序员一眼就能看出来，不过它没有 C-Free 的智能提示功能，也就是当我们在输入 C 语言的关键字时，只要你输入前面两三个字母，它就会显示出以这些字母开头的全部关键字供你选择，这样就可以大大提高编程的效率，程序设计人员也不用去专门记忆大量的关键字。正是由于 C-Free5.0 具有 TC2.0 和 VC++6.0 的优点，所以本书采用它作为 C 程序的开发工具。本书所有的C 程序均在此环境下运行通过，而且不用任何修改也能在 TC2.0 和 VC++6.0 中正确运行。

 自测题

一、填空题

（1）在 C 程序中一个函数由_____和_____两部分组成。

（2）C 程序书写格式自由，每行可以写_____条语句，一条语句也可以写在_____行上。

（3）C 程序中每条语句最后以＿＿＿＿＿＿结束。

（4）C 程序文件的后缀名必须为＿＿＿＿＿＿。

（5）一个 C 源程序文件经过编译、连接后生成一个文件名相同但后缀名不同的可执行文件，其后缀名为＿＿＿＿＿＿。

（6）一个完整的 C 程序有且只有一个＿＿＿＿＿＿函数和＿＿＿＿＿＿个其他函数。

（7）可以用＿＿＿＿＿＿对 C 程序中的任何部分做注释。

（8）C 程序中函数名后面必须有一对＿＿＿＿＿＿，这是函数的标志。

（9）C 程序中函数的函数体必须用一对＿＿＿＿＿＿括起来。

（10）C 程序开发的 4 个步骤是＿＿＿＿＿＿＿＿＿＿＿＿＿＿＿＿＿＿＿＿＿＿＿＿＿＿＿＿＿。

二、选择题

（1）C 程序的基本单位是（　　　）

    A）函数　　　　　　B）语句　　　　　　C）字符　　　　　　D）数据

（2）一个 C 程序是由（　　　）

    A）主程序和若干子程序组成　　　　　　B）若干子程序组成

    C）主函数和若干其他函数组成　　　　　D）若干过程组成

（3）以下叙述正确的是（　　　）

    A）在 C 程序中，main()函数必须位于程序的最前面

    B）C 程序本身没有输入/输出语句

    C）在对 C 程序进行编译的过程中，可以发现注释中的错误

    D）C 源程序的每一行只能写一条语句

（4）C 程序中的 main()函数的位置（　　　）

    A）必须在 C 程序的开头　　　　　　B）必须在 C 程序的中间

    C）必须在 C 程序的最后　　　　　　D）可以在 C 程序的任何位置

（5）以下说法正确的是（　　　）

    A）C 程序总是从第一个定义的函数开始执行

    B）C 程序中的函数由两部组成，当函数体为空时，{…}可以省略

    C）C 程序总是从 main()函数开始执行，最后在 main()函数中结束

    D）C 程序中的大小写字母是相同的

三、简答题

（1）简述 C 语言的特点。

（2）简述 C 程序的构成。

（3）简述 C 程序的开发步骤。

上机实践与能力拓展

【实践 1-1】下载并安装 C-Free 5.0，学习该软件的使用。

【实践 1-2】下载并安装 Visual C++6.0，学习该软件的使用。

【**实践 1-3**】下载 Turbo C 2.0 或 3.0，解压后，学习该软件的使用。

【**实践 1-4**】分别在上面 3 种不同的 IDE 环境中编辑、编译、连接、运行一个简单的 C 程序，要求在屏幕上输出如下信息。

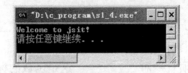

【**实践 1-5**】模仿教材中例 1_2，编写一个简单的 C 程序，其功能是计算两个给定整数（67 和 23）的差（分别在上面 3 种不同 IDE 环境中编辑、编译、连接、运行一个简单的 C 程序）。程序运行后的结果形式如下：

第2章
数据类型、运算符与表达式

本章学习要点

1. 理解常量与变量的概念；
2. 掌握标识符的命名规则；
3. 掌握整型、实型和字符型变量的定义与使用；
4. 掌握算术运算符及其表达式的使用；
5. 掌握自增、自减运算符的使用；
6. 掌握数值型数据之间的混合运算及其转换；
7. 掌握赋值运算符及其表达式的应用；
8. 掌握逗号运算符和位运算符的使用。

2.1 数据类型

　　一个完整的计算机程序，至少应包含两方面的内容：一是对数据进行描述，二是对操作进行描述。数据是程序加工的对象，数据描述就是对程序中用到的变量进行定义，它是通过数据类型来完成的；操作描述是对数据进行何种操作，是通过语句来完成的。数据结构就是数据的组织形式，C 语言的数据结构是以数据类型的形式出现的，C 语言的数据类型有：

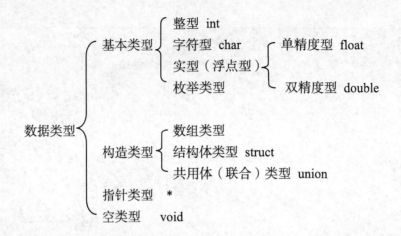

 在程序中对用到的所有数据都必须指定其数据类型。

2.2 常量与变量

1. 常量

C 语言中的数据有常量和变量之分，它们分别为以上各种数据类型。在程序运行的过程中，其值不能被改变的量就称为常量。常量一般从其字面形式即可判断，这种常量称为字面常量或直接常量，主要有 4 种基本常量——整型常量、实型常量、字符常量和字符串常量，还有两种表现形式不同的常量——转义字符常量和符号常量。

（1）整型常量的表示方法

整型常量就是整常数，在 C 语言中，使用的整常数有八进制、十六进制和十进制 3 种，它们用不同的前缀加以区分。除了前缀外，还可以使用后缀来区分不同长度的整数。

① 十进制整型常量：由数字符号 0～9 组成，负数以负号（−）开头。例如 23、−6。

② 八进制整型常量：正数以数字 0 开头，负数以−0 开头，由数字符号 0～7 组成。例如 015、−011、0517。

③ 十六进制整型常量：正数以 0x 或 0X 开头，负数以−0x 或−0X 开头（此处 0x 或 0X 是数字和字母），由 0～9、A～F 或 a～f 组成。例如 0x36、−0X16、0X6A3。

在一个整型常量后面加一个字母 l 或 L，则把它作为长整型常量。如 136L，存储它时需要 4 字节的内存空间。注意：为了避免字母 l 和数字 1 混淆，一般用大写字母 L 作为后缀。

在一个整型常量后面加一个字母 u 或 U，则把它作为无符号整型常量，如 117U 或 117u 等。

（2）实型常量的表示方法

实型常量又称为实数或浮点数。在 C 语言中，实数只采用十进制形式。它有两种表示方法：小数形式和指数形式。

① 小数形式：由数字符号 0～9 和小数点组成，负数以负号（−）开头。例如 0.0、.23、15.72、0.23、5.0、30.、−167.930 等均为合法的实数。注意：小数点不可少。

② 指数形式：由尾数（整数或小数）、阶码标志（e 或 E）和阶码组成（注意：阶码必须为

整数）。其一般形式为：aEn（a 为小数形式，n 为十进制整数），其值为 $a \times 10^n$，如 2.3E5（等于 2.3×10^5）、–6.7E–2（等于 -6.7×10^{-2}），3e2（等于 3×10^2）。

以下不是合法的实数：

236（无小数点），E6（E 前面无数字），53.–E3（负号位置不对），2.7E（无阶码，即 E 后面无数字）。

实型常量分为单精度、双精度和长双精度 3 种类型。实型常量如果没有任何说明，则表示它是双精度常量，实型常量后加上 f 或 F，则表示该数为单精度常量，实型常量后加上字母 l 或 L 则表示它为长双精度常量。为了避免字母 l 和数字 1 混淆，一般用大写字母 L 作为后缀。

（3）字符常量的表示方法

字符常量是用单引号括起来的一个字符。例如'a'、'h'、'A'、'+'、'?' 都是合法的字符常量。字符常量中有可显示的字符（如字母、数字和标点符号等）和不可显示的字符（如换行符、回车符及换页符等）。

在 C 语言中，字符常量有以下特点。

① 字符常量只能用单引号括起来，不能用双引号或其他符号。

② 字符常量只能是单个字符，不能是字符串。

③ 作为字符常量的字符可以是字符集里面的任意字符。数字 0～9 被定义为字符型后就不再是其字面所表示的数值了，如'5'和 5 是不同的常量，'5'是字符常量，5 是整型常量。

除了以上形式的字符常量外，C 语言还允许使用一种特殊形式的字符常量，即用一个以反斜杠（\）开头的字符序列，它是将反斜杠后面的字符转换为另外的含义，故称它为转义字符。在前面的例题中，printf()函数里面用到的'\n'就是一个转义字符，其含义是"回车换行"，这是一个控制字符，在屏幕上不能显示，也无法用一个字符表示，只能用这种称为转义字符的特殊形式来表示。转义字符主要用来表示那些用一般字符不便于表示的控制字符。常用的转义字符及其含义见表 2-1。

表 2-1　　　　　　　　　　　　常用的转义字符及含义

字符形式	转义字符的含义
\n	回车换行(将当前位置移到下一行开头)
\r	回车不换行(将当前位置移到本行开头)
\b	退格(将当前位置移到前一列)
\t	横向跳到下一制表(Tab)位置
\'	单引号字符
\"	双引号字符
\\	反斜线字符（\）
\a	鸣铃
\0	空操作字符
\f	走纸换页
\ddd	1～3 位八进制数对应的 ASCII 值所代表的字符
\xhh	1～2 位十六进制数对应的 ASCII 值所代表的字符

① 转义字符只用于输入/输出语句中控制设备的动作，但不作任何显示。

② \ddd、\xhh 是用 ASCII 码值来表示一个字符常量。

（4）字符串常量的表示方法

字符串常量是用一对双引号括起来的一串字符，如"A"、"jsit"、"11%23"等。

字符串长度是指字符串中有效字符的个数（不包括串尾的'\0'）。空串是指长度为 0 的字符串（即一个字符都没有的字符串），表示为""。注意：此时空串的一对双引号之间不能有空格。例如："jsit"和"Good bye"是两个字符串常量，其长度分别为 4 和 8（空格也是一个字符）。

C 语言规定：在存储字符串常量时，系统会在字符串的末尾自动加一个'\0' 作为字符串的结束标志。

在源程序中书写字符串常量时，不必加字符串结束字符'\0'，否则就是画蛇添足。

例如：字符串"China"在内存中的实际存储如下所示：

C	h	i	n	a	\0

该字符串占用 6 字节而非 5 字节的内存空间，最后一个字符'\0'是系统自动加上的。

C 语言规定：在每一个字符串的结尾加一个字符串结束标记，以便系统据此判断字符串是否结束。'\0'是一个 ASCII 码值为 0 的字符，是"空操作字符"，即它不引起任何控制动作，也不是一个可显示的字符。

字符常量与字符串常量的主要区别如下。

① 定界符不同：字符常量使用单引号，而字符串常量使用双引号。

② 长度不同：字符常量的长度固定为 1，而字符串常量的长度是大于等于 0 的整数。

③ 存储要求不同：字符常量存储的是该字符的 ASCII 码值，而字符串常量，除了要存储有效的字符外，还要存储一个结束标志（'\0'）。

④ 赋值或存储方式不同：可以把一个字符常量赋予一个字符变量，但不能把一个字符串常量赋予一个字符变量；在 C 语言中没有字符串变量，但可以定义一个字符型数组或一个字符型指针变量用来存储字符串。

⑤ 占用的内存空间不同：一个字符常量在存储时只占用 1 字节的内存空间，而字符串常量占用的字节数等于字符串中的字符数加 1，增加的 1 字节是用来存放字符'\0'的。

整型常量 7、字符常量'7'和字符串常量"7"是完全不同的 3 个数据，整型常量 7 在内存占 4 字节（Turbo C2.0 中是 2 字节），字符常量'7'在内存中占 1 字节，而字符串常量"7"在内存中占 2 字节（含系统在串尾自动加上的'\0'）。

表 2-2 列出了字符串与字符存储形式比较的几个例子。

表 2-2　　　　　　　　　　　　　　字符串与字符存储形式的比较

字符或字符串	在内存中的存储形式					在内存中实际占用的字节数
"jsit"	j	s	i	t	\0	5
"A"	A	\0				2
'A'	A					1
""	\0					1

（5）符号常量的定义与使用

符号常量是用标识符代表一个常量，其定义形式如下：

```
#define 符号常量名 常量值
```

【例 2-1】符号常量的使用。

源程序如下：

```
#include <stdio.h>                    /*文件包含命令*/
#define PI 3.14159                    /*定义符号常量 PI 代表圆周率*/
main()                                /*主函数*/
{                                     /*函数体开始*/
  float r=10,c,s;                     /*定义程序中用到的 3 个变量*/
  c=r*2*PI;                           /*计算圆的周长*/
  s=r*r*PI;                           /*计算圆的面积*/
  printf("圆的周长为%f\n",c);          /*输出圆的周长*/
  printf("圆的面积为%f\n",s);          /*输出圆的面积*/
}                                     /*函数体结束*/
```

运行结果如下：

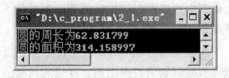

① 符号常量一旦被定义，在其作用域内不能改变，不能再被重新赋值。

② 使用符号常量的好处：含义清楚，一改全改。

③ 习惯上符号常量名用大写字母来表示。

④ 定义符号常量名时应考虑"见名知意"，即通过其名称就可以知道其含义。

2. 变量

（1）变量的概念

在程序运行中，其值可以改变的量就称为变量。变量的两个要素如下。

① 变量名：每个变量都必须有一个名字，这就是变量名。变量的命名要遵循标识符的命名规则。

② 变量值：在程序运行的过程中，变量值存储在内存单元中。在程序中可以通过变量名来引用变量值。

（2）标识符

① 标识符：用来标识常量名、变量名、函数名、数组名、类型名的有效字符序列。

② 标识符命名规则

C 语言规定：标识符只能由字母、数字和下划线 3 种字符组成，而且必须以字母或下划线开头。标识符的有效长度随系统而异，但至少前 8 个字符有效。

合法的标识符举例：sum, age, score, price, xh, gz

非法的标识符举例：M.D, 123A, #wer, a*b

① C 语言的关键字（又称保留字）不能用作变量名。

② 严格区分大小写英文字母，如 A 和 a 被认为是两个不同的字符。

③ 习惯上，变量名和函数名中的英文字母用小写，以增加可读性。

④ 标识符命名应考虑"见名知意"。

（3）变量的定义与初始化

对 C 程序中用到的所有变量要"先定义，后使用"，凡是未被事先定义的，不能作为变量名使用。变量的定义形式如下：

> 类型标识符　变量名列表；

① 编译时按变量类型分配存储空间，因此变量必须要被指定为某一数据类型。

② 指定变量类型后，便于编译时对该变量进行合法性检查。

③ 变量名列表中有多个变量时，要用逗号隔开。

④ 类型标识符又称为类型说明符，它是 C 语言中的基本数据类型，如 int、short、long、char、float、double、unsigned int 等，它和变量名之间至少用一个空格隔开。

变量的初始化就是在定义变量的同时给它赋一个初始值。注意：初始化时不能用一个=给多个变量赋初值。如 int a=b=c=1;，是错误的初始化方法，而应改为：int a，b，c；a=b=c=1；或 int a=1，b=1，c=1；。在定义变量时，如果不指定初值，其值是一个不确定的任意值，这说明定义变量时赋初值虽然不是必需的，但在引用之前必须给它赋值。变量除了可以在定义时赋值外，还可以在定义之后用赋值表达式或赋值语句来赋值。

变量名和变量值的区别：变量值是指存储单元所存放的数据，可以随时改变。改变变量的值其实就是给变量赋值，变量赋值就是以新值替换旧值，变量的当前值总是最近一次赋给的新值。变量名是为了区分不同的变量以及变量对应的存储单元而给变量取的名字。

（4）数值型变量的表数范围

整型变量可分为基本型、短整型、长整型和无符号型四种。实型变量分为单精度型、双精度型和长双精度型 3 种。它们的取值范围见表 2-3。

表 2-3　　　　　　　　　　标准 C 基本数据类型的取值范围和占用的存储空间

类型说明符	C-Free 5.0 环境		Turbo C 2.0 环境	
	字节数	取值范围	字节数	取值范围
char	1	−127～127	1	−127～127
signed char	1	−127～127	1	−127～127
unsigned char	1	0～255	1	0～255
[signed]int	4	−2,147,483,648～2,147,483,647	2	−32 768～32 767
unsigned int	4	0～4,294,967,295	2	0～65 535
[signed] short [int]	2	−32 768～32 767	2	−32 768～32 767
unsigned short [int]	2	0～65535	2	0～65535
long [int]	4	−2,147,483,648～2,147,483,647	4	−2,147,483,648～2,147,483,647
unsigned long [int]	4	0～4,294,967,295	4	0～4,294,967,295
float	4	−3.4E−38～3.4E+38	4	−3.4E−38～3.4E+38
double	8	−1.7E−308～1.7E+308	8	−1.7E−308～1.7E+308
long double	16	−1.2E−4932～1.2E+4932	16	−1.2E−4932～1.2E+4932

所有的数据在内存中都是以二进制形式存放的。

如：短整型数据 5　→　　　　　0000000000000101

数值型数据在内存中是以补码的形式表示的，正数的补码与其本身的原码相同，负数的补码是将该数的绝对值的二进制形式，按位取反后加上 1。例如求短整型数据−5 的补码方法如下：

−5 的绝对值+5→+5 的原码→	0	0	0	0	0	0	0	0	0	0	0	0	0	1	0	1
然后将+5 的原码按位取反→	1	1	1	1	1	1	1	1	1	1	1	1	1	0	1	0
最后再加上 1 ------------→	1	1	1	1	1	1	1	1	1	1	1	1	1	0	1	1

2.3　运算符与表达式

1. 运算符简介

前面讲过 C 语言的运算符非常丰富，也正是由于丰富的运算符以及由它所构成的表达式才使得 C 语言的功能强大而完善。运算符是描述各种不同运算的符号，而表达式是用运算符将各种运算对象连接起来符合 C 语言语法要求的式子，运算对象包括常量、变量和函数等。

C 语言中的运算符主要分为四大类：算术运算符（+ − * /　%　++　－ −）、关系运算符与逻辑运算符（>　<　==　>=　<=　!=）（!　&&　‖）、位运算符（<<　>>　~　|　&）和特殊运算符［如赋值运算符（=）、条件运算符（?:）、逗号运算符（,）、指针运算符（* &）、长度运算符（sizeof）、强制类型转换运算符（（类型））、分量运算符（. ->）、下标运算符（[]）、函数调用（()）等］。本节先介绍其中的部分运算符，其他运算符将在后续的章节中介绍。

2. 算术运算符

算术运算符有 9 个，分为双目运算符（有两个运算对象）和单目运算符（只有一个运算对象），对应着 9 种运算，其名称与使用限制见表 2-4。

表 2-4　　　　　　　　　　　　　　算术运算符

类　　别	运　算　符	名　　称	限　　制
双目	+	加法运算符	
	−	减法运算符	
	*	乘法运算符	
	/	除法运算符	
	%	求余运算符	运算对象必须都为整型
单目	+	正号（取正）	
	−	负号（取负）	
	++	自增运算符	运算对象必须是变量
	—	自减运算符	运算对象必须是变量

① 两个整型数据相除结果为整型数据，如 7/3 的结果就是 2，小数部分被丢弃；如果参加运算的对象有一个是实型数据，结果就是 double 型数据，如 7/2.0 或 7.0/2 结果就是 3.500000（为 double 型）。

② 求余（取模）运算符是求两个整型数据相除后的余数，计算结果的符号同被除数。如：−7%4 结果为−3、−7%4 结果为−3、7%−4 的结果为 3。

③ 参加加减乘除运算的两个数中只要有一个是实数，那么结果就是 double 型，因为所有的实数都按 double 型进行运算。

④ ++i（或−−i）是先使变量 i 的值加上 1（或减去 1），然后再使用 i 的值，即先自增（或自减）1 后使用。j++（或 j−−）是先使用变量 j 的值，然后再使变量 j 的值加上 1（或减去 1）。

3．结合性、优先级与表达式

当一个运算对象两侧的运算符的优先级相同时，运算的结合方向就称为结合性。算术运算符中的前 7 种运算符的结合方向（结合性）是从左向右，又称左结合性，即运算对象先与左边的运算符结合。自增/自减运算符的结合性是从右向左，是右结合性。

运算符的优先级是指不同的运算符在表达式中进行运算的先后顺序。算术运算符的优先级如下：

高　++　—　–（自增、自减、负号）

↓　*　/　%　（乘、除、求余）

低　+　–（加、减）

表达式：由变量、常量、函数等运算对象和运算符组成的式子。

4．赋值运算符及其表达式

赋值运算符就是把"="右边的数据或表达式的值赋给"="左边的变量，赋值表达式就是用赋值运算符把变量和表达式连接起来的式子，其一般形式为

变量　赋值运算符　表达式

① 赋值运算符（=）左边必须是一个变量，不能是常量、函数和表达式。

② 若在赋值表达式的末尾加上分号，就构成赋值语句。若给多个变量赋相同的值，可用一条赋值语句来实现，如 i=j=k=1；，它等价于"i=1；j=1；k=1；" 3 条赋值语句。

③ 赋值运算符（=）右边的表达式可以是常量、变量、函数、算术表达式和赋值表达式。作为赋值表达式也可以包含在其他表达式中。

④ 赋值表达式 sum=sum+i 表示先把 sum+i 的值计算出来，然后把所得的结果赋给变量 sum。最终 sum 的值是原值加上 i 的值。可见 sum=sum+i 是一种累加运算。

简单的赋值运算符及复合的赋值运算符见表2-5。

表2-5　　　　　　　　　　　　　　　赋值运算符

运算符	名称	举例	功能说明
=	赋值	k=2*3	先计算 2*3 的值，然后将 6 送给变量 k
+=	加赋值	a+=b	等价于 a=a+b
–=	减赋值	a–=b	等价于 a=a-b
/=	除赋值	a/=b	等价于 a=a/b
*=	乘赋值	a*=b	等价于 a=a*b
%=	求余赋值	a%=b	等价于 a=a%b

5．综合举例

【例 2-2】变量的定义、初始化与赋值。

源程序如下：

```
#include<stdio.h>
main()
{ int i,j=1;                    //定义了两个整型变量 (i,j),并对变量 j 进行了初始化
  short a=1,b=-5;               //定义了两个短整型变量,初始化后变量的值分别为 1 和-5
  unsigned short c,d,e;         //定义 3 个无符号的短整型变量
  long h=1;                     //定义 1 个长整型变量 h,并赋初值 1
  float f1=1.0,f2;              //定义两个单精度型变量 f1 和 f2,并给变量 f1 赋初值 1.0
  double d1,d2=12.3e-2;         //定义两个双精度型变量 d1 和 d2,d2 的值初始化为 0.123
  char c1='a',c2=65;            //定义两个字符型变量 c1 和 c2,初始化其值分别为'a'和'A'
```

```
i=c1-c2;   d=b;                    //将 c1-c2 的值（32）赋给变量 i,-1 赋给无符号短整型变量 d
c=c1+j;   c2+=2;                   //c2+=2 等价于 c2=c2+2
e=++j*3;                          //等价于 j=j+1;e=j*3;最后变量 j 的值为 6
h=-7%4;                          //-7%4 的结果为-3,故变量 h 的值为-3
printf("%d   %c   %d   %o \n",i,c2,d,d);
printf("%f   %d   %d\n",d2,e,h);
}
```

① 允许在一个类型说明符后面定义多个相同类型的变量。各变量名之间用逗号隔开，最后一个变量名之后必须以分号结束。

② 变量的定义必须放在使用变量之前，一般放在函数体的开头部分。

③ 数值型数据在给数值型变量赋值时，要注意不能超出该变量的表数范围，否则会产生溢出错误。

④ 整型数据和字符型数据可以相互赋值，前提是不能超出对方的表数范围，否则会产生溢出错误。

运行结果如下：

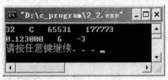

【例 2-3】查看常用数据类型所占用的内存空间。

源程序如下：

```
#include<stdio.h>
main()
{char cl='7';
printf("%d  %d  %d\n",sizeof(char),sizeof(short),sizeof(int));
printf("%d  %d  %d\n",sizeof(long),sizeof(float),sizeof(double));
printf("%d  %d\n",sizeof(c1),sizeof('7'));//'7'被存储后当成 int 型数据
printf("%d  %d  %d\n",sizeof(7),sizeof('c1'),sizeof("7"));
printf("%d  %d\n",sizeof("jsit"),sizeof(unsigned int));
}
```

运行结果如下：

求字节运算符又称为长度运算符 sizeof，是用来计算不同数据类型在内存中占有的字节数，其使用形式为

```
sizeof(exp)
```

其中 exp 可以为类型标识符（如 int）、常量、变量和表达式。

【例 2-4】自增、自减运算符的使用。

源程序如下：

```
#include<stdio.h>
main()
```

```
{ int h,k;
   h=6;  k=3;
   printf("%d  %d\n",h++,++k);   //先使用 h 的值,后使 h 的值加 1;先使 k 的值加 1,后使用 k 的值
   printf("%d  %d\n",h--,--k);   //先使用 h 的值,后使 h 的值减 1;先使 k 的值减 1,后使用 k 的值
}
```

运行结果如下:

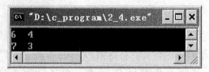

6．数值型数据之间的混合运算

整型、单精度型、双精度型数据可以混合运算。前已述及，字符型数据可以和整型数据通用，因此，整型、实型（包括单、双精度）、字符型数据之间可以进行混合运算，如：

$$17+'a'+1.5-11.23*'C'$$

这是合法的表达式。在进行运算时，不同类型的数据必须转换成同一类型，然后进行运算。数据类型转换的方法有两种，一种是自动类型转换（隐式转换），一种是强制类型转换（显式转换）。

（1）自动类型转换

① 不同类型的数据进行运算时，系统会自动将级别低的类型转换成级别高的类型，然后再进行运算，运算结果与级别高的操作数的类型相同。

② 当赋值运算符两边数据类型不一致时，系统自动把右侧表达式的类型自动转换成左侧变量的类型。如右边的数据类型长度比左边的数据类型长，对小数部分将会按四舍五入的方式丢失部分数据，如果是整型数据则舍去小数部分（int k=2*9.3，结果是 k 的值为 18）。自动类型转换遵循的规则：

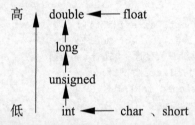

　　① 横向向左的箭头表示必定的转换。如 char 型和 short 型一定先转换为 int 型，float 型一律先转换成 double 型，以提高运算精度（即使是两个 float 型数据，也要先转换成 double 型，然后进行运算）。

　　② 纵向的箭头表示当运算对象为不同数据类型时转换的方向，但不是必定的转换，也不是逐级转换，而是一步到位。例如，int 型数据和 double 型数据进行运算时，直接将 int 型数据转换为 double 型数据，不需要转换为 unsigned 型或 long 型数据。

　　③ 箭头方向表示数据类型级别的高低，由低向高转换，这种转换是由系统自动进行的，不需要人工干预。

（2）强制类型转换

强制类型转换是由人工干预来完成的数据类型转换，其格式如下：

（类型标识符）表达式

① 类型标识符可以是 int、short、long、float、double 等数据类型。

② （类型标识符）称为强制类型转换运算符，是单目运算符。

③ 表达式可以是任意一种合法的算术表达式。

【例 2-5】自动类型转换与强制类型转换。

源程序如下：

```
#include<stdio.h>
main()
{ int i=2,k;
  long h;
  float  f=3.9,f2;
  double  e,d=6.7;
  e=11+'A'+i*f-d/2;          //右边表达式在运算前,先自动进行类型转换,最后结果为double型
  h=11+'A'+i*f-d/2;          //自动转换后结果为double型数据,赋值给长整型long时,取整舍去小数
  k=i*f;    f2=i+h;
  printf("%f  %d %d\n",e,h,k);
  printf("%f  %d\n",f2,(int)f2);  //把float型变量f2的值强制转换为int型后,以十进制形式输出
}
```

运行结果如下：

(int)(a+b)不同于(int)a+b。前者是将 a+b 的值强制转换为 int 型；后者是将 a 的值强制转换为 int 型，再与 b 相加。

在类型转换过程中，当数据类型由低向高自动转换时，数据精度不会受损；而当数据类型由高向低强制转换时，数据精度则会受损。

7．逗号运算符

逗号运算符是将两个表达式连接起来，实现特定的作用。用逗号运算符把两个表达式连接起来的式子就称为逗号表达式，其一般形式为

表达式 1,表达式 2『,表达式 3,…,表达式 n』

上述格式中的『　』表示其中的内容为可选项，即可有可无，以后无特殊说明，本书中出现的『　』均表示此意。

逗号表达式的求解过程：依次求解表达式 1，表达式 2，…，表达式 n，即从左到右依次求解，整个逗号表达式的值是最后一个表达式 n 的值，如：67*83，6+17 的值为 23。

逗号运算符的优先级是所有运算符中级别最低的，其优先级低于赋值运算符，结合方向是左结合性，即自左向右结合，如：a=3*5，a*4 的值为 60；（x=2*5，x-3），x*4 的值为 40。

使用逗号表达式的目的，只是为了得到各个表达式的值，常用于循环语句中，前一个表达式的值可能会影响后面表达式的求解。注意：并非所有出现逗号的地方，都是逗号表达式。请看下面的例子：

【例2-6】逗号表达式的应用。

源程序如下：

```
#include<stdio.h>
main()
{
  int i,j;                      //此处的逗号用来分隔两个变量,不是逗号表达式
  i=2;
  j=3;
  printf("%d  %d\n",i,j);       // "i,j" 不是逗号表达式,逗号用来分隔printf函数的两个参数
  printf("%d",(i=i+1,i+j,j+1)); //(i=i+1,i+j,j+1)是逗号表达式
}
```

运行结果如下：

8. 位运算符

在计算机内部，程序的运行、数据的存储及运算都是以二进制的形式进行的。一个字节由八个二进制位组成。位运算是指进行二进制位的运算。位运算是C语言有别于其他高级语言的一种强大的运算，它使得C语言具有了某些低级语言的功能，使程序可以进行二进制的运算。位操作运算符共6种，即~、<<、>>、&、^和|，分别表示按位取反、左移位、右移位、按位与、按位异或和按位或。表2-6列出了位操作的运算符，位运算符的操作对象为整型或字符型数据。

表2-6　　　　　　　　　　　　　　　位操作运算符

位运算符	含　义	举　例
~	按位取反	~a,对变量a中全部二进制位取反
&	按位与	a&b,a和b中各位按位进行"与"运算
|	按位或	a|b,a和b中各位按位进行"或"运算
^	按位异或	a^b,a和b中各位按位进行"异或"运算
<<	左移	a<<2,a中各位全部左移2位,右边补0
>>	右移	a>>2,a中各位全部右移2位,左边补0

① 按位取反运算符（~）：是单目运算符，用来对一个二进制数据按位取反，即将0变1，1变0。

② 按位与运算符：参加运算的两个二进制位都为1，则该位的结果就为1，否则为0。即1&1→1；1&0→0，0&1→0，0&0→0（全1为1，否则为0）。

③ 按位或运算符：参加运算的两个二进制位都为0，则该位的结果就为0，否则为1。即0|0→0；1|1→1，1|0→1，0|1→1（全0为0，否则为1）。

④ 按位异或运算符：若参加运算的两个二进制位相同，则为0，否则为1。即1^1→0，0^0→0，1^0→1，0^1→1。

⑤ 左移运算符:将一个数的各个二进制位全部左移若干位，左边移出的部分予以忽略，右边空出的位置补零。注意：高位左移后溢出，舍弃不起作用（左移1位相当

于乘以 2，左移 2 位相当于乘以 4，以此类推）。

⑥ 右移运算符:将一个数的各个二进制位全部右移若干位，右边移出的部分予以忽略，左边空出的位置对于无符号数补零；对于有符号数，若原符号位为 0，则全补 0；若原符号位为 1，则全补 1（即保证此数右移后的正负号不变）。同样，一个数据右移 1 位相当于除以 2，右移 2 位相当于除以 4，以此类推。

【例 2-7】位运算符的应用。

源程序如下：

```
#include<stdio.h>
main()
{
  unsigned char a=4,b=9,c,h,e;
  int i=-4,j=7,k,m,n,t,f;
  c=~a;                              /*进行按位取反运算*/
  printf("%d, %o, %X\n",c,c,c);      /*将取反的值以十进制、八进制和十六进制的形式输出*/
  h=b&10;  e=a|b;  f=b^12;           /*进行按位与、或、异或运算*/
  printf("%d  %d  %d\n",h,e,f);
  k=j<<2;  t=j>>2;                   /*将一个正数分别进行左移和右移*/
  printf("\n%d, %x  %d, %x\n",k,k,t,t);
  m=i<<2;  n=i>>2;                   /*将一个负数分别进行左移和右移*/
  printf("%d, %x  %d, %X\n",m,m,n,n);
}
```

运行结果如下：

9. 运算符的优先级

当各类运算符放在一起进行运算时，要遵循一个先后顺序，应先算优先级高的，再算优先级低的，对同一优先级的运算，则应按其结合性进行运算。

各类运算符的优先级如下（详见附录 3）。

圆括号→逻辑非、按位取反、自增、自减、负号、类型转换和 sizeof →算术运算符→关系运算符→位运算符→逻辑运算符→赋值运算符→逗号运算符。

箭头方向表示由高指向低。

自测题

一、填空题

（1）C 语言表达式 11/3 的结果是_____，表达式 11%3 的结果是_____。

（2）C语言表达式 3.4+2/3+56%10 的计算结果为_____。

（3）设"int k=3;"则 k++的结果是_____，k 的值是_____。

（4）C 语言合法的标识符由_____、_____和_____3 种字符组成，且第一个字符必须为_____或_____。

（5）字符常量只能是_____个字符，字符串常量可以是_____或_____个字符。

（6）字符常量用_____括起来，字符串常量是用_____括起来，字符串的结束标志是_____。

（7）字符常量占_____个字节的内存空间，而字符串常量占用的内存字节数等于字符串中实际字符个数加上_____。

（8）C语言规定对 C 程序中用到的所有变量必须_____定义，_____使用。定义变量的同时赋初值又称为_____。

（9）在 C 语言中，不同数据类型进行混合运算时，要先转换成同一数据类型后再进行运算。设一表达式中包含有 int、long、char 和 float 型的数据，这 4 种类型的数据转换规律是_____。

（10）逗号表达式（a=3*5，a*4），a+15 的值是_____，a 的值是_____。

二、选择题

（1）不正确的 C 语言整型常量是（   ）

　　A）-012　　　　　B）12　　　　　　C）0x12　　　　　D）3e

（2）以下形式的常数中，C 程序不允许出现的是（   ）

　　A）1.98e　　　　B）.189　　　　　C）19.8e-1　　　　D）0.198e3

（3）错误的转义字符是（   ）

　　A）'\091'　　　　B）'\\'　　　　　C）'\0'　　　　　D）'\r'

（4）下面能作为 C 语言标识符的是（   ）

　　A）void　　　　　B）_int　　　　　C）123a　　　　　D）-abc

（5）以下数据类型不属于基本类型的是（   ）

　　A）实型　　　　　B）结构体类型　　C）枚举型　　　　D）字符型

（6）以下选项中，哪一个是 C 语言中合法的字符串常量（   ）

　　A）How old are you　B）"China"　　　C）'hello'　　　　D）abc

（7）合法的字符常量是（   ）

　　A）"y"　　　　　　B）'abc'　　　　　C）'A'　　　　　D）"abc"

（8）下面的字符序列中，不可用作 C 语言的标识符是（   ）。

　　A）abc123　　　　B）_123　　　　　C）_ok　　　　　D）no.1

（9）下面的字符序列中，可以作为变量名的是（   ）

　　A）_DAY　　　　　B）c++　　　　　C）123abc　　　　D）a b c

（10）在 C 语言中，运算对象必须是 int 型的运算符是（   ）

　　A）/　　　　　　　B）%　　　　　　C）—　　　　　　D）++

（11）要将字符A赋值给变量 ch，下面正确的语句是（   ）

　　A）ch="A";　　　B）ch="65";　　　C）ch='A';　　　D）ch='65';

（12）已知字母 a 的 ASCII 码值为 97，则下面程序的输出结果是（   ）

```
main()
```

```
    { char c;
      c='b'+'5'-'3';
      printf("%c",c);    }
```

A）e   B）d   C）100   D）101

（13）下面（   ）是合法的十进制整常数。

A）23   B）23D   C）03A2   D）0xFFFF

（14）设有语句"int a=3;"，则执行语句"a+=a-=a*a;"后，变量 a 的值是（   ）

A）3   B）0   C）9   D）-12

（15）逗号表达式"（a=3*5，a*4），a+15"的值为（   ）

A）15   B）60   C）30   D）不确定

（16）在 C 语言中，合法的长整型常数是（   ）

A）0L   B）4962760   C）324562&   D）216D

（17）以下所列的 C 语言常量中，错误的是（   ）

A）0xFF   B）1.2e0.5   C）2L   D）'\72'

（18）设 n=10，i=4，则赋值运算 n%=i+1 执行后，n 的值是（   ）

A）1   B）3   C）2   D）0

三、写出下列程序的运行结果

```
（1）#include<stdio.h>
    main()
    {int x,y;
     x=18;
     y=(x++)+x;
     printf("%d\n",y);
     x=20;
     printf("%d\n",++x);
    }
（2）#include<stdio.h>
    main()
    {int i=2,n;
     float f=11.7;
     i+=i-=i+i;
     n=((int)f+3)%3;
     printf("i=%d\nn=%d\n",i,n);
    }
（3）#include<stdio.h>
    main()
    {int a=2,b=3;
     float x=11.7,y=2.3;
     printf("%f\n",(float)(a+b)/2+(int)x%(int)y);
    }
（4）#include<stdio.h>
    main()
    {int i,j,m,n;
     i=8;j=9;
     m=++i;
     n=j++;
     printf("%d,%d,%d,%d\n",i,j,m,n);
    }
```

```
(5)#include<stdio.h>
    main()
    {unsigned a,b;
     a=0x9a;
     b=~a;
     printf("a:%x\nb:%x\n",a,b);
     char c1=-8,c2=248;
     printf("%d,%d\n",c1>>2,c2>>2);
     char c=0x1b,d;
     printf("%x\n",d=c<<2);   }
```

四、简答题

（1）字符常量和字符串常量有什么区别？

（2）变量名和变量有何区别？

上机实践与能力拓展

【实践 2-1】修改下面程序中的错误，并上机进行运行调试。

```
(1)#include<stdio.h>
    main()
    {int a,b=1,c=2;
     0=a;
     b+c=a;
     printf("a=%d\n",a);}
(2)#include<stdio.h>
    main()
    {int b;
     a=100;b=200;
     printf("(a++)+b=%d\n",(a++)+b);
     a=100;b=200;
     printf("a+(++b)=%d\n",a+(++b));
     a=100;b=200;
     printf("a+++b=%d\n",a+++b);  }
```

【实践 2-2】完善程序。下面程序的功能是：输入一个 3 位的十进制整数，要求按逆序输出对应的数，如输入 456，则输出 654。

```
#include<stdio.h>
main()
{int i,j,k,m,n;
  printf("请输入一个 3 位的正整数:");
  scanf("%d",&m);           /*读入一个 3 位正整数,存放到变量 m 中*/
  i=_____;                  /*求百位上的数字*/
  n=m%100;
  j=_____;                  /*求十位上的数字*/
  k=_____;                  /*求个位上的数字*/
  n=100*k+10*j+i;           /*反向数*/
  printf("%d ==> %d\n",m,n);
}
```

第3章

顺序结构程序设计

本章学习要点

1. 理解算法的概念和特点；
2. 理解流程图的作用和算法的表示方法；
3. 理解结构化程序的 3 种基本结构及其特点；
4. 初步了解结构化程序设计的思想及方法；
5. 初步掌握基本的顺序结构程序的设计；
6. 掌握 printf()、scanf()等函数的使用；
7. 了解其他输入/输出函数的使用。

3.1 程序设计基础知识

1. 算法

一个程序应包括两个方面的内容：

（1）对数据的描述。在程序中指定数据的类型和数据的组织形式，即数据结构。

（2）对操作的描述。即操作步骤，也就是算法。

数据是操作的对象，操作的目的是对数据进行加工处理，以得到期望的结果。作为程序员在程序设计时主要考虑：程序中的数据和操作步骤。因此著名科学家沃思（Niklaus Wirth）提出一个公式：

程序=数据结构+算法

实际上，一个程序除了以上两个主要因素外，还应当采用结构化程序设计方法进行程序设计，并用某一种计算机语言来表示。因此，可以这样表示：

程序=算法+数据结构+程序设计方法+语言工具和环境

广义地说，为解决一个问题而采取的方法和步骤，都称为"算法"。不过对同一个问题，可以有不同的解决方法和步骤。

例如：求 $\sum\limits_{n=1}^{100} n$

方法一：1+2，+3，+4，一直加到 100，加 99 次。

方法二：100+(1+99)+(2+98)+...+(49+51)+50 = 100 + 49×100 +50，加 51 次。

为了有效地解决问题，不仅要保证算法正确，还要考虑算法的质量，选择合适的算法。希望方法简单，运算步骤少。

计算机算法分为两大类：数值运算算法和非数值运算算法。

（1）数值运算算法：求数值解。通过运算得出一个具体值，如求方程的根等。数值运算一般有现成的模型，算法较成熟。

（2）非数值运算算法：用于事务管理，如图书检索、人事管理等。

2．算法举例

【例 3-1】求 5!=1×2×3×4×5 的算法。

步骤 1：先求 1×2，得到结果 2

步骤 2：将步骤 1 得到的 2 再乘以 3，得到结果 6

步骤 3：将步骤 2 得到的 6 再乘以 4，得到结果 24

步骤 4：将步骤 3 得到的 24 再乘以 5，得到结果 120

可以设两个变量：一个变量代表被乘数，另一个变量代表乘数。直接将每一步骤的乘积放在被乘数变量中。设 t 为被乘数，i 为乘数。用循环来实现，算法可改写成：

S1：使 t=1，使 i=2

S2：使 t×i，乘积仍放在变量 t 中，可表示为：t×i→t

S3：使 i 的值加 1，即 i+1→i

S4：如果 i 不大于 5，返回重新执行步骤 S2~S4；否则，算法结束。最后得到的 t 值就是 5!的值。

3．算法特点

一个算法应该具有如下特点。

（1）有穷性：一个算法应包含有限的操作步骤，而不能是无限的。有穷性是指在合理的范围之内，至于合理的限度一般根据实际情况而定。

（2）确定性：算法中的每一步应当是确定的，不能含糊不清，不应该出现歧义性。

（3）有零个或多个输入：所谓输入是指在执行算法时需要从外界获取必要的信息，可以有多个输入，也可以没有。

（4）有一个或多个输出：一个算法得到的结果就是输出，没有输出的算法是没有意义的。算法的输出不一定就是计算机的打印输出。

（5）有效性：算法中的每一步骤都应当有效地执行，并得到正确的结果。

4．算法的表示

为了表示一个算法，可以用不同的方法，常用的有自然语言、传统流程图、结构化流程图、伪代码、PAD 图等。

（1）自然语言

自然语言就是人们日常使用的语言，可以是汉语或英语或其他语言。用自然语言表示通俗易懂，但文字冗长，容易出现"歧义性"。自然语言表示的含义往往不太严格，要根据上下文才能判断其正确含义，描述包含分支和循环的算法时也不是很方便。因此，除了那些很简单的问题外，一般不用自然语言描述算法。

（2）传统流程图

流程图是表示算法的较好工具，传统流程图是用一些图框表示各种操作。用图形表示算法，直观形象，易于理解。美国国家标准化协会（ANSI）规定了一些常用的流程图符号，如图 3-1 所示。

起止框　　输入输出框　　判断框　　处理框　　流程线　　连接点

图 3-1　流程图符号

（3）3 种基本结构的流程图（如图 3-2 所示）

Bohra 和 Jacopini 于 1966 年提出了顺序结构、选择结构和循环结构 3 种基本结构，用这 3 种基本结构作为表示一个良好算法的基本单元。

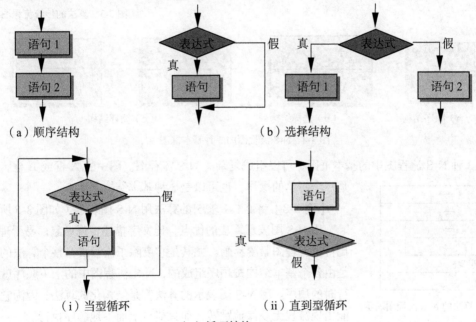

（a）顺序结构　　　　　　　（b）选择结构

（i）当型循环　　　　　　（ii）直到型循环

（c）循环结构

图 3-2　3 种基本结构的流程图

3 种基本结构的共同特点：

① 只有一个入口；

② 只有一个出口；

③ 结构内的每一部分都有机会被执行到；

④ 结构内不存在死循环（即无终止的循环）。

由 3 种基本结构顺序组成的算法，可以解决任何复杂的问题。由基本结构所构成的算法属于结构化的算法，它不存在无规律的转向，只是在本基本结构内才允许存在分支和向前或向后的跳转。

【例 3-2】将例 3-1 求 5!的算法用传统流程图表示（如图 3-3 所示）

一个流程图包括以下几部分。

① 表示相应操作的框；

② 带箭头的流程线；

③ 框内外必要的文字说明。

（4）N-S 流程图

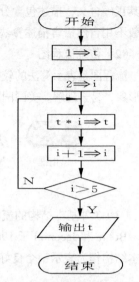

传统流程图的弊端：用流程线指明各框的执行顺序，对流程线的使用没有严格限制。使用者可以不受限制地使流程随意地转向，让流程图变得毫无规律，阅读者要花很大精力去追踪流程，使人难以理解算法的逻辑。1973 年美国学者 I.Nassi 和 B.Shneiderman 提出了一种新的流程图形式。在这种流程图中，完全去掉了带箭头的流程线。全部算法写在一个矩形框内，在该框内还可以包含其他的从属于它的框，或者说，由一些基本的框组成一个大的框。这种流程图又称为 N-S 结构化流程图，如图 3-4 所示。

图 3-3　算法的传统流程图表示

（a）顺序结构

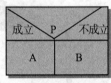
（b）选择结构

（c）循环结构

图 3-4　N-S 流程图的 3 种基本框图

用 3 种 N-S 流程图中的基本框图，可以组成复杂的 N-S 流程图。图中的 A 框或 B 框，可以是一个简单的操作，也可以是 3 种基本结构之一。

图 3-5　算法的 N-S 流程图表示

【例 3-3】将例 3-1 求 5!的算法用 N-S 图表示（如图 3-5 所示）

用 N-S 图表示算法的优点：比文字描述直观形象，易于理解；比传统流程图紧凑易画。尤其是它废除了流程线，整个算法的结构是由各个基本结构按顺序组成的，N-S 流程图中的上下顺序就是执行时的顺序。用 N-S 图表示的算法都是结构化的算法，因为它不可能出现流程无规律地跳转，而只能自上而下地顺序执行。

一个结构化的算法是由一些基本结构顺序组成的。在基本结构之间不存在向前或向后的跳转，流程的转移只存在于一个基本结构范围之内；一个非结构化的算法可以用一个等价的结构化算法来代替，其功能不变。如果一个算法不能分解为若干个基本结构，则它必然不是一个结构化的算法。

（5）伪代码

伪代码是用介于自然语言和计算机语言之间的文字及符号来描述算法，它不用图形符号，书写方便，格式紧凑，便于向计算机语言的算法过渡。

【例 3-4】求 5!，用伪代码表示的算法如下：

```
开始
    置 t 的初值为 1
    置 i 的初值为 2
    当 i<=5 时,执行下面的操作:
```

```
    使 t=t×i
    使 i=i+1
    （循环体到此结束）
    打印 t 的值
结束
  也可以写成如下形式：
BEGIN
  1→t
  2→i
  while  i<=5
   {t=t×i
    i=i+1  }
   print t
END
```

5. 结构化程序设计方法

一个结构化程序就是用高级语言表示的结构化算法。用 3 种基本结构组成的程序必然是结构化的程序，这种程序便于编写、阅读、修改和维护，可以减少程序出错的机会，提高程序的可靠性，保证程序的质量。

结构化程序设计强调程序设计的风格和程序结构的规范化，提倡清晰的结构。

结构化程序设计方法的基本思路是：把一个复杂问题的求解过程分阶段进行，每个阶段处理的问题都控制在人们容易理解和处理的范围内。具体来说就是采取以下方法来保证得到结构化的程序：（1）自顶向下；（2）逐步细化；（3）模块化设计；（4）结构化编码。

自顶向下，逐步细化就是考虑周全，结构清晰，层次分明，作者容易写，读者容易看。如果发现某一部分中有一段内容不妥，需要修改，只需找出该部分修改有关段落即可，与其他部分无关。我们提倡用这种方法设计程序，这就是用工程的方法设计程序。

模块化设计的思想实际上是一种"分而治之"的思想，把一个大任务分为若干个子任务，这样每一个子任务就相对简单了。在拿到一个程序模块以后，根据程序模块的功能将它划分为若干个子模块；如果这些子模块的规模还嫌大，还可以再划分为更小的模块。这个过程采用自顶向下的方法来实现。子模块一般不超过 50 行。划分子模块时应注意模块的独立性，即：使一个模块完成一项功能，耦合性越少越好。

3.2 C 语句分类

C 程序的执行部分是由语句组成的，程序的功能也是由执行语句来实现的。C 语句分为以下 5 类。

① 控制语句：用来实现对程序流程的控制。C 语言提供了 9 种控制语句，分别如下。

选择（分支）语句：if…else…和 switch。

循环语句：for、while、do…while。

循环结束：continue。

终止执行 switch 或循环的语句：break。

转向语句：goto。

函数返回语句：return。

② 函数调用语句：由一次函数调用加一个分号构成的一条语句。其一般形式为

函数名(参数表列)；

如：printf("a=%d",a);

这条语句是调用 C 语言函数库中的格式输出函数 printf()和分号构成一条输出语句。

③ 表达式语句：是在表达式的末尾加上一个分号构成的语句。其一般形式为

表达式；

如：i=i+1 是表达式　　　　　　i=i+1; 则是表达式语句

因为函数调用（如 sin(x)）也属于表达式的一种，故函数调用语句其实也属于表达式语句。

④ 空语句：即只有一个分号的语句，它什么也不做。用于流程转向点或循环体。

⑤ 复合语句：是用一对{ }把若干条语句括起来就构成复合语句，在语法上当作一个整体，相当于一条语句。复合语句又称为语句块，其一般形式为

{ 语句 1;语句 2;……;语句 n; }

3.3 数据的输入与输出

所谓输入/输出是针对计算机主机而言的，从计算机向外部输出设备（如显示屏、打印机、磁盘等）输出数据称为"输出"，从外部输入设备（如键盘、磁盘、光盘、扫描仪等）输入数据称为"输入"。C 语言本身不提供输入/输出语句，输入/输出操作是由函数来实现的，在 C 标准函数库中提供了一些输入/输出函数，在使用 C 语言库函数时，要用编译预处理命令将有关"头文件"包括到用户源程序文件中。

1. 字符输出/输入函数

putchar 函数是 C 语言标准函数库中提供的字符输出函数，其作用是向终端输出一个字符，其一般调用形式为

putchar(ch)

① 参数 ch 通常为字符变量、字符常量、转义字符和 0～255 之间的整型数据，也可以输出控制字符，如 putchar('\n');输出一个换行符，其函数类型是整型。

② putchar()函数是标准 I/O 库中的函数，使用时要在程序的开头加编译预处理命令：#include <stdio.h>

函数 getchar ( )是 C 语言标准函数库中提供的字符输入函数，其作用是从终端输入一个字符。其一般调用形式为

getchar ( )

此函数没有参数，函数值就是从输入设备得到的字符。

【例 3-5】字符输出/输入函数的使用。

```
#include <stdio.h>
main()
{ char a,b,c,d;
  a='y';b='\101';c=113;
```

```
d=getchar();                    /*键盘输入一个字符,按回车键后,该字符才送给变量d*/
putchar(d);                     /*和上一行可合并为putchar(getchar());*/
putchar(a);putchar(b);          /*输出字符y和A*/
putchar(c);putchar('\n');       /*输出字符q和换行符*/
}
```

运行结果如下：

2. 格式输出/输入函数

（1）printf 函数（格式输出函数）

putchar 函数只能输出字符，而且只能是一个字符，而在前面的章节中多次用到的 printf() 函数是向终端输出若干个任意类型的数据，其一般调用格式为

```
printf(格式控制,输出表列)
```

① 格式控制是用一对双引号括起来的字符串，由格式说明和普通字符构成，格式说明由%和格式字符组成，其作用是将输出的数据按指定的格式输出。普通字符是需要原样输出的字符。

② 输出表列是需要输出的若干数据，它可以是常量、变量、函数和表达式。

③ 由于格式控制字符串和输出表列实际上都是 printf 函数的参数，因此 printf 函数的一般格式又可以表示为

```
printf（参数1，参数2，……，参数n）
```

此格式表示将参数 2～参数 n 按参数 1 指定的格式输出。

（2）格式输出函数应用举例

【例 3-6】printf 函数的综合应用。

```
#include<stdio.h>
main()
{
char c1='A',c2=68;
int y=117,q=11067;
long a=671123;
int w=-1;
float f1=333333.333,f2=444444.444,f=123.456;
printf("%d,%4d,%4d,%-4d,%ld\n",y,y,q,y,a);
printf("%o,%x,%d\n",w,w,w);
printf("%u,%d\n",w,w);
printf("%d,%c,%-3c,%3c\n",c1,c1,c2,c2);
printf("%s,%2s,%-5s,%5s\n","jsit","jsit","jsit","jsit");
printf("%5.2s,%-5.2s,%.2s\n","jsit","jsit","jsit");
printf("%f\n",f1+f2);
printf("%f;%10f;%10.2f;%-10.2f;%.2f\n",f,f,f,f,f);
printf("%e,%10e,%10.2e,%-10.2e,%.2e\n",f,f,f,f);
printf("%f  %e  %g!\n",f,f,f);
}
```

运行结果如下：

在 C-Free 5.0 中，分配给 int 型数据的内存单元是 4 字节，而在 Turbo C 2.0 中是两字节，其他数据类型占用的字节数则相同，我们可以用 sizeof（类型名）来查看不同数据类型在内存空间占用的字节数，int 型数据在 C-Free 5.0 和 Turbo C 2.0 中表数范围是不同的，所以该程序在 Turbo C 2.0 中的运行结果如下：

（3）格式字符说明

① d 格式符：%d 按整型数据的实际长度以十进制形式输出。%md 按指定的长度 m 输出，若数据的位数小于 m，则在数据的左端用空格补齐；若大于 m 则按实际长度输出。%-md 也是按指定的长度 m 输出，若数据的位数小于 m，则在数据的右端用空格补齐；若大于 m 则按实际长度输出。%ld 是将数据以长整型数据（long）形式输出，对长整型数据也可以指定输出的宽度。一个 int 型数据可以用%d 或%ld 格式输出。

② o 格式符：%o 是以八进制整数形式输出，对符号位也作为八进制数的一部分输出。

③ x 格式符：%x 是以十六进制整数形式输出，对符号位也作为十六进制数的一部分输出。

④ u 格式符：%u 以十进制形式输出无符号数，一个有符号数可以用%u 格式输出，一个 unsigned 型数据也可以用%d、%o 或%x 格式输出。

⑤ c 格式符：%c 用来输出一个字符。一个在 0～255 范围内的整型数据也可以用%c 格式形式输出，一个 char 型数据也可以用%d 格式输出。

对于②～⑤格式符和①d 格式符一样，也可指定输出数据所占有的宽度，即也可采用 "%m" 格式符和 "%-m" 格式符的形式。

⑥ s 格式符：%s 用来输出一个字符串。%ms 和%-ms 输出的字符串占 m 列，若串长大于 m，则按字符串的实际长度全部输出，不受 m 的限制；若串长小于 m，%ms 则在串的左边用空格补齐，%-ms 则是在串的右边用空格补齐。%m.ns 和%-m.ns 是输出的字符串占 m 列，但只取原字符串左端的 n 个字符，%m.ns 输出的 n 个字符在 m 列的右侧，左补空格；%-m.ns 输出的 n 个字符在 m 列的左侧，右补空格。若 n 大于 m 则保证 n 个字符正常输出。

⑦ f 格式符：%f 是以小数形式输出实型数据（包括 float 和 double），整数部分全部输出并输出 6 位小数，注意并非全部数字都是有效数字，float 型数据的有效位数一般为 7 位，double 型数

据的有效位数一般为 16 位（给出小数 6 位）。%m.nf 和%-m.nf 输出的数据共占 m 列（包括小数点和负号），其中有 n 位小数，若数值长度小于 m，%m.nf 是在左端用空格补齐，%-m.nf 是在右端用空格补齐。

⑧ e 格式符：%e 是以指数形式输出实型数据，其中 6 位小数，指数部分占 5 位（e 占 1 位，指数符号占 1 位，指数占 3 位），小数点占 1 位，整数部分占 1 位，输出的实数一共 13 列宽度。%m.ne 和%-m.ne 是输出的数据占 m 列，小数位数 n 位，数据的实际长度小于 m 时，%m.me 是左补空格，%-m.me 是右补空格。

⑨ g 格式符：%g 是根据数据值的大小，自动选 f 格式或 e 格式（选占用宽度小的一种）输出实数，而且不输出无意义的零。

现将以上 9 种格式符归纳见表 3-1。

表 3-1　　　　　　　　　　　　　　printf 函数的格式字符

格式字符	说　　明
c	以字符形式输出，只输出一个字符
d	以十进制整数形式输出，正数不输出正号
o	以八进制无符号整数形式输出（不输出前导符 0）
x，X	以十六进制无符号整数形式输出（不输出前导符 0x） 用 x 输出小写字母，用 X 输出大写字母
u	以无符号十进制整数形式输出
f	以小数形式输出单、双精度实型数据
s	输出字符串
e，E	以指数形式输出实数，用%e 时指数用 e 表示，用%E 时指数用 E 表示
g，G	选用%f 和%e 格式中输出宽度小的一种格式，末尾 0 不输出，G 对应指数 E

在格式说明中，%和格式字符之间可以插入表 3-2 中的几种修饰符。

表 3-2　　　　　　　　　　　　　　printf 函数的修饰符

修饰符	说　　明
l	字母 l 用于长整型数据，可加在格式符 d、o、x、u 前面
m	正整数 m 用来指定输出数据所占的宽度
n	正整数 n 对实型数据表示输出 n 位小数；对字符串表示截取 n 个字符
-	负号表示输出的数据向左靠，即左对齐

（4）scanf 函数（格式输入函数）

scanf 函数也是一个标准库函数，其作用是接受用户从键盘输入若干个数据（可以是不同的数据类型），并送给指定的变量所分配的内存单元中。其一般调用形式为

scanf（格式控制，地址表列）

① 格式控制的含义同 printf 函数。
② 地址表列是由若干个地址组成的表列，它可以是变量的地址，也可以是字符串或数组的首地址，也可以是存放地址的指针变量。

scanf 函数中的格式说明也是以%开头，并以一个格式字符结束，它们之间可以插入修饰符。

表 3-3 和表 3-4 分别列出了 scanf 函数用到的格式字符及修饰符。

表 3-3　　　　　　　　　　　　　　scanf 函数的格式字符

格式字符	说　明
c	用来输入单个字符
d	用来输入有符号的十进制整数
u	用来输入无符号的十进制整数
o	用来输入无符号的八进制整数
x, X	用来输入无符号十六进制整数（大小写字母等同）
f	以小数形式或指数形式输入实数
s	用来输入字符串并送到一个字符数组中，输入时以非空白字符开始，并以空白字符结束
e, E, g, G	作用同 f，e 与 f, g 可互换（大小写字母等同）

在格式说明中，% 和格式字符之间可以插入表 3-4 中的几种修饰符。

表 3-4　　　　　　　　　　　　　　scanf 函数的修饰符

修饰符	说　明
l	字母 l 用于输入长整型数据和 double 型数据（可用 %ld, %lo, %lx, %lu, %lf, %le）
h	用于输入长整型数据（可用 %hd, %ho, %hx）
域宽	域宽为正整数，用于指定输入数据所占的宽度（即列数）如 scanf("%3d",a);
*	表示本输入项在读入后不赋给相应的变量

（5）格式输入函数应用举例

【例 3-7】scanf 函数的应用。

① 应用一。

```
#include<stdio.h>
main()
{
 char c1,c2;
 scanf("%3c,%c",&c1,&c2);          /*从键盘上连续输入 abc,y 四个字符*/
 printf("%c %c\n",c1,c2);
}
```

运行结果为

此行由用户
从键盘输入

② 应用二。

```
#include<stdio.h>
main()
{
 int a,b,c,d;
 int i,j,k;
 scanf("%2d%3d",&a,&b);
 scanf("%d%d%d",&i,&j,&k);         /*输入 3 个整数,并用空格或回车或 Tab 键分隔*/
```

```
    scanf("%2d %*3d %2d",&c,&d);
                    /*%*3d表示读入三位整数但不赋给任何变量,即跳过*后面指定的列数*/
    printf("\n\n%d %d\n",a,b);
    printf("%d,%d,%d\n",i,j,k);
    printf("%d %d\n",c,d);
}
```

运行结果如下:

此 3 行由用户
从键盘输入

注意

① &a 中的&是取地址运算符，&a 是指变量 a 在内存中的地址，该地址是在编译连接时分配的，scanf("%d%d%d",&i,&j,&k); 的作用是将从键盘输入的数据存入到变量 i、j、k 在内存中的地址所标识的内存单元中。%d%d%d 表示按十进制整数形式输入数据，在输入时要在两个数据之间用空格隔开，也可用回车键或 Tab 键隔开，不能用其他符号分隔。

② scanf("%2d%3d",&a,&b); 指定输入数据所占列数，如输入 83171 则系统自动将 83 赋给 a，171 赋给 b。scanf("%3c,%c",&c1,&c2); 如果从键盘上连续输入 abc,y 四个字符，则将 a 赋给 c1，y 赋给 c2。

③ scanf("%2d %*3d %2d",&c,&d); 如果从键盘上输入 13 520 14 则将 13 赋给 c，%*3d 表示读入三位整数但不赋给任何变量（即第二个数据 520 被跳过），然后再读入 2 位整数 14 赋给 d。

④ 输入数据时不能指定精度，如 scanf("%6.2f",&f1); 是非法的。

⑤ 如果在格式控制字符串中除了格式说明外还有其他字符,则在输入数据时要在对应位置输入与这些字符相同的字符，如 scanf("%3c,%c",&c1,&c2); 双引号内是逗号，则在输入数据时就要用逗号分隔，若是分号就用分号隔开，是什么字符就要用同样的字符隔开，否则就会出错。

⑥ 在用%c 输入字符时，空格和转义字符都是作为有效字符输入的。

⑦ 在输入数据时遇到以下情况就认为结束：a. 遇空格或按回车键或 Tab 键；b. 按指定的宽度结束；c. 遇非法输入。

3.4　顺序结构程序设计举例

所谓顺序结构的程序就是程序中的语句是按它们出现的先后顺序依次被执行，也就是说程序的执行流程不会发生跳转，从第一条语句依次执行到最后一条语句，前面的章节中出现的程序基本上都是顺序结构的程序。这些程序都是由三大基本结构中的顺序结构组成，现在再举一个简单的例子，让大家再次加深对顺序结构程序的理解。

【例 3-8】求矩形的周长与面积。

```
#include<stdio.h>
main()
{
int a,b,c,s;
scanf("%d %d",&a,&b);
c=(a+b)*2;              /*计算矩形的周长*/
s=a*b;                  /*计算矩形的面积*/
printf("%\n周长 c=%d;面积=%d\n",c,s);
}
```

运行结果如下：

 自测题

一、填空题

（1）C 语句可以分为_____，_____，_____，_____和_____5 种类型。

（2）C 控制语句有_____种。

（3）一个表达式要构成一个 C 语句，必须以_____结束。

（4）复合语句是用一对_____作为定界符的语句块。

（5）printf 函数和 scanf 函数的格式说明都使用_____字符开始。

（6）scanf 处理输入数据时，遇到下列情况时认为该数据结束：①_____，②_____，③_____。

（7）C 语言本身不提供输入输出语句，其输入/输出操作是由_____来实现的。

（8）已有 int i, j; float x;为了将-17 赋给 i，23 赋给 j，67.38 赋给 x，则对应以下 scanf 函数调用语句 scanf("%d;%d;%f\n",i,j,k);的数据输入形式是_____。

（9）一般地，调用标准字符输入/输出或格式输入/输出库函数时，程序开头应有以下编译预处理命令：_____。

二、选择题

（1）putchar()函数可以向终端输出一个（　　）。

    A）整型变量表达式的值　　　　　　　B）字符串

    C）字符常量或字符变量值　　　　　　D）实型变量值

（2）printf()函数中用到的格式控制%7s，其中数字 7 表示输出的字符串占 7 列。如果字符串长度大于 7，则按（　　）方式输出；如果字符串长度小于 7，则按（　　）方式输出。

    A）按字符串实际长度全部输出　　　　B）左对齐输出该字符串，右补空格

    C）右对齐输出该字符串，左补空格　　D）输出错误信息

（3）下列是关于 scanf()函数的说法，正确的是（　　　）。

A）输入项可以为一个实型常量，如 scanf("%f",11.6);

B）只有格式控制，没有输入项也能进行正确输入，如 scanf("a=%d,b=%d");

C）当输入一个实型数据时，可以在格式控制部分指定小数点后面的位数，如 scanf("%5.2f",f1);

D）当输入数据时，必须指明变量的地址，如 scanf("%f",&f1);

（4）若有输入语句"scanf("a=%d, b=%d, c=%d", &a, &b, &c);"，为了使变量 a 的值为 11、b 的值为 22、c 的值为 33，从键盘输入数据的正确形式应当是（　　　）。

A）112233✓　　　　　　　　　　　　B）11,22,33✓

C）a=11,b=22,c=33✓　　　　　　　　D）a=11　b=22　c=33✓

（5）已有如下定义和输入语句，若要求 a1, a2, c1, c2 的值分别为 10, 20, A 和 B，当从第一列开始输入数据时，正确的数据输入方式是（　　　）。

```
int a1,a2; char c1,c2;
scanf("%d%c%c",&a1,&a2,&c1,&c2);
```

A）10 A 20B✓　　B）10 A 20 B✓　　C）10A20B✓　　D）10 20 AB✓

（6）对于下述语句，若将 10 赋给变量 k1 和 k3，将 20 赋给变量 k2 和 k4，则应按（　　　）方式输入数据。

```
int k1,k2,k3,k4;
scanf("%d%d",&k1,&k2);
scanf("%d,%d",&k3,&k4);
```

A）10 20✓　　　　B）10 20✓　　　　C）10,20✓　　　　D）10 20✓

　　10 20✓　　　　　1020✓　　　　　10 20✓　　　　10,20✓

（7）执行下列程序片段时输出结果是（　　　）。

```
int x=13,y=5;
printf("%d",x%=(y/=2));
```

A）3　　　　　　B）2　　　　　　C）1　　　　　　D）0

（8）下列程序的输出结果是（　　　）。

```
main ()
{ int x=023;
    printf("%d",--x);
}
```

A）17　　　　　　B）18　　　　　　C）23　　　　　　D）22

（9）执行下列程序片段时输出结果是（　　　）。

```
int x=5,y;
y=2+(x+=x++,x+8,++x);
printf("%d",y);
```

A）13　　　　　　B）14　　　　　　C）15　　　　　　D）16

（10）若定义 x 为 double 型变量，则能正确输入 x 值的语句是（　　　）。

A）scanf("%f",x);　　　　　　　　　B）scanf("%5.1f",&x);

C）scanf("%lf",&x);　　　　　　　　D）scanf("%f",&x);

（11）若运行时输入：12345678✓，则下列程序运行结果为（　　　）。

```
main ()
{int a,b;
 scanf("%2d%2d",&a,&b);
```

```
        printf("%d\n",a+b);
    }
```
  A）46   B）579   C）5 690   D）出错

（12）已知 i，j，k 为 int 型变量，若从键盘输入：1，2，3<回车>，使 i 的值为 1，j 的值为 2，k 的值为 3，以下选项中正确的输入语句是（　　　　）。

  A）scanf("%2d%2d%2d",&i,&j,&k);   B）scanf("%d_%d_%d",&i,&j,&k);

  C）scanf("%d,%d,%d",&i,&j,&k);   D）scanf("i=%d,j=%d,k=%d",&i,&j,&k);

（13）若有语句 int x,y; double z;，以下不合法的 scanf 函数调用语句是（　　　　）。

  A）scanf("%d%lx,%le",&x,&y,&z);   B）scanf("%2d*%d%lf",&x,&y,&z);

  C）scanf("%x%*d%o",&x,&y);   D）scanf("%x%o%6.2f", &x,&y,&z);

三、写出下列程序的运行结果

```
(1) #include<stdio.h>
    main()
    { int y=3,x=3,z=1;
      printf("%d %d\n",(++x,y++),z+2);
    }
(2) #include<stdio.h>
    main()
    { int a=12345;
      float b=-198.345, c=6.5;
      printf("a=%4d,b=%-10.2e,c=%6.2f\n",a,b,c);
    }
(3) #include<stdio.h>
    main()
    { int x=-1123;
      float y=-11.7;
      printf("%6d,%06.2f\n",x,y);
    }
(4) #include<stdio.h>
    main()
    { int a=252;
      printf("a=%o a=%#o\n",a,a);      /*此处%后面的#表示输出的8进制数是以数字0开头的*/
      printf("a=%x a=%#x\n",a,a);      /*此处%后面的#表示输出的16进制数是以数字0x开头的*/
    }
(5) #include<stdio.h>
    main()
    { int x=12; double a=3.1415926;
      printf("%6d##,%-6d##\n",x,x);    /*此处的##是普通字符，原样输出*/
      printf("%14.11f##\n",a);         /*此处的##是普通字符，原样输出*/
    }
```

 ## 上机实践与能力拓展

【实践 3-1】用顺序结构程序实现下面的主菜单界面。

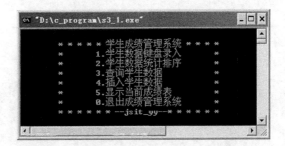

【实践 3-2】编写一个顺序结构的程序，求任意一名学生四门课程的总成绩和平均成绩。

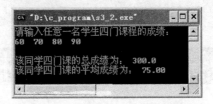

【实践 3-3】用 printf 函数编程输出一棵水杉树。

【实践 3-4】用 printf 函数输出一棵圣诞树。

在 printf 函数中用两个百分号（%%）输出一个%，两个反斜杠（\\）输出一个\。

第4章

选择结构程序设计

 本章学习要点

1. 掌握关系运算符及其表达式的运算方法；
2. 掌握逻辑运算符及其表达式的运算方法；
3. 掌握 if 语句的使用及其嵌套使用；
4. 初步掌握 switch 语句的使用；
5. 掌握条件运算符和条件表达式的正确使用；
6. 初步掌握分支结构的程序设计。

控制程序执行方向的语句称为流程控制语句。从控制方向上看，程序的结构分为三种：顺序结构、选择结构（分支结构）和循环结构（重复结构）。选择结构的程序是根据表达式的值做出判断，然后从可供选择的分支中选择执行某一个分支，即决定执行哪些语句和不执行哪些语句。

在 C 语言中，选择结构是用 if 语句和 switch 语句来实现的，借助于关系运算符和逻辑运算符及其表达式来实现相应的选择。

4.1 关系运算符及其表达式

关系运算实际上就是比较运算，是将两个值进行比较，判断是否符合或满足给定的条件。如果符合或满足给定的条件，则称关系运算的结果为"真"；否则就称关系运算的结果为"假"。如：x>3 是比较运算，">"是一种关系运算符。假如 x=4，那么此时条件 x>3 就满足或成立，我们就说该关系运算的结果为"真"，即该关系表达式的值为"真"。

（1）关系运算符及优先级

C 语言提供 6 种关系运算符：

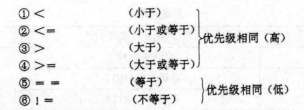

① <　　　　　　　　（小于）
② <=　　　　　　　（小于或等于）⎫
③ >　　　　　　　　（大于）　　　⎬优先级相同（高）
④ >=　　　　　　　（大于或等于）⎭
⑤ ==　　　　　　　（等于）　　　⎫优先级相同（低）
⑥ !=　　　　　　　（不等于）　　⎭

关于优先次序：

① 前 4 种关系运算符的优先级别相同，后两种也相同。前 4 种高于后两种。

② 关系运算符的优先级低于算术运算符的优先级。

③ 关系运算符的优先级高于赋值运算符的优先级。

④ 关系运算符按照从左到右的顺序结合。

（2）关系表达式

用关系运算符将两个表达式连接起来的式子，称为关系表达式。其一般形式为

表达式 1 关系运算符 表达式 2

　　　关系运算符两边的运算对象可以是 C 语言中任意合法的表达式，即可以为算术表达式、逗号表达式、赋值表达式、关系表达式和逻辑表达式，也可以是变量和函数等。

下面的关系表达式都是合法的：

a>b==c,(c=23)<(d=17),'e'>='f',(a<c)<=(b>d),(a=d)>f,a==sin(60),c<=d+9

关系表达式的值是一个逻辑值，即"真"或"假"。C 语言没有逻辑型数据，以 1 代表"真"，以 0 代表"假"。

假如 a=3，b=2，c=1，则：

关系表达式"a>b"的值为"真"，即表达式的值为 1。

关系表达式"b+c<a"的值为"假"，即表达式的值为 0。

赋值表达式"f=a>b>c"的值为 0，即 f 的值为 0，因为>是自左向右的结合方向，先执行"a>b"得到的结果是 1，再执行"1>c"得到的结果是 0，最后将 0 赋给 f。

两个字符型数据相比较时，是比较它们的 ASCII 码值的大小。在 C 语言中关系表达式的值为 0 是不成立（也叫做不满足或假）的意思。3>2>1 的值为 0，而在数学上却是成立的，说明在描述条件时不能用数学的思维。

4.2　逻辑运算符及其表达式

（1）逻辑运算符

上面介绍的关系表达式只能用来描述单一的条件，如果要描述多个条件判断时就要用到逻辑表达式了。

C 语言提供三种逻辑运算符，见表 4-1。

① && 逻辑与（相当汉语中的"而且"、"并且"，只有在两条件同时成立时才为"真"）。

② || 逻辑或（相当汉语中的"或者"，两个条件只要有一个成立时即为"真"）。

③ ! 逻辑非（条件为真，运算后为假；条件为假，运算后为真）。

"&&"、"||"是双目运算符，"!"是单目运算符。

表 4-1 逻辑运算符

运　算　符	含　义	优　先　级
||	逻辑或（OR）	↑ 低
&&	逻辑与（AND）	
!	逻辑非（NOT）	高

在一个表达式中如果包含多个逻辑运算符，按优先级由高到低（!（非）→&&（与）→||（或））进行运算。逻辑运算符与其他运算符之间的优先级由高到低顺序如下：

逻辑非（!）→算术运算符→关系运算符→逻辑与（&&）→逻辑或（||）→赋值运算符→逗号运算符。

如：!a&&!b 等价于 （!a）&&（!b）

　　a||b&&c 等价于 a||（b&&c）

　　a>b&&x>y 等价于 （a>b）&&（x>y）

　　a==b||x==y 等价于 （a==b）||（x==y）

　　!a||a>b 等价于 （!a）||（a>b）

表 4-2 中给出了 C 语言中的逻辑运算规则。

表 4-2 逻辑运算规则

a	b	!a	a&&b	a||b
非 0	非 0	0	1	1
非 0	0	0	0	1
0	非 0	1	0	1
0	0	1	0	0

在 C 程序中，经常会使用逻辑运算符，将简单的条件组合起来，形成更复杂的条件。例如：为了表示数学中的式子 $0 \leqslant a \leqslant 5$，我们在 C 语言中就要用这样一个逻辑表达式来表示：a>=0&&a<=5。

（2）逻辑表达式

逻辑表达式：用逻辑运算符（逻辑与、逻辑或、逻辑非）将关系表达式或逻辑量连接起来的式子。

逻辑表达式的值是一个逻辑量"真"或"假"。C 语言编译系统在给出逻辑运算的结果时，不是 0 就是 1（1 代表真，0 代表假），不可能是其他数值，但是在判断一个量是真是假时，是以 0 为"假"，非 0 为"真"（即认为一个非 0 的值就是"真"）。

在逻辑表达式中作为参与逻辑运算的运算对象可以是 0（作为"假"来处理），也可以是任何非 0 的数值（按"真"对待）。事实上，逻辑运算符的操作对象可以是 0 和 1，也可以是 0 和非 0 的整数，甚至可以是任何类型的数据（如字符型、实型、指针型）。

对一个表达式中不同位置上出现的数值，应区分哪些是作为数值运算或关系运算的对象（原值），哪些是作为逻辑运算的对象（逻辑值）。

在逻辑表达式的求解过程中，并不是所有的逻辑运算符都会被执行，只是在必须执行下一个逻辑运算符才能求出整个表达式的值时，才会执行该运算符，这样做的目的是为了提高程序执行的效率。

例如：a&&b&&c，只有 a 为真，才会计算并判别 b 的值；只有 a、b 都为真，才需要计算并判别 c 的值。只要 a 为假，不管 b 与 c 是真是假，此时整个表达式已经确定为假，就没有必要去计算并判别 b，c 的真假了；若 a 真 b 假，则不必去计算并判断 c 的真假。

a||b||c，只要 a 为真，整个表达式就一定为真，就不必去计算并判断 b 和 c 的真假；只有 a 为假，才去计算并判断 b 的真假；当a、b 都为假时才去计算并判断 c 的真假。

（3）关系运算与逻辑运算综合应用举例

【例 4-1】逻辑运算符的应用（短路）。

```
#include<stdio.h>
main()
{int a,b,c,t;
a=0,b=1,c=2;
t=a++&&++b&&++c;
//先执行 a&&++b 结果为 0（因 a 为假--短路 ++b&&++c 不执行）  后执行 a=a+1
printf("%d  %d  %d  %d\n",a,b,c,t);

a=0,b=0,c=2;
t=++a&&b++&&++c;   //先执行 a=a+1 后执行 1&&0 结果为 0（短路 0&&++c 不执行）
printf("%d  %d  %d  %d\n",a,b,c,t);

a=1,b=1,c=2;
t=a||++b||++c;
printf("%d  %d  %d  %d\n",a,b,c,t);   //先执行 a||++b 结果为 1（短路 ++b||++c 不执行）
a=0,b=1,c=2;
t=a++||++b||++c;
printf("%d  %d  %d  %d\n",a,b,c,t);
}
```

运行结果如下：

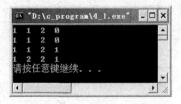

4.3 if 语句

（1）if 语句的形式

if 语句是根据给定的条件进行判断，以决定执行哪些语句和不执行哪些语句。它有以下 3 种基本使用形式。

① if（表达式）语句 1;　　　　　　　如 if(x>y) printf("%d", x);

执行过程：先求表达式的值，若为非 0 则执行语句 1；若为 0 则不执行语句 1（即跳过语句 1），执行 if 语句之后的语句。如图 4-1（a）所示。

② if（表达式）语句 1;　else 语句 2;　　如 if(x>y) max=x; else max=y;

执行过程：先求表达式的值，若为非 0 则执行语句 1；若为 0 则执行语句 2，如图 4-1（b）所示。

③ if（表达式1）语句1；
　　else　if（表达式2）　语句2；
　　　　else　if（表达式3）语句3；
　　　　　　…
　　　　　　　　else　if（表达式m）语句m；
　　　　　　　　　　else　语句n；

执行过程：若表达式1的值为非0，则执行语句1；否则求表达式2的值，若为非0则执行语句2，否则求表达式3的值，若为非0则执行语句3……否则执行语句n，如图4-1（c）所示。

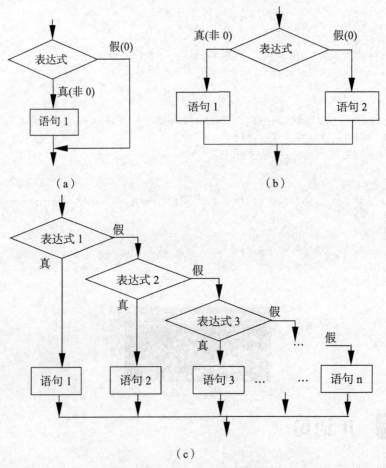

图4-1　3种形式if语句的流程图

① 3种形式的if语句中，关键字if后面均为表达式，而且必须写在一对小括号内。执行时先求其值，若为0按假处理。若为非0按真处理。表达式的类型不限逻辑表达式，可以是任意的数值类型（包括整型、实型、字符型和指针型数据）。
② else子句不能单独使用，它是if语句的一部分，必须和if语句配对使用。
③ 3种形式的if语句中，语句1～语句n可以是由若干条语句组成的复合语句；若为多条语句构成的复合语句，则必须将这些语句写在一对花括号内，因为由多条语句构成复合语句时，它们是作为一个整体（语句块）来处理的。

（2）if 语句应用举例

【例 4-2】输入任意 3 个整数，输出最大数。

```
#include<stdio.h>
main()
{
 int a,b,c,max;
 printf("请输入任意三个整数:");        /*提示信息*/
 scanf("%d %d %d",&a,&b,&c);
 max=a;
 if(max<b) max=b;
 if(max<c) max=c;                     /*通过两两比较,找出 3 个数中的最大数*/
 printf("max=%d\n",max);              /*输出最大数*/
}
```

运行结果为：

【例 4-3】输入任意 3 个整数 a，b，c，要求按从大到小的顺序输出。

```
#include<stdio.h>
main()
{
 int a,b,c,t;
 printf("请输入任意三个整数:");
 scanf("%d %d %d",&a,&b,&c);
 if(a<b)                        /*若a<b就将 a 和 b 对换*/
    { t=a;a=b;b=t; }            /*3 条赋值语句实现变量 a 和 b 的值交换*/
 if(a<c)                        /*若a<c就将 a 和 c 对换*/
    { t=a;a=c;c=t; }            /*要交换变量 a 和 c 之值,必须借助于第 3 个变量 t*/
 if(b<c)
    { t=b;b=c;c=t; }            /*3 条赋值语句构成复合语句,作为一个整体*/
 printf("%5d%5d%5d\n",a,b,c);
}
```

运行结果如下：

思考：如果不借助中间变量 t，只用两条赋值语句 a=b;b=a;能否实现变量 a 和 b 值的交换？

（3）if 语句的嵌套

在 if 语句中又包括一个或多个 if 语句就称为 if 语句的嵌套。内嵌的 if 语句可以嵌套在 if 子句中，也可以嵌套在 else 子句中。

　　① else 总是和它上面最近的尚没配对的 if 配对。

　　② 如果 if 和 else 的个数不一样，为了让程序的层次清晰，可以用花括号明确配对关系。

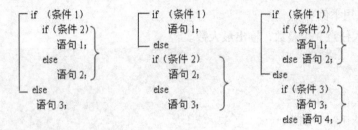

（4）if语句的嵌套应用举例

【例4-4】输入任意3个整数，输出其中的最大数。

```c
#include<stdio.h>
main()
{
int a,b,c,max;
printf("请输入任意三个整数:");
scanf("%d %d %d",&a,&b,&c);
if(a<b)
    if(b<c) max=c;
    else  max=b;
else
    if(a<c) max=c;
    else  max=a;
printf("max=%d\n",max);
}
```

运行结果如下：

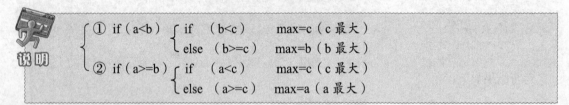

3个数比较大小，先是前两个数比较，然后再和第3个数比较，即通过两两比较后就可以找出最大数。对于从多个数中找出最大数，也是采用此方法。

（5）条件运算符

当if语句的第二种形式中的语句1和语句2只是一条语句时，就可以用条件运算符来处理，这样反而显得更加简洁。如"if(a<b) max=b; else max=a;"就可以用条件运算符来处理："max=(a<b)?b:a;"，其中"(a<b)?b:a"是一个用条件运算符构成的条件表达式，如果a<b为真，则表达式的值为b，否则为a。

条件运算符是C语言中唯一的三目运算符，要求有三个运算对象，由它构成的表达式就称为条件表达式，其一般形式为

表达式1？表达式2：表达式3

条件表达式的执行过程：先计算表达式1的值，若为非0，则求解表达式2，此时表达式2

的值就作为整个条件表达式的值。若表达式 1 的值为 0，则求解表达式 3，表达式 3 的值就是整个
条件表达式的值。其执行过程如图 4-2 所示。

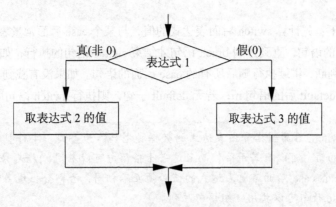

图 4-2 条件表达式的执行过程

① 条件运算符的优先级高于赋值运算符，低于关系运算符和算术运算符。

② 条件运算符的结合方向是自右向左。

③ 表达式 2 和表达式 3 可以是数值型表达式，也可以是赋值表达式或函数表达式。

④ 表达式 1 与表达式 2、3 的类型可同可不同。表达式 2 和表达式 3 的类型也可
不同，此时条件表达式值的类型为二者中较高的类型，如：

```
#include<stdio.h>
main()
{
  int x=3,y=2;
  printf("%d\n",sizeof((x>y?1:2.5)));   /*输出条件表达式的值占用的字节数*/
}
```

运行结果如下：

以上结果表明条件表达式值的类型是 double 型，故它占用的内存空间字节数为 8
字节。当 3>2 时，条件表达式 x>y?1:2.5 的值为 1.000000。

4.4 switch 语句

虽然可以用 if 语句的多重嵌套来实现多分支选择，但是如果分支较多，嵌套的 if 语句层数也
会较多，这样会使程序的结构变得复杂、显得冗长，从而降低了程序的可读性。因此 C 语言提供
了另一种用于多分支选择的 switch 语句（又叫开关语句），用它可以直接处理多分支选择。switch
语句的一般形式为：

```
switch（表达式）
 { case 常量表达式 1:语句 1;
   case 常量表达式 2:语句 2;
```

```
......
case 常量表达式 n:语句 n;
『default:语句 m;』
}
```

其执行过程如下：先计算 switch 后面表达式的值，与某个 case 后面常量表达式的值相等时，就执行此 case 后面的语句，直到遇到 braek 语句才结束 switch 语句的执行；如果 case 后无 break 语句，则不再进行判断，继续执行随后所有的 case 后面的语句。如果没有找到与此值相匹配的常量表达，则执行 default 后的语句 m；若无 default 子句，则执行 switch 语句后面的其他语句。

① switch 后面圆括号内表达式的数据类型只能为整型、字符型或枚举型，每个 case 后面的语句可以有若干条，而且这若干条语句可以不用{}括起来。
② 每个 case 后面常量表达式的值必须互不相同，否则会出现多种执行方案；但是多个 case 子句可以共用一组语句序列。
③ 各 case 和 default 子句的先后顺序可以改变，不影响执行结果。
④ default 子句可以省略。

【例 4-5】根据输入的百分制成绩，要求输出成绩等级 A、B、C、D、E。90 分以上为 A，80～89 分为 B，70～79 分为 C，60～69 分为 D，60 分以下为 E。用 switch 语句实现，程序如下：

```
#include<stdio.h>
main()
{
int  score,g;
printf("Please input a score(0~100):");
scanf("%d",&score);
g=score/10;
switch(g)
 {
 case 9:
 case 10:printf("\nThe grade is A.");    /*两个 case 子句共用此语句即 9 和 10 都输出 A*/
 case 8:printf("\nThe grade is B.");
 case 7:printf("\nThe grade is C.");
 case 6:printf("\nThe grade is D.");
 default:printf("\nThe grade is E.\n");
 }
}
```

运行结果如下：

从本例程我们可以看到，执行完一个 case 分支后，流程转到下面的 case 继续向下执行，不再进行判断，譬如在例 4-5 中我们输入 86 时就执行了四个分支；实际情况是应该在执行完一个 case 分支后，使流程跳出 switch 结构，即终止 switch 语句的执行，要达到这个目的就必须借助于 break 语句。现将例 4-5 程序修改如下：

```
#include<stdio.h>
main()
{
int  score,g;
printf("Please  input  a  score(0~100):");
scanf("%d",&score);
g=score/10;
switch(g)
{ case  9:
  case 10:printf("\nThe grade is A.");break;
  case  8:printf("\nThe grade is B.");break;
  case  7:printf("\nThe grade is C.");break;
  case  6:printf("\nThe grade is D.");break;
  default:printf("\nThe grade is E.\n");
  }
}
```

运行结果如下：

最后一个分支可以不加 "break;" 语句，这样 switch 语句的使用格式就可以改为如下形式：

```
switch（表达式）
  { case 常量表达式 1:语句 1;『break;』
    case 常量表达式 2:语句 2;『break;』
    ……
    case 常量表达式 n:语句 n;『break;』
    『default:语句 m;『break;』』
  }
```

【例 4-6】模拟计算器程序，求任意两个数的和、差、积、商。

```
#include<stdio.h>
main()
{ float x,y,result;
  char oper;
  printf("请输入两个数和一个运算符【x+(-*/)y】:");
  scanf("%f%c%f",&x,&oper,&y);
  switch(oper)
  { case '+':result=x+y;break;
   case '-':result=x-y;break;
   case '*':result=x*y;break;
   case '/':result=x/y;break;
   }
  printf("\n%.2f%c%.2f=%.2f ",x,oper,y,result);
}
```

运行结果如下：

从上面多个例子我们可以看出，switch 和 if…else 语句虽然都可以处理多分支情况，但 switch 语句只能对表达式的值和 case 子句中常量表达式的值进行是否相等的判断，不能进行大小判断；而 if…else 语句则可以，所以 switch 语句不能完全替代 if…else 语句，反之 if…else 语句则可以实现 switch 语句的功能。

 自测题

一、填空题

（1）C 语言提供 6 种关系运算符，按优先级高低它们分别是_____，_____，_____，_____，_____，_____等。

（2）C 语言提供三种逻辑运算符，按优先级高低它们分别是_____，_____，_____。

（3）设 a=3，b=4，c=5，表达式 a+b>c&&b==c 的值为_____，表达式!(a>b)&&!c||1 的值为_____，表达式!(a+b)+c-1&&b+c/2 的值为_____。

（4）C 语言中用_____表示"真"，用_____表示"假"。

（5）将条件"y 能被 4 整除但不能被 100 整除，或 y 能被 400 整除"写成 C 语言逻辑表达式_____。

（6）已知 A=7.5，B=2，C=3.6，表达式 A>B&&C>A||A<B&&!C>B 的值是_____。

（7）有 int x=3，y=-4，z=5;，则表达式(x&&y)==(x||z)的值为_____。

（8）若有 x=1，y=2，z=3，则表达式(x<y?x:y)==z++的值是_____。

（9）执行以下程序段后，a=_____，b=_____，c=_____。

```
int x=10,y=9;
int a,b,c;
a=(x--==y++)?x--:y++;
b=x++;
c=y;
```

（10）若 w=1，x=2，y=3，z=4，则条件表达式 w<x?w:y<z?y:z 的值是_____。

二、选择题

（1）若有语句"int i=5，j=4，k=6；float f;"则执行"f=(i<j&&i<k)?i:(j<k)?j:k;"语句后，f 的值为（　　）。

　　A）4.0　　　　　B）5.0　　　　　C）6.0　　　　　D）7.0

（2）下列表达式中，（　　）不满足"当 x 的值为偶数时值为真，为奇数时值为假"的要求。

　　A）x%2==0　　B）!x%2!=0　　C）(x/2*2-x)==0　　D）!(x%2)

（3）若有定义：int a=3，b=2，c=1；并有表达式：①a%b，②a>b>c，③b&&c+1，④c+=1，则表达式值相等的是（　　）。

　　A）①和②　　　B）②和③　　　C）①和③　　　D）③和④

（4）能正确表示"当 x 的取值在［1，10］和［200，210］范围内为真，否则为假"的表达式是（　　）。

　　A）(x>=1)&&(x<=10)&&(x>=200)&&(x<=210)

B）(x>=1)||(x<=10)||(x>=200)||(x<=210)

C）(x>=1)&&(x<=10)||(x>=200)&&(x<=210)

D）(x>=1)||(x<=10)&&(x>=200)||(x<=210)

（5）C 语言对嵌套 if 语句的规定是：else 总是与（　　　）。

A）其之前最近的 if 配对　　　　　　　　B）第一个 if 配对

C）缩进位置相同的 if 配对　　　　　　　D）其之前最近的且尚未配对的 if 配对

（6）设：int a=1, b=2, c=3, d=4, m=2, n=2；执行(m=a>b) && (n=c>d)后 n 的值为（　　　）。

A）3　　　　　　　B）2　　　　　　　C）1　　　　　　　D）0

（7）下面（　　　）是错误的 if 语句（设 int x,a,b;）。

A）if (a=b) x++;　　B）if (a=<b) x++;　　C）if (a-b) x++;　　D）if (x) x++;

（8）以下程序片段的编译运行后的结果是（　　　）。

```
main ( )
{ int x=0,y=0,z=0;
  if(x=y+z)     printf("***");
  else     printf("###");
}
```

A）有语法错误，不能通过编译

B）输出：***

C）可以编译，但不能通过连接，所以不能运行

D）输出：###

（9）对下述程序，（　　　）是正确的判断。

```
main ( )
{ int x,y;
  scanf("%d,%d",&x,&y);
  if(x>y)  x=y;y=x;
  else x++;y++;
  printf("%d,%d",x,y);
}
```

A）有语法错误，不能通过编译　　　　　B）若输入 3 和 4，则输出 4 和 5

C）若输入 4 和 3，则输出 3 和 4　　　　D）若输入 4 和 3，则输出 4 和 5

（10）已知 int x=10, y=20, z=30；执行语句 if(x>y) z=x; x=y; y=z; 后 x, y, z 的值是（　　　）。

A）x=10, y=20, z=30　　　　　　　B）x=20, y=30, z=30

C）x=20, y=30, z=10　　　　　　　D）x=20, y=30, z=20

（11）以下程序的运行结果是（　　　）。

```
main()
{int m=5;
 if(m++>5)  printf("%d\n",m);
 else;
 printf("%d\n",m--);
}
```

A）4　　　　　　　B）5　　　　　　　C）6　　　　　　　D）7

（12）若运行时给变量 x 输入 12，则以下程序的运行结果是（　　　）。

```
main()
 {int x,y;
```

```
        scanf("%d",&x);
        y=x>12?x+10:x-12;
        printf("%d\n",y);
        }
```

　　A）4　　　　　　　B）3　　　　　　　C）2　　　　　　　D）0

（13）下述表达式中，（　　　）可以正确表示 x≤0 或 x≥1 的关系。

　　A）(x>=1)||(x<=0)　B）x>=1|x<=0　　　C）x>=1&&x<=0　　D）(x>=1)&&(x<=0)

（14）下述程序的输出结果是（　　　）。

```
main ( )
{int  a=0,b=0,c=0;
 if(++a>0||++b>0)
      ++c;
 printf("%d,%d,%d",a,b,c);
 }
```

　　A）0, 0, 0　　　　B）1, 1, 1　　　　C）1, 0, 1　　　　D）0, 1, 1

（15）下述程序的输出结果是（　　　）。

```
main ( )
{int x=-1,y=4,k;
 k=x++<=0&&!(y--<=0);
 printf("%d,%d,%d",k,x,y);
 }
```

　　A）0, 0, 3　　　　B）0, 1, 2　　　　C）1, 0, 3　　　　D）1, 1, 2

（16）以下程序的输出结果是（　　　）。

```
main ( )
{int x=1,y=0,a=0,b=0;
 switch(x){
   case 1:switch(y){
           ase0:a++;break ;
           case1:b++;break ;
           }
   case 2:a++; b++; break;
   case 3:a++; b++;
  }
 printf("a=%d,b=%d",a,b);
}
```

　　A）a=1, b=0　　　B）a=2, b=1　　　C）a=1, b=1　　　D）a=2, b=2

（17）下述程序的输出结果是（　　　）。

```
main ( )
{ int a,b,c;
   int x=5,y=10;
   a=(--y==x++)?y:++x;
   b=y++;c=x;
   printf("%d,%d,%d",a,b,c);
}
```

　　A）6, 9, 7　　　　B）6, 9, 6　　　　C）7, 9, 6　　　　D）7, 9, 7

（18）当 a=1, b=3, c=5, d=4 时，执行完下面一段程序后 x 的值是（　　　）。

```
if(a<b)
if(c<d) x=1;
```

```
else
    if(a<c)
    if(b<d) x=2;    else x=3;
    else x=6;
else x=7;
```

A）1　　　　　　　　B）2　　　　　　　　C）3　　　　　　　　D）4

（19）在下面的条件语句中（其中 S1 和 S2 表示 C 语言语句），只有一个在功能上与其他三个不等价的是（　　）。

A）if (a) S1; else S2;　　　　　　B）if (a==0) S2; else S1;

C）if (a!=0) S1; else S2;　　　　　D）if (a==0) S1; else S2;

（20）若 int i=10;执行下列程序后，变量 i 的正确结果是（　　）。

```
switch(i){
    case 9: i+=1;
    case 10: i+=1;
    case 11: i+=1;
    default:i+=1;}
```

A）10　　　　　　　B）11　　　　　　　C）12　　　　　　　D）13

 上机实践与能力拓展

【实践 4-1】判断一个整数是否是 3 的倍数。

【实践 4-2】输入一个年份，判断它是否为闰年。

【实践 4-3】某百货商场进行打折促销活动，消费金额越高，折扣越大，标准如下：

消费金额（p）	折扣（d）
p <100	0%
100≤p <200	5%
200≤p <500	10%
500≤p <1000	15%
p ≥1000	20%

编程从键盘输入消费金额，输出折扣率和实付金额（f）。要求：

（1）用 if 语句实现；

（2）用 switch 语句实现。

第5章

循环结构程序设计

 本章学习要点

1. 理解循环的概念；
2. 掌握 while 语句和 do-while 语句的使用及区别；
3. 掌握 for 语句的正确使用；
4. 掌握几种循环语句的特点和区别；
5. 掌握循环语句的嵌套使用；
6. 掌握 break 语句和 continue 语句的正确使用；
7. 掌握基本的循环结构程序设计。

循环是指在一定条件下对同一程序段重复执行若干次。所谓循环结构就是当给定条件成立时，反复执行某一段程序，直到条件不成立时为止。给定的条件称为循环条件，反复执行的程序段称为循环体。循环结构又称为重复结构，几乎所有的实用程序都包含循环。C 语言的循环结构是用循环语句来实现的，这类用来实现循环结构的语句有如下几种：whlie 语句、do-whlie 语句、for 语句和 if-goto 语句。

5.1 while 语句

while 语句用来实现"当型"循环结构，其一般形式如下：

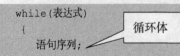

其中表达式是循环条件，语句序列为循环体，由若干语句组成。其执行过程是：先计算 while 后面表达式的值，若其值为非 0（真），则执行循环体，然后再次计算 while

后面表达式的值，只要不为 0（即非 0），就继续执行循环体，如此反复，直到表达式的值为 0（假）时终止循环。退出循环后执行 while 语句后面的语句。while 循环的执行流程如图 5-1 所示。

① while 语句构成的循环是"当型"循环。所谓"当型"循环是指当给定条件成立（真）时就执行循环体，若不成立（假）则不执行循环体，其特点是先判断后执行。根据表达式的值决定是否执行循环体，如果表达式的值一开始就为"假"，则循环体一次也不执行。

② 表达式通常是关系表达式或逻辑表达式，也可以是其他类型的表达式。

③ 循环体中要有使循环趋于结束的语句，否则将进入死循环（即无休止的循环）。

④ 当循环体由多条语句组成时，必须写在一对花括号内，构成一个复合语句，作为一个整体（语句块）进行处理。若循环体中只有一条语句时，while 语句的使用形式变成：

while（表达式）语句；

【例 5-1】用 while 语句编程求 1+2+3=6（流程图见图 5-2）

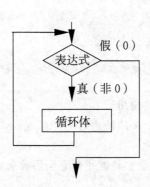

图 5-1　while 循环流程图

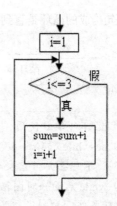

图 5-2　while 循环实现累加

```
#include<stdio.h>
main()
{ int i=1,sum=0;         /*i 的初值为 1,sum 的初值为 0*/
   while(i<=3)           /*当 i 小于或等于 3 时执行循环体*/
   {sum=sum+i;           /*在循环体中累加一次,i 加到变量 sum 中*/
    i++;                 /*在循环体中 i 增加 1*/
   }                     /*循环体由两条语句组成*/
  printf("1+2+3=%d\n",sum);
}
```

运行结果如下：

若将【例 5-1】中的 i<=3 改为 i<=100 即可实现求 1+2+…+100=5050（N-S 流程图见图 5-3），修改后的程序如下：

```
#include<stdio.h>
main()
{ int i=1,sum=0;
   while(i<=100)     /*将 3 改为 100 后就变成了求 1+2+...+100=?*/
```

```
     {
       sum+=i++;        /*等价于 sum=sum+i;i=i+1;*/
     }                   /*循环体中只有一条语句,此处一对{}可省略*/
   printf("1+2+...+100=%d\n",sum);
}
```

运行结果如下：

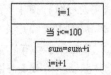

图 5-3   N-S 循环流程图

5.2   do-while 语句

do-while 语句构成的循环是直到型循环，其一般形式如下：

```
do {
      语句序列;                 循环体
    }
while(表达式);
```

说明

① do 不能单独使用，必须与 while 一起同时使用。

② do-while 循环由 do 开始，到 while 结束。必须注意的是：在 while（表达式）后的"；"不可丢失，它表示 do-while 语句的结束。

③ while 后面一对圆括号中的表达式，可以是 C 语言中任意合法的表达式。由它构成循环条件，控制循环是否执行。

④ 循环体既可以是简单语句（一条语句）也可以是复合语句（多条语句）。若是复合语句，则必须把它们全部写在一对大括号内，作为一个整体来处理。

⑤ 在 do-while 循环体中，一定要有使 while 后表达式的值变为 0 的操作，否则，循环将会无休止进行下去（这种状态叫死循环）。

do-while 循环的执行过程：先执行 do 后面的循环体，再求 while 后面表达式的值，若其值为非零就再次执行循环体；若其值为零则退出 do-while 循环（执行流程如图 5-4 所示）。其特点是先执行后判断，在 do-while 构成的循环结构中，总是先执行一次循环体，然后再求表达式的值。因此，无论表达式的值是零还是非零（即是真是假），循环体至少被执行一次。

【例 5-2】利用 do-while 语句，编写程序求 1+2+3+…+10 的值。

先画出表示算法的流程图，见图 5-5（（a）是传统流程图，（b）是 N-S 图）。根据流程图编写的程序如下：

```
#include<stdio.h>
main()
  {
    int i=1,sum=0;
    do
    {
    sum=sum+i;
    i=i+1;
```

```
    }
    while(i<=10);    /*此处分号不可少*/
    printf("1+2+3+...+10=%d\n",sum);
}
```

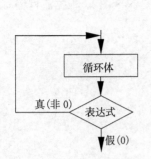

图 5-4 do-while 循环流程图

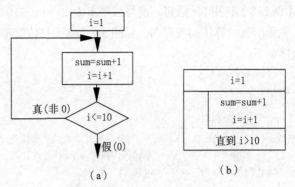

（a） （b）

图 5-5 用 do-while 循环实现累加

运行结果如下：

whlie 语句与 do-while 语句的异同如下。

① while 语句用来构建当型循环，是当循环条件为真时执行循环体，是先判断后执行，循环体有可能一次也不执行。

② do-while 语句用来构建直到型循环，是先执行一次循环体，然后再判断表达式的值。是先执行后判断，循环体至少被执行一次。

③ C 语言中的 while 语句和 do-while 语句都是在表达式的值为真时才重复执行循环体。

④ while 语句和 do-while 语句的循环体中应该有使循环趋于结束的语句，否则将进入死循环。

5.3 for 语句

在 C 语言中，for 语句使用最灵活，它不仅可用于循环次数已经确定的情况，还可用于循环次数不确定而只能给出循环结束条件的情况，它可以完全取代上面介绍的两种循环语句，其一般形式为

```
for (表达式 1;表达式 2;表达式 3)
{语句序列;}
```

for 后面的圆括号中通常含有 3 个表达式，各表达式之间必须用 ";" 隔开。这 3 个表达式可以是任意表达式，主要用于 for 循环的控制。紧跟在 for（…）之后的语句序列是循环体。循环体可以由一条语句或多条语句构成，若有多条语句则必须将其写在一对大括号内，若循环体只有一条语句则可省略其外的花括号。

for 循环的执行过程如下：

① 求表达式 1。

② 求表达式 2，若其值为非零，则转到步骤③；若其值为零，则转到步骤⑤。

③ 执行一次循环体。

④ 求表达式 3, 然后转向步骤②。

⑤ 结束循环, 执行 for 语句之后的语句。

整个流程如图 5-6 所示。

【例 5-3】利用 for 语句, 编写程序求 1+2+3+…+10 的值。

先画出表示算法的流程图, 见图 5-7 ((a) 是传统流程图,(b) 是 N-S 图)。根据流程编写的源程序如下:

```c
#include<stdio.h>
main()
{
  int i,sum=0;
  for(i=1;i<=10;i++)          /*此处 3 个表达式要用 2 个分号分隔,i++可改为 i=i+1*/
  { sum=sum+i; }             /*循环体只有一条语句,此处的一对{   }可省略*/
  printf("1+2+3+...+10=%d\n\n",sum);
}
```

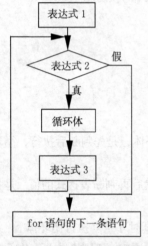

图 5-6 for 循环流程图

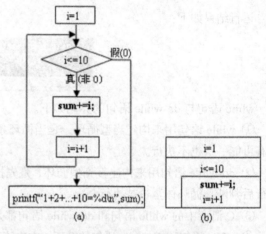

图 5-7 用 for 循环实现累加

运行结果如下:

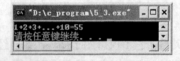

表达式 1——循环变量赋初值

表达式 2——循环结束条件

表达式 3——循环变量增值

for 语句最典型的应用形式, 也是最易理解的形式如下:

```c
for (循环变量赋初值;循环条件;循环变量增值)
   {语句序列;}
```

例如:

```c
for(i=1;i<=3;i++)            sum=sum+i;        /*sum 一定要先定义并赋值*/
```

其执行过程与图 5-1 完全一样,该 for 语句等价于以下程序段:

```c
i=1;
while(i<=3)
```

```
{sum=sum+i;                              /*sum 一定要先定义并赋值*/
 i++;
}
```

由此可以看出 for 语句比较简单方便，对于 for 循环的一般形式也可改写为 whlie 循环的形式：

```
表达式 1;
while(表达式 2)
 { 语句;
   表达式 3;
 }
```

说明

① 表达式 1，表达式 3：可以是简单的表达式，也可以是逗号表达式。表达式 2：一般是关系表达式或逻辑表达式，也可以是数值表达式或字符表达式。如：

```
for(sum=0,i=1; i<=3; i++)  sum+=i; /*表达式 1 就是逗号表达式，按从左到右顺序求解*/
```

② for 语句的使用非常灵活，其一般形式中的 3 个表达式可以省略其中的任意 1 个、2 个，甚至 3 个。不过要注意的是：表达式可以省略，但是其后的分号不能省略，如：

a. 省略表达式 1。

```
int  i=1
for(;i<=10;i++)                 /*省略表达式 1 时，应在 for 语句之前给循环变量 i 赋初值*/
sum=sum+i;
```

b. 省略表达式 2。

```
for(i=1; ;i++)
{sum=sum+i;                     /*省略表达式 2 就意味着循环条件永远为真-死循环*/
   if(i>10)  break;            /*如果 i>10 则循环终止*/
```

注意：此时在循环体内要设置终止循环的条件，以保证循环在该条件满足时能终止。

c. 省略表达式 3。

```
for(i=1;i<=10;)
 { sum=sum+i;                 /*本行和下一行语句可以合成 1 条语句：sum+=i++;*/
   i++;                       /*使循环趋于结束的语句，以保证循环正常结束，否则将进入死循环*/
 }
```

d. 省略表达式 1 和 2。

```
i=1;
for(; ;i++)
 { sum+=i;
   if(i>10)  break;
 }
```

e. 省略表达式 1 和 3。

```
i=1;                          i=1;
for(;i<=10;)                  while(i<=10)
 {sum=sum+i;       相当于      { sum=sum+i;
   i++;                          i++;
 }                            }
```

f. 省略表达式 2 和 3。

```
for(i=1; ;)
 { sum+=i++;
if(i>10)  break;
 }
```

g. 省略表达式 1、2 和 3。

```
i=1;
```

说明

```
for( ; ;)    /*相当于 while(2) 语句*/
{ sum+=i++;
  if(i>10)  break;
  }
```

几种循环的比较如下。

① 几种循环可以处理同一问题，一般情况下可互相替代。

② 循环变量的初始化的位置不同：循环变量初始化的操作应在 while 和 do-while 语句之前完成；而对 for 语句而言，可以在表达式 1 中完成。

③ while 和 do-while 语句都是在 while 后面指定循环条件，在循环体中应含有使循环趋于结束的语句（如 i++;）。而 for 语句中是在表达式 2 中指定循环条件，在表达式 3 中含有使循环趋于结束的操作，也可将它放到循环体中。

④ for 语句的功能非常强大：凡是用 while 和 do-while 语句实现的循环，都可以用 for 语句实现。

⑤ 3 种循环语句都可以用 break 语句提前结束循环，用 continue 语句结束本次循环。（break 语句和 continue 语句详见本章 5.5 节）

5.4　循环的嵌套

一个循环的循环体内又包含另一个完整的循环结构，就称为循环的嵌套。内嵌的循环中还可以嵌套循环，这就是多层循环。while 循环、do-while 循环和 for 循环可以互相嵌套，自由组合。循环嵌套的层数并没有限制，但层数过多会使程序的可读性变差，因此一般嵌套的层数不宜超过 3 层。3 种循环（while 循环、do-while 循环和 for 循环）可以相互构成各种各样的嵌套，其互相嵌套的主要形式如下：

```
①while(  )          ②do                ③for( ;; )
 {  :                { :                 { :
  while(  )           do                  for( ;; )
  { … }               { … }while();       { … }
 }                  }while();            }

④while(  )          ⑤do                ⑥for( ;; )
 {  :                { :                 { :
  do                  while ()            while(  )
  { … }while();       { … }               { … }
  :                   :                   :
 }                  } while( );          }

⑦ while()          ⑧do                ⑨for( ;; )
 {  :                { :                 { :
  for( ;; )           for( ;; )           do
  { … }               { … }               { … }while();
  :                   :                   :
 }                  }while( );           }
```

对循环嵌套的几点说明：

（1）可以是多层嵌套；

（2）使用嵌套时，应注意一个循环结构应完整地嵌套在另一个循环体中，不允许循环体之间交叉；

（3）嵌套的外循环和内循环的循环控制变量不能同名，但并列的循环可以；

（4）多层循环的使用与单层循环完全相同，但应特别注意内、外层循环条件的变化。

【例 5-4】用双层循环实现下面图案的输出。

```
#include<stdio.h>
main()
{
 int i,j;
 for(j=1;j<=3;j++)          /*外层循环控制输出的行数---三行*/
  {for(i=1;i<=5;i++)        /*内层循环控制每行输出"*"的个数5*/
     printf("*");           /*内层循环的循环体---执行一次输出一个"*"*/
  printf("\n");             /*此语句与上面的内层 for 循环一起构成外层 for 循环的循环体*/
  }
}
```

运行结果如下：

若要输出下面的图案

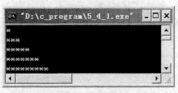

只要将例 5-4 中双层循环的循环条件修改一下即可。

```
#include<stdio.h>
main()
{
 int i,j;
 for(i=1;i<=5;i++)          /*外层循环控制共输出五行*/
  {for(j=1;j<=2*i-1;j++)    /*每行输出*的个数 i=1(第 1 行)时输出 1 个"*"  (=2*-1=1)*/
     printf("*");           /*i=2(第 2 行)时输出 3 个"*"(2*2-1=3,以此类推,到第 5 行时输出 9 个"*")*/
  printf("\n");             /*每行的"*"输完后就换行*/
  }
}
```

如果要求输出下面的图案，则需要编写两个双层循环，每个双层循环由 3 个 for 循环组成，其中内外层循环都由两个并列的 for 循环构成，修改后的源程序如下：

```
#include<stdio.h>
main()
{
 int i,j,k;
 for(i=1;i<=5;i++)                        /*输出 5 行*/
```

63

```
{
  for(j=1;j<=5-i;j++) printf(" ");        /*每行输出几个空格(4/3/2/1/0)*/
  for(k=1;k<=2*i-1;k++) printf("*");      /*每行输出几个"*"(1/3/5/7/9)*/
  printf("\n");                           /*每行的"*"输完后就换行*/
  }                                       /*此双层 for 循环用来输出树冠*/

for(i=1;i<=2;i++)                         /*输出 3 行*/
  {
  for(j=1;j<=3;j++) printf(" ");          /*输出 3 个空格*/
  for(k=1;k<=3;k++) printf("*");          /*每行输出 3 个"*"*/
  printf("\n");                           /*每行的"*"输完后就换行*/
  }                                       /*此双层 for 循环用来输出树干*/
}
```

5.5 break 和 continue 语句

1. break 语句

break 语句除了用在 switch 语句中，还可以用于循环结构中，在循环体中如遇到 break 语句，则立即结束当前循环，跳到循环体外，去执行循环结构后面的语句。

① break 语句不能用于循环语句和 switch 语句之外的任何其他语句中。
② break 语句只限于循环体内或 switch 语句内。
③ 当 break 语句用于多层循环时，若 break 语句被执行则跳出它所在的那一层循环，不能一次跳出多层（即直接从最里层跳到最外层）。

【例 5-5】break 语句在循环中的使用（流程图见图 5-8）

```
#include<stdio.h>
main()
{ int i;
  for(i=1;i<6;i++)
  { printf("ok ");
    if(i==3)  break;        /*当条件成立时就执行 break 语句,for 循环终止,跳到循环体外*/
                            /*整个 for 循环一旦结束,就不再进行循环条件的判断*/
    printf("i=%d\n",i);
    }                       /*for 循环的循环体*/
  printf("\n");
}
```

运行结果如下：

如果该程序中没有 if 语句，则运行结果是输出 5 行信息。有了 if 语句，当 i 的值自增到 3 时就执行 break 语句，整个 for 循环立即终止，跳到循环体外。

思考：若把 if 后面圆括号内的 3 改成 1、2、4 或 5 再运行程序，看看结果有何不同?

2. continue 语句

continue 语句用于结束本次循环，其作用是跳过循环体中该语句后面的所有语句，提前结束本次循环，接着进入下一次是否执行循环的判断。

> continue 语句只是结束循环结构中的本次循环，即只是跳过循环体中下面尚没执行的语句，并非跳出整个循环。

break 语句和 continue 语句的区别：continue 语句只是结束本次循环，接着判断循环条件是否成立，以决定是否执行下一次的循环，而不是终止整个循环的执行。而 break 语句是结束整个循环过程（它是强制终止整个循环），不再对循环条件进行判断。

【例 5-6】continue 语句在循环中的使用（流程图见图 5-9）

```
#include<stdio.h>
main()
{ int i;
  for(i=1;i<6;i++)
    { printf("ok ");          /*此语句在 for 循环中将被执行 5 次*/
      if(i==3)  continue;     /*条件为真时执行 continue 语句,结束本次循环,进入下一次循环的判断*/
      printf("i=%d\n",i);
      }                       /*for 循环的循环体----由 3 条语句构成*/
printf("\n");                 /*此语句是 for 循环下面的语句,在循环体外*/
}
```

运行结果如下：

如果该程序中没有 if 语句，则输出 5 行信息。有了 if 语句，当 i 的值自增到 3 时就会执行 continue 语句，结束本次循环，输出 4 行信息。若把 if 后面圆括号内的 3 改成 1、2 或 4 再运行，就会看到结果虽然不同，但仍然是输出 4 行信息。

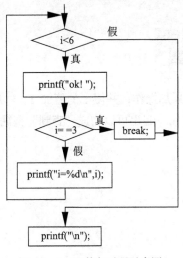

图 5-8　break 执行过程示意图

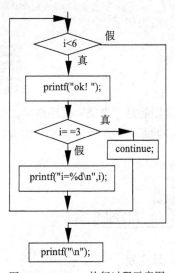

图 5-9　continue 执行过程示意图

5.6 goto 语句

goto 语句为无条件转向语句，其一般形式为

```
goto 语句标号;
```

① 语句标号用标识符表示，其命名规则必须遵循标识符的命名规则，即语句标号只能由字母、数字和下划线组成，第一个字符必须为字母或下划线，特别要注意不能用整数作语句标号。

例：goto loop; 是合法的　　　　而 goto 123; 是不合法的

② 该语句的作用是无条件转向"语句标号"处执行。

结构化程序设计方法主张限制使用 goto 语句，因为 goto 语句不符合结构化程序设计准则，它使程序结构无规律、可读性变差，建议尽量少用。一般来说，它可以有两种用途：

① 与 if 语句一起构成循环。

② 从循环体内跳到循环体外，但在 C 语言中可以用 break 语句和 continue 语句（见 5.5 节）跳出本层循环和结束本次循环。goto 语句的使用机会已大大减少，只是需要从多层循环的内层跳到外层时才会用到。但是这种用法不符合结构化程序设计原则，一般不宜采用，只有在不得已时（例如能大大提高程序的执行效率）才使用。

【例 5-7】用 if 语句和 goto 语句构成循环，求 1+2+3+…+10 的值。

```
#include<stdio.h>
main()
{
int i=1,sum=0;
label:                     /*语句标号 label 加上一个冒号（：）表示程序指令的地址即入口*/
    sum+=i;
    i++;
  if(i<=10) goto label;    /*当 i<=10 为真时,转到从语句标号 label 开始处执行*/
printf("1+2+...+10=%d\n",sum);
}
```

运行结果如下：

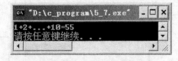

这里用的是"当型"循环结构，当条件满足时，执行累加操作，并使 i 的值加 1，然后无条件转向，判断循环条件是否又一次满足。if 语句与 goto 语句一起也可以构成"直到"型循环。

 自测题

一、填空题

（1）C 语言 3 种循环语句分别是_____语句，_____语句和_____语句。

（2）至少执行一次循环体的循环语句是_____。

（3）循环功能最强的循环语句是_____。

（4）程序段

```
for(a=1,i=-1; -1<i<1; i++)
 { a++; printf("%2d",a); }
  printf("%2d",i);
```

的运行结果是_____。

（5）下面的程序的功能是连续显示 1 到 6 六个数字，当遇到 3 的倍数时就结束，请填空使程序完整。

```
main()
 {int i;
  for(i=1;i<6;i++)
  {printf("%d\n",i);
    if (i==3)
     _____    }
  printf("%3d\n",i);  }
```

（6）下述程序是用"辗转相除法"计算两个整数 m 和 n 的最大公约数。该方法的基本思想是计算 m 和 n 相除的余数，如果余数为 0 则结束，此时的被除数就是最大公约数。否则，将除数作为新的被除数，余数作为新的除数，继续计算 m 和 n 相除的余数，判断是否为 0，如不为 0 则继续，直到为 0 止。请填空使程序完整。

```
main ( )
 {int m,n,w;
  scanf("%d,%d",&m,&n);
  while (n) {
  w=_____;
  m=_____;
  n=_____;
  }
 printf("%d",m);
}
```

二、选择题

（1）下面程序段

```
int k=2;
while(k=0) {printf("%d",k);k--;}
```

则下面叙述中正确的是（　　）。

A）while 循环执行 10 次　　　　　B）循环是无限循环

C）循环体语句一次也不执行　　　　D）循环体语句执行一次

（2）下述程序段中，（　　）与其他程序段的作用不同。

A）k=1;　　　　　　　　　B）k=1;

while (1) {　　　　　　　 Repeat :

s+=k ;　　　　　　　　　 s+=k ;

k=k+1 ;　　　　　　　　 if (++k<=100)

if (k>100) break ;　　　　goto Repeat;

}　　　　　　　　　　　　printf("\n%d",s) ;

printf("\n%d",s) ;

C）int k,s=0;   D）k=1;
    for (k=1;k<=100;s+=++k);   do
    printf("\n%d",s) ;   {s+=k;}
                                            while (++k<=100) ;
                                            printf("\n%d",s) ;

（3）以下程序段的循环次数是（   ）。

```
for(i=2;i==0; )   printf("%d",i--) ;
```

A）无限次   B）0次   C）1次   D）2次

（4）下面程序的输出结果是（   ）。

```
main()
{ char c='A';
  int k=0;
  do {
  switch(c++) {
     case 'A':k++;break;
     case 'B':k--;
     case 'C':k+=2;break;
     case 'D':k%=2;continue;
     case 'E':k*=10;break;
     default:k/=3;
     }
  k++;
  } while(c<'G');
  printf("k=%d",k);
}
```

A）k=0   B）k=2   C）k=3   D）k=4

（5）下面程序的输出结果是（   ）。

```
main()
{int x=9;
 for(;x>0;x--)
 {if(x%3==0)
 {printf("%d",--x);
  continue;}
 }
}
```

A）741   B）852   C）963   D）875421

（6）以下 for 循环的执行次数是（   ）。

```
for(x=0,y=0;(y=123)&&(x<4);x++) ;
```

A）无限循环   B）循环次数不定   C）4次   D）3次

（7）下述程序段的运行结果是（   ）。

```
int a=1,b=2,c=3,t;
while(a<b<c) {t=a; a=b; b=t; c--;}
printf("%d,%d,%d",a,b,c);
```

A）1,2,0   B）2,1,0   C）2,1,1   D）1,2,1

（8）下面程序的功能是从键盘输入一组字符，从中统计大写字母和小写字母的个数，选择
（   ）填空。

```
main()
{int m=0,n=0;
 char c;
 while(_____!='\n')
  {
   if(c>='A'&&c<='Z') m++;
   if(c>='a'&&c<='z') n++;
  }
 printf("%d,%d",m,n);
}
```

A）c=getchar( )　　　　B）getchar( )　　　　C）c==getchar( )　　　　D）scanf("%c",&c)

（9）下述语句执行后，变量 k 的值是（　　　）。

```
int k=1;
while(k++<10);
```

A）10　　　　　　　B）11　　　　　　　C）9　　　　　　　D）无限循环，值不定

（10）下面程序的输出结果是（　　　）。

```
main()
{int k=0,m=0,i,j;
 for(i=0;i<2; i++)
  {for(j=0;j<3;j++)
    k++;
    k-=j;
   }
 m=i+j ;
 printf("k=%d,m=%d",k,m) ;
}
```

A）k=0，m=3　　　B）k=1，m=3　　　C）k=0，m=5　　　D）k=1，m=5

（11）下面 for 循环语句构成的循环是（　　　）。

```
int i,k;
for(i=0,k=-1;k=1;i++,k++)
  printf("***");
```

A）判断循环结束的条件非法　　　　　　B）是无限循环

C）只循环一次　　　　　　　　　　　　D）一次也不循环

（12）语句 while (!E); 括号中的表达式!E 等价于（　　　）。

A）E==0　　　　　　B）E!=1　　　　　　C）E!=0　　　　　　D）E==1

（13）以下是死循环的程序段是（　　　）。

A）for (i=1; ;) {

　　if (i++%2==0) continue;

　　if (i++%3==0) break;

　　}

B）i=32767;

　　do { if (i<0) break; } while (++i) ;

C）for (i=1; ;)　if (++i<10) continue;

D）i=1;while (i--);

（14）执行语句 for (i=1;i++<4;);后变量 i 的值是（　　　）。

A）3　　　　　　　　B）4　　　　　　　　C）5　　　　　　　　D）不定

（15）以下程序段（　　　　）。

```
x=-1;
do
{x=x*x;}
while(!x);
```

　　A）是死循环　　　　B）有语法错误　　　　C）循环执行2次　　D）循环执行1次

（16）下面程序的功能是在输入的一批正数中求最大者，输入0结束循环，选择（　　　　）填空。

```
main ( )
{ int a,max=0;
  scanf("%d",&a);
  while(_____) {
  if (max<a)max=a;
  scanf("%d",&a);
  }
 printf("%d",max);
}
```

　　A）a==0　　　　　　B）a　　　　　　　C）!a==1　　　　　　D）!a

（17）以下不是死循环的语句是（　　　　）。

　　A）for (y=9,x=1;x>++y;x=i++) i=x;　　　B）for (; ; x++=i);

　　C）while(1) {x++;}　　　　　　　　　D）for(i=10 ; ; i--) sum+=i ;

（18）下面程序段的运行结果是（　　　　）。

```
x=y=0;
while(x<15)  y++,x+=++y;
printf("%d,%d",y,x);
```

　　A）20,7　　　　B）6,12　　　　C）20,8　　　　D）8,20

（19）（　　　　）是以下程序的运行结果。

```
#include <stdio.h>
main()
{int i,sum;
  sum=0;
  i=1;
  while(i<=10)
    sum=sum+i;
    i=i+1;
   printf("%d\n",sum);
 }
```

　　A）55　　　　B）1　　　　C）0　　　　D）无结果

（20）执行下列程序段后，结果为（　　　　）。

```
n=0;
while(++n<4)
printf("%2d",n);
```

　　A）0　　　　B）1 2 3　　　　C）123　　　　D）1
　　　1　　　　　　　　　　　　　　　　　　　　　2
　　　2　　　　　　　　　　　　　　　　　　　　　3
　　　3

三、程序阅读题

（1）写出下面程序运行的结果。

```
main()
{int x,i;
 for(i=1;i<=100;i++){
  x=i;
  if(++x%2==0)
    if(++x%3==0)
      if(++x%7==0)
        printf("%d",x);
  }
 }
```

（2）写出下面程序运行的结果。

```
main()
{int i,b,k=0;
 for(i=1;i<=5;i++) {
   b=i%2;
   while(b--==0) k++;
   }
 printf("%d,%d",k,b);
}
```

（3）写出下面程序运行的结果。

```
main()
{int a,b;
 for(a=1,b=1; a<=100; a++) {
   if(b>=20) break;
   if(b%3==1) {b+=3; continue; }
 b-=5;
}
 printf("%d\n",a);
}
```

（4）写出下面程序运行的结果。

```
main()
 {int k=1,n=263;
  do {k*=n%10;n/=10;} while(n);
  printf("%d\n",k);
 }
```

（5）写出下面程序运行的结果。

```
main()
 {int i=5;
  do {
  switch(i%2){
    case 4:i--; break;
    case 6:i--; continue;
    }
  i--; i--;
  printf("%d,",i);
  }while(i>0);
 }
```

（6）写出下面程序运行的结果。

```
main()
 {int i,j;
```

```
    for(i=0;i<3;i++,i++) {
     for(j=4;j>=0;j--) {
      if((j+i)%2){
          j-- ;
          printf("%d,",j);
          continue ;
          }
      --i ;
      j-- ;
      printf("%d,",j) ;
      }
     }
    }
```

（7）写出下面程序运行的结果。

```
    main()
    {int a=10,y=0;
     do {
      a+=2; y+=a;
      if(y>50) break;
     } while(a=14);
     printf("a=%d y=%d\n",a,y);
    }
```

（8）写出下面程序运行的结果。

```
    main()
    {int i,j,k=19;
     while(i=k-1) {
      k-=3;
      if(k%5==0){ i++;continue; }
      else if(k<5) break;
      i++;
      }
     printf("i=%d,k=%d\n",i,k);
    }
```

（9）写出下面程序运行的结果。

```
    main()
    { int y=2,a=1;
       while(y--!=-1)
        do {
         a*=y;
         a++;
        } while(y--);
     printf("%d,%d\n",a,y);
    }
```

（10）写出下面程序运行的结果。

```
    main()
    {int i,k=0;
     for(i=1; ;i++) {
      k++;
      while(k<i*i) {
       k++;
       if(k%3==0) goto loop ;
```

```
    }
   }
 loop:
  printf("%d,%d\n",i,k);
}
```

上机实践与能力拓展

【**实践 5-1**】分别用 3 种循环语句编写 3 个程序，求 5!=1×2×3×4×5。

【**实践 5-2**】用循环的嵌套编程求 1!+2!+3!+4!+5!。

【**实践 5-3**】输入一行字符，分别统计出其中英文字母，空格，数字和其他字符的个数。

【**实践 5-4**】输入两个正整数 m 和 n，求它们的最大公约数和最小公倍数。

【**实践 5-5**】用循环语句编程输出如下形式的"九九乘法口诀表"。

```
1*1=1
2*1=2  2*2=4
3*1=3  3*2=6  3*3=9
4*1=4  4*2=8  4*3=12  4*4=16
5*1=5  5*2=10  5*3=15  5*4=20  5*5=25
6*1=6  6*2=12  6*3=18  6*4=24  6*5=30  6*6=36
7*1=7  7*2=14  7*3=21  7*4=28  7*5=35  7*6=42  7*7=49
8*1=8  8*2=16  8*3=24  8*4=32  8*5=40  8*6=48  8*7=56  8*8=64
9*1=9  9*2=18  9*3=27  9*4=36  9*5=45  9*6=54  9*7=63  9*8=72  9*9=81
```

【**实践 5-6**】打印出所有的"水仙花数"。所谓"水仙花数"是指一个 3 位数，其各位数字立方之和等于该数本身。譬如：$153=1^3+5^3+3^3$。

【**实践 5-7**】一个数如果恰好等于它的因子之和，这个数就称为"完数"。例如，6 的因子为 1、2、3，而 6=1+2+3，因此 6 是"完数"。编程找出 1000 之内的所有完数，并按下面格式输出其因子：

　6　its　factors　are　1　2　3

【**实践 5-8**】用循环语句编程输出下面的菱形钻石图案。

第6章

数组

本章学习要点

1. 理解数组的概念；
2. 掌握一维数组的定义及其元素的引用；
3. 掌握二维数组的定义及其元素的引用；
4. 掌握字符数组的定义及其元素的引用；
5. 初步掌握常见的字符串处理函数的正确使用；
6. 了解字符串与字符数组的关系以及数组在程序中的使用；
7. 了解数组元素的存储格式以及字符串在数组中的组成。

在前面各章节中，我们所使用的变量都是简单变量，处理的数据都是基本类型（整型、实型、字符型），因而也只能处理一些简单问题。但在实际生活中，存在很多复杂的、特殊的问题。例如在学校，就有学生的成绩管理和教职工的人事档案管理等，仅用基本的数据类型、简单变量来处理这些问题是非常麻烦的。除了基本类型的数据外，C语言还提供了构造类型的数据，它们是数组类型、结构体类型、共用体类型。构造类型数据是由基本类型数据按一定规则组成的。

数组是一些具有相同数据类型的数组元素组成的有序集合。本章只介绍数组，介绍其定义与使用。

6.1 一维数组

1. 数组的概念

数组是有序数据的集合，数组中的每个成员称为数组元素，都属于同一个数据类型。数组中的每个元素（又称为下标变量）具有相同的名字，不同的下标，每个数组元素都可以作为单个变量来使用，和前面章节中使用的简单变量一样。

数组可分为一维数组和多维数组（如二维数组、三维数组…）。数组的维数取决于数组元素的下标个数，即一维数组的每个元素只有一个下标，二维数组的每个元素有两个下标，三维数组的每个元素有三个下标，以此类推。

数组中的数组元素是按行排列的一组下标变量，它是用一个统一的数组名来标识，下标是用来指示其在数组中的具体位置。注意：下标是从 0 开始的。

2．一维数组的定义

在 C 语言中，数组同前面介绍的变量一样，也必须先定义，后使用（引用）。一维数组的定义格式为

类型说明符　数组名[常量表达式], …;

① 类型说明符：指定数组的数据类型，它也是数组中每个元素的数据类型，同一数组中的元素必须具有相同的数据类型。如：int a[3]; 表示定义了一个名为 a 的一维数组，数组 a 中 3 个元素的数据类型都是 int 型，只能存放整型数据。类型说明符可以是任何基本类型，如 float、double、char 等；也可以是后面介绍的其他数据类型，如结构体类型、共用体类型等。

② 数组名：是用户自己定义的标识符，其命名也必须遵循标识符命名规则（具体见第 2 章的 2.2 节）。

③ 常量表达式：方括号中的常量表达式表示该数组的长度，即数组的大小。常量表达式可以是整型常量或符号常量，但不能包含变量（C 语言不允许对数组的大小作动态定义）。注意：定义数组时，常量表达式一定要写在方括号中。本例中定义的 a 数组含有 3 个数组元素，这 3 个元素是 a[0]、a[1]、a[2]，由于下标是从 0 开始的，故不能使用下标大于 2 的元素，比如：a[3]、a[4]…，否则会出现数组越界的错误。

④ Turbo C 2.0 编译程序会为 a 数组分配 6 个字节的连续的内存空间（2×3=6）。

各数组元素地址	1000	1002	1004
各数组元素	a[0]	a[1]	a[2]

在 C-Free 5.0 中编译器会为 a 数组分配 12 个字节的连续的内存空间是（4×3=12）。

各数组元素地址	1000	1004	1008
各数组元素	a[0]	a[1]	a[2]

⑤ C 语言规定数组名代表数组的首地址（该数组第一个元素在内存单元中的地址），即 a 与&a[0]等价。也就是说，在 C 语言中，每个已定义的数组，其数组名有两个作用，一是代表该数组的名称，二是代表该数组在内存中的首地址。

⑥ 可以一次性地定义多个数组，也可以在定义变量的同时定义数组，如：
```
int i,j,k=2,a[3],b[10];
```

3．一维数组的初始化

数组元素和变量一样，可以在定义的同时赋予初值，称为数组的初始化。一维数组初始化的形式为

类型说明符　数组名[N]={初值1,初值2,……};

对于数组中若干数组元素，可以在{ }中给出各数组元素的初值，各初值之间用逗号隔开。对一维数组进行初始化，可以采用以下几种形式。

① 对数组中全部元素都赋初值时，数组的长度可以省略（即不指定）。

例如：int a[3]={4, 5, 6};   也可写为 int a[ ]={4, 5, 6};

a 数组初始化后，3 个数组元素 a[0]、a[1]和 a[2]的值分别为 4、5、6。

② 对数组中的部分元素赋予初值。

例如：int b[10]={1, 2, 3};

b 数组初始化后，前 3 个元素 b[0]、b[1]和 b[2]的值分别为 1、2、3，其余各元素均为 0。

③ 对数组的所有元素均赋予 0 值。

例如：int c[9]={0};   或 int c[9]={0, 0, 0, 0, 0, 0, 0, 0, 0};

4．一维数组元素的引用

当数组定义好后，就可以引用该数组中的任何元素了。C 语言规定只能逐个引用数组中的元素而不能一次引用整个数组。引用数组元素的形式为

数组名[下标]

说明　下标可以是整型常量或整型表达式。下标要小于所定义的数组长度，不能越界引用数组中的元素。例如，前面定义过的 a 数组，可以引用的数组元素为 a[0]、a[1]、a[2]。

【例 6-1】一维数组元素的引用。

```
#include <stdio.h>
main()
 {
   int i,a[5];                        /*定义一个名为 a 的一维数组,其大小为 5*/
   for(i=1;i<5;i++)  a[i]=i*2+1;      /*引用数组元素 a[i]*/
   for(i=4;i>=1;i--)  printf("%4d",a[i]); /*输出 4 个元素(a[4]/a[3]/a[2]/a[1])的值*/
   printf("\n");
 }
```

运行结果如下：

在引用时应注意以下几点。

① 引用时只能对数组元素逐个引用，而不能一次引用整个数组；如在【例 6-1】中的 a[i]。

② 在引用数组元素时，下标可以是整型常数、已经赋值过的变量或变量的表达式。如【例 6-1】中 a[i]的下标 i 就是已赋值过的变量。

③ 由于每个数组元素本身也是某一数据类型的变量，因此，前面章节中对变量的各种操作也都适用于数组元素。如【例 6-1】中对数组元素 a[i]的赋值运算和输出操作等。

④ 引用数组元素时，下标上限（即最大值）不能越界。也就是说，若数组含有 n 个元素，下标的最大值为 n-1（因为下标是从 0 开始）；若超出界限，C 编译程序并不给出错误信息，也就是说编译器并不检查数组是否下标越界，程序仍可以正常运行，但可能会改变该数组以外其他变量或其他数组元素的值，由此会导致输出的结果不正确。如在【例 6-1】中，若误将第一个 for 语句

中的 i<5 写成 i<=5，就会出现下标超界现象，但程序仍可正常运行。

5．一维数组的应用举例

【例 6-2】采用"冒泡法"对从键盘输入的任意 5 个整数按由小到大的顺序输出。

冒泡法排序的思路是：n 个数由小到大排序，将相邻两个数依次进行比较，将小数调换到前头，逐次比较，直至将最大的数移至最后；再将 n−1 个数继续比较，将次大数移至倒数第 2 位置；依此规律，直到比较结束。你会看到大的数一个一个往下沉，小的数一个一个向上浮起。如果有 n 个数，则要进行 n−1 趟比较，每一趟中的数进行两两比较的次数为 n−j（j 表示第几次比较）。

源程序如下：

```
/*冒泡排序--从小到大*/
#include <stdio.h>
main()
{
  int a[5],i,j,t;                         /*定义了 1 个整型的一维数组 a 和 3 个整型变量 i,j,t*/
  printf("请任意输入 5 个整数:");          /*提示信息*/
  for(i=0;i<5;i++)                         /*i<5 可改为 i<=4*/
    scanf("%d",&a[i]);                     /*给 5 个数组元素(a[0]--a[4])赋值*/
  printf("\n");                            /*输出一个空行*/
  for(j=1;j<5;j++)                         /*比较趟数,n 个数要 n-1 趟*/
   {
    for(i=0;i<5-j;i++)                     /*每趟比较次数,第一趟比较 n-1 次,第二趟比较 n-2 次*/
      if(a[i]>a[i+1])                      /*此 if 语句是内层 for 循环的循环体*/
        {t=a[i]; a[i]=a[i+1]; a[i+1]=t;}   /*此处是一个复合语句,功能是将大的数向后移即换到后面*/
   }    /*双层循环,外层 for 循环的循环体,因它只由 1 条 for 语句构成,故此处的一对{ }可省*/
  printf("排序后 5 个整数为:\n");          /*提示信息*/
  for(i=0;i<5;i++)
    printf("%d ",a[i]);                    /*该 for 循环用来输出排序后的 5 个整数*/
}
```

运行结果如下：

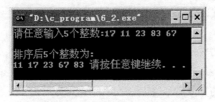

【例 6-3】采用"选择法"对任意输入的 5 个整数按由大到小的顺序排序。

选择法排序的思路是：将 n 个数依次比较，保存最大数的下标位置，然后将最大数和第 1 个数组元素换位；接着再将 n−1 个数依次比较，保存次大数的下标位置，然后将次大数和第 2 个数组元素换位；接着再将 n−2 个数依次比较，保存第 3 大数的下标位置，然后将第 3 大数和第 3 个数组元素换位；按此规律，直至比较换位完毕。

源程序如下：

```
#include<stdio.h>
main()
{int i,j,t,max,max_j,a[5];
 printf("请任意输入 5 个整数:");
 for(i=0;i<5;i++)
   scanf("%d",&a[i]);              /*接收从键盘输入的整数送到数组 a 中*/
 for(j=0;j<4;j++)                  /*5 个数要比较 4 趟*/
```

```
    { max=a[j]; max_j=j;      /*max 开始存放每趟数中的第 1 个数,即第 1 趟放 a[0],第 2 趟放 a[1]...*/
 /*max_j 开始存放每趟数中第 1 个数在数组中的位置即下标*/
    for(i=j;i<5;i++)
     if(a[i]>max) { max=a[i]; max_j=i;}      /*两两比较后把大数赋给 max,并记下大数的下标 i*/
    t=a[max_j]; a[max_j]=a[j];a[j]=t;      /*把最大数换到 a[0],次大数换到 a[1]...*/
  }
 printf("\n 按降序排列 5 个整数:");
 for(i=0;i<5;i++)    printf("%4d",a[i]);      /*此 for 循环用来输出排好序的 5 个数*/
 printf("\n");
}
```

运行结果如下:

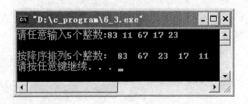

6.2 二维数组

前面介绍的数组是由只有一个下标的数组元素组成的,故称为一维数组,其中的元素也称为单下标变量;具有两个以上下标的数组元素组成的数组就称为多维数组。二维数组中的数组元素是按行列排列的一组双下标变量,用一个统一的数组名来标识,第一个下标表示行,第二个下标表示列。二维数组适用于表示行列关系的操作对象,如矩阵、行列式等。本节主要介绍二维数组,多维数组可由二维数组类推而得。

1. 二维数组的定义

定义二维数组的一般格式为

类型说明符　数组名[整型常量表达式 1][整型常量表达式 2],…;

　　① 二维数组中的每一个数组元素均有两个下标,而且必须分别放在方括号内,注意不能把多个下标放在一对方括号内,即不能写成: int　a[3,4];

　　② 二维数组中的第 1 个下标表示该数组具有的行数,第 2 个下标表示该数组具有的列数,两个下标之积是该数组中数组元素的个数,如:

　　int　a[2][3];

定义了 1 个整型二维数组 a,其数组元素的类型均为 int 型,数组 a 中共有 2×3=6 个数组元素,排成如下的 2 行 3 列:

二维数组 a	第 0 列	第 1 列	第 2 列
第 0 行	a[0][0]	a[0][1]	a[0][2]
第 1 行	a[1][0]	a[1][1]	a[1][2]

二维数组在内存的存储区也是一块连续的存储单元,其存储顺序是先存放第一行的元素,放完后再存放第二行,直到所有的行均放完为止。

在 Turbo C 2.0 编译系统中数组 a 的存放情况如下:

各数组元素地址	2000	2002	2004	2006	2008	2010
各数组元素	a[0][0]	a[0][1]	a[0][2]	a[1][0]	a[1][1]	a[1][2]

在 C-Free 5.0 编译系统中数组 a 的存放情况如下：

各数组元素地址	2000	2004	2008	2012	2016	2020
各数组元素	a[0][0]	a[0][1]	a[0][2]	a[1][0]	a[1][1]	a[1][2]

2．二维数组的初始化

二维数组的初始化也可以在定义数组时完成，初始化的方法有以下几种形式。

① 分行给二维数组中的元素赋初值，即按行赋初值，如：

```
int a[3][4]={{0,1,2,3},{4,5,6,7},{8,9,10,11}};
```

② 将所有数据写在一对花括号内，按数组元素的存储顺序依次对各元素赋初值，如：

```
int a[3][4]={0,1,2,3,4,5,6,7,8,9,10,11};
```

③ 只给部分元素赋初值，如：

```
int a[3][4]={{1},{3,4}};
```

初始化后数组元素 a[0][0]、a[1][0]和a[1][1]的值分别为 1、3、4，其他元素的值均为 0。

④ 对全部元素赋初值时可以不指定第一维的长度。此时第一维的长度由第二维长度（即列数）自动确定，如：

```
int a[][4]={0,1,2,3,4,5,6,7,8,9,10,11};
```

3．二维数组元素的引用

定义了二维数组后，就可以引用该数组中的任何元素。引用时要注意数组元素的下标都是从 0 开始的，不能越界使用。对二维数组元素的使用方法同一维数组元素一样，可以把它当作简单变量一样进行各种运算或操作，引用二维数组元素的一般形式如下：

数组名[下标 1][下标 2]

【例 6-4】二维数组元素的引用。

```
#include<stdio.h>
main()
{ int a[4][4],i,j;                /*定义了 1 个名为 a 的二维数组(4 行 4 列)*/
  for(i=1;i<4;i++)                /*控制行数(1~3)*/
    for(j=1;j<4;j++)              /*控制每行的列数(1~3)*/
      a[i][j]=(i/j)*(j/i);        /*用双层 for 循环实现对二维数组元素的赋值*/
/*下面的双层 for 循环用来完成 9 个数组元素的输出*/
  for(i=1;i<4;i++)                /*控制总共输出的行数(1~3)*/
  { for(j=1;j<4;j++)              /*控制每行输出的列数(1~3)*/
      printf("%3d",a[i][j]);      /*此语句是内层 for 循环的循环体*/
    printf("\n");                 /*每行输完后就换行*/
  }                               /*外层 for 循环的循环体*/
}
```

运行结果如下：

4．二维数组的应用举例

【例 6-5】将一个二维数组的行与列元素互换，存到另一个二维数组中，如：

$$a=\begin{bmatrix}1 & 2 & 3\\4 & 5 & 6\end{bmatrix} \Longrightarrow b=\begin{bmatrix}1 & 4\\2 & 5\\3 & 6\end{bmatrix}$$

```c
#include<stdio.h>
main()
{
int a[][3]={{1,2,3},{4,5,6}};     /*定义数组 a 并初始化*/
int i,j ,b[3][2];                 /*定义整型变量 i,j 和整型数组 b*/
for(i=0;i<2;i++)                  /*控制行数(0~1)即两行*/
 for(j=0;j<3;j++)                 /*控制每行的列数(0~2)即每行 3 列*/
   b[j][i]=a[i][j];               /*行列互换后的元素放到另一个数组 b 中*/
printf("原矩阵为:\n\n");
 for(i=0;i<2;i++)                 /*控制行数(0~1)*/
   {for(j=0;j<3;j++)              /*控制每行的列数(0~2)*/
     printf("%4d",a[i][j]);       /*输出原数组 a(2 行 3 列)*/
    printf("\n");                 /*输完一行后就换行*/
   }
 printf("\n 转置后的矩阵为:\n\n");
for(i=0;i<3;i++)                  /*控制输出的行数(0~2)即 3 行*/
  {for(j=0;j<2;j++)               /*控制每行的列数(0~1)即两列*/
    printf("%5d",b[i][j]);        /*输出数组 b 中的 6 个元素*/
   printf("\n");                  /*输完一行后就换行*/
  }
}
```

运行结果如下：

【例 6-6】一个 3 人学习小组，每个人有 4 门课程，求每人的总成绩和平均成绩。

成绩\姓名	政治	高数	C 语言	数据库
张三	78	75	72	86
李四	85	73	81	67
王五	88	80	79	83

分析：定义一个二维数组 a[3][4]存放 3 人 4 门课的成绩，再定义两个一维数组 sum[3]和 aver[3]分别存放每个人的总成绩与平均成绩。

源程序如下：

```
#include<stdio.h>
main()
{ int i,j,sum[3]={0},a[3][4];
 float aver[3]={0.0};
 printf("请输入 3 位学生 4 门课程的成绩:\n");
 for(i=0;i<3;i++)                      /*控制行数(0~2 表示 3 人)*/
  for(j=0;j<4;j++)                     /*控制课程门数(每人 4 门)*/
    scanf("%d",&a[i][j]);             /*此双层 for 循环用于接收从键盘输入的 3 人 4 门课的成绩*/
 for(i=0;i<3;i++)
  {for(j=0;j<4;j++)
    sum[i]+=a[i][j];                  /*计算每人 4 门课的成绩*/
    aver[i]=sum[i]/4.0;               /*计算每人 4 门课的平均成绩*/
  }
 printf("\n    张三总分及平均成绩  李四总分及平均成绩   王五总分及平均成绩\n");
 for(i=0;i<3;i++)
  { printf("%8d\t",sum[i]);           /*输出这三名学生 4 门课的总成绩*/
    printf("%6.2f",aver[i]);          /*输出这三名学生 4 门课的平均成绩*/
  }
 printf("\n");
}
```

运行结果如下:

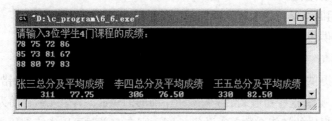

5. 多维数组简介

多维数组的定义及其元素的引用同二维数组类似,其定义的一般形式为

类型说明符 数组名[常量表达式 1][常量表达式 2]……[常量表达式 n];

说明

[常量表达式 1][常量表达式 2]……[常量表达式 n]分别表示第 1 维、第 2 维、……、第 n 维的长度,如:

```
int a[2][2][3];
```

定义了一个 int 型的三维数组,数组名为 a,它由 2×2×3=12 个元素组成,即

a[0][0][0]	a[0][0][1]	a[0][0][2]	可看作名为 a[0][0]的一维数组
a[0][1][0]	a[0][1][1]	a[0][1][2]	可看作名为 a[0][1]的一维数组

以上 6 个元素可看成作为 a[0]的二维数组

a[1][0][0]	a[1][0][1]	a[1][0][2]	可看作名为 a[1][0]的一维数组
a[1][1][0]	a[1][1][1]	a[1][1][2]	可看作名为 a[1][1]的一维数组

以上 6 个元素可看做名为 a[1]的二维数组

多维数组元素在内存中的排列顺序是:第一维的下标变化最慢,最右边的下标变化最快。例如上述三维数组 a 的元素就按上面 4 行顺序排列。

定义了多维数组后,就可以引用该数组中的任何元素。引用形式为

数组名[下标 1] [下标 2]…[下标 m]

和一维、二维数组元素引用相同，对任何一个多维数组元素的引用都可以看成是对一个变量的使用，可以被赋值，可以组成各种表达式，但要注意不能越界引用。

6.3 字符数组

用来存放字符型数据的数组就是字符数组,字符数组中的每一个元素只能存放一个字符常量，每一个元素在内存中占用 1 个字节。

1. 字符数组的定义

一维字符数组的定义：

char 数组名[常量表达式];

二维字符数组的定义：

char 数组名[常量表达式 1][常量表达式 2];

多维字符数组的定义：

char 数组名[常量表达式 1][常量表达式 2][常量表达式 3]……[[常量表达式 n]」;

例如：char a[5]; 表示该数组是名为 a 的一维字符型数组，它有 5 个元素。

2. 字符数组的初始化

在定义字符数组时给字符数组元素赋初值，就称为字符数组的初始化。

① 花括号中提供的初值个数（即字符个数）等于数组长度。

如：char a[5]={ 'C', 'h', 'i', 'n', 'a'};

② 若花括号中提供的初值个数（即字符个数）大于数组长度，则按语法错误处理。如果初值个数小于数组长度，则将这些初值赋给字符数组中前面的元素，其余元素自动为空字符（即'\0'）。

③ 若花括号中提供的初值个数等于数组长度，则在定义时可以省略数组长度。

如：char c[ ]= { 's', 'h', 'e', 'e', 'p'};

④ 用字符串对字符数组初始化，此时不必指定数组的长度。由于每个字符串都是以'\0'作为结束标志，当把一个字符串存入一个字符数组时，'\0'也会一同存入，并作为该串是否结束的标志。有了'\0'结束标志后，就不必再用字符数组的长度来判断字符串的长度了，如：

char a[]={"Welcome to jsit"};

或

char a[]= "Welcome to jsit";

用字符串对字符数组进行初始化时，比用字符常量逐个初始化数组元素要多占用 1 个字节，该字节用于存放字符串结束标志'\0'，如：

char c1[]= {'C', 'h', 'i', 'n', 'a'};/*字符数组 c1 的长度是 5,有 5 个数组元素*/
char c2[]= "China";/*字符数组 c2 的长度为 6,有 6 个元素,最后一个元素是'\0'*/

也可以在定义一个二维数组时，对数组中的元素进行初始化，如：

char student[3][5]={"Rose","Jack",{'T','o','m'}};

⑤ 对字符数组初始化或赋值时，可以使用字符常量或相应的 ASCII 码值。

⑥ 字符数组中的每个元素均占一个字节，且以 ASCII 码的形式来存放字符数据。

3. 字符数组元素的引用

字符数组元素的引用同前面介绍的数值型数组元素的引用一样，只是每次引用一个字符数组元素，只得到一个字符。其引用形式如下：

数组名[下标1]『[下标2]『[下标3]…』』　　　/*『…』为可选项,表示其内容可有可无*/

【例6-7】字符数组元素的引用

```c
#include<stdio.h>
main()
{
  char c[]="Hello World!";  /*定义一个字符数组并初始化*/
  int i;
  for(i=0;i<12;i++)
    printf("%c",c[i]);        /*用for循环引用数组元素,循环1次引用一个元素,就得到一个字符*/
  printf("\n");
}
```

运行结果如下:

4.字符串及其结束标志

在 C 语言中虽然有字符串常量，却没有专门的字符串变量，字符串的输入、存储、处理和输出等操作都必须用字符数组来实现。

为了测定字符串的实际长度，C 语言规定了一个字符串结束标志，用'\0'表示，遇到字符'\0'表示字符串结束，由它前面的字符组成字符串。'\0'是 ASCII 码值为 0 的字符，它是一个"空操作符"，什么也不干，而且不可显示，它只作为一个标志，起到辨别的作用。可以用字符串常量对字符数组初始化，例如

```c
char c1[]={"Tom"};  /*花括号可省略*/     等价于   char c1[]={'T','o','m','\0'};
```

数组 c1 长度为 4，不是 3，因为字符串常量的最后由系统自动加上一个'\0'，不和下面的数组定义及初始化等价：

```c
char c2[]={'T','o','m'};   /* 该数组 c2 的长度是 3*/
```

　　　字符数组并不要求它的最后一个字符为'\0'，甚至可以不含'\0'。是否要加'\0'，完全根据需要而定。

5.字符数组的输入/输出

字符数组的输入/输出有两种方法：

① 逐个字符输入/输出，用%c 输入/输出一个字符；

② 将整个字符串一次输入/输出，用 "%s" 输入/输出一个字符串。

【例6-8】字符数组的输入与输出

```c
#include<stdio.h>
main()
{
  char c1[]="Hello World!",c2[10];
  printf("请输入一个字符串:");
  scanf("%s",c2);             /*%s 用来接受从键盘上输入的一串字符,数组名 c2 代表数组的首地址*/
    /*此处的数组 c2 必须事先定义好,且输入的字符串长度应小于数组 c2 的长度*/
  printf("\n%c\n",c1[6]);    /*%c 只能输出一个字符(存放在数组元素 c1[6]中的字符)*/
  printf("%s\n",c2);          /*%s 用来输出一个字符串,此处必须是数组名,不能是数组元素*/
}
```

运行结果如下：

　　① 输出字符不包括'\0'，因为在输出时遇到'\0'就停止输出了。即使数组长度大于字符串的长度，也只输出到遇'\0'结束，如：

```
char c3[10]="China";
printf("%s",c3);
```

也只输出 5 个字符（China），而不是 10 个字符，这就是字符串结束标志的好处。

　　② 如果一个字符数组中有多个'\0'，则遇到第一个'\0'时输出就结束。

　　由于 C 语言是用一维数组存放字符串，数组名就代表数组的首地址，所以可以用数组名输入/输出一个字符串，不能在数组名的前面再加上&（取地址运算符），下面写法不对：

```
char c5[10];
scanf("%s",&c5);          /*c5 前加&是不对的*/
```

6.4　字符串处理函数

　　在 C 语言的函数库中提供了一些用来处理字符串的函数，使用起来非常方便，不过在调用字符串处理函数之前，要使用预处理命令#include<stdio.h>或#include<string.h>把头文件 stdio.h 或 string.h 包含进来（具体可查附录4）。下面就介绍其中常用的几种。

1. puts 和 gets 函数

　　puts 函数的作用是输出一个字符串到终端，用 puts 函数输出的字符串中可以包含转义字符，其调用形式为

```
puts(字符数组)
```

　　gets 函数的作用是从终端输入一个字符串到字符数组，并得到一个函数值。该函数值是字符数组的首地址（即起始地址），其调用形式为

```
gets(字符数组)
```

　　一般我们是利用 gets 函数向字符数组输入一个字符串，不关心其函数值。使用 gets 函数接受一串字符时，不是以空格和 Tab 作为输入结束的标志，而只以回车作为输入结束的标志。用 puts 和 gets 函数只能输入或输出一个字符串，不能一次同时输入或输出 2 个以上，如：puts（字符数组 1，字符数组 2）或 gets（字符数组 1，字符数组 2）。

　　【例 6-9】字符串的输入与输出。

```
#include<stdio.h>
main()
{
    char  str1[10],str2[]="\nChina\nWuXi";
    gets(str1);          /*只能输入一个字符串*/
    puts(str2);          /*输出的字符串中可以含有转义字符,也只能输出一个字符串*/
```

```
    printf("%s\n",str1);
}
```

运行结果如下：

2. strcat 和 strcpy 函数

strcat 函数的作用是连接两个字符数组中的字符串，其调用的一般形式为

`strcat(字符数组 1,字符数组 2)`

strcat()函数把字符串 2 连接到字符串 1 的后面，结果放在字符数组 1 中，该函数调用后得到一个函数值，该值是字符数组 1 的地址。

strcpy 函数的作用是复制字符串，其调用的一般形式为

`strcpy(字符数组 1,字符数组 2 或字符串 2)`

strcpy()函数把字符数组 2 或字符串 2 复制到字符数组 1 中。复制时连同'\0'一起复制到字符数组 1 中。

① 字符数组 1 必须定义得足够大，以便容纳被复制的字符串。

② strcpy 函数的第 1 个参数必须为字符数组名，第 2 个参数可以是字符数组名，也可以是字符串常量。

③ 不能用赋值语句将一个字符串常量或字符数组直接赋给一个字符数组，如 str1={"OK"};str2=str1; 都是非法的。

如果只想复制一部分字符串，就用 strncpy 函数，如 strncpy(str1, str2, 3); 表示将 str2 中的前三个字符复制到 str1 中，然后再加上一个'\0'。

3. strcmp 和 strlen 函数

strcmp 函数的作用是比较两个字符串的大小，其调用的一般形式为

`strcmp(字符串 1,字符串 2)`

字符串比较的规则是对两个字符串从左到右逐个字符比较（按其 ASCII 码值大小比较），直到出现不同的字符或遇到'\0'为止，如全部字符相同，则相等，函数值返回值为 0；如字符串 1 大于字符串 2，则函数返回值为一正整数；如字符串 1 小于字符串 2，则函数返回值为一负整数。注意字符串的比较不能用前面的关系运算符来比较。

strlen 函数用于测试字符串的长度，其函数值为字符串的实际长度，不包括字符串的结束标志'\0'，其调用形式为

`strlen(字符数组名或字符串常量)`

【例 6-10】字符串处理函数的使用。

```
#include<stdio.h>
#include<string.h>
main()
{
    char str1[20]="Welcome to ",str2[]="jsit";
```

```
char str3[6],str4[]="OK";
printf("%s",strcat(str1,str2));           /*连接两个字符串*/
printf("\n%d\n",strlen(str1));            /*测试 str1 中存放字符串的长度*/
strncpy(str3,str2,2);                     /*从 str2 中复制前 2 个字符到 str3 中去*/
str3[2]='\0';                             /*别忘了加上'\0'*/
printf("%s\n",str3);                      /*输出 str3 中的字符串*/
printf("%d\n",strcmp(str2,str4));         /*比较 str2 串和 str4 串的大小*/
printf("%s\n",strcpy(str2,str4));         /*将 str4 中的串全部复制到 str2 中*/
printf("%d\n",strcmp(str2,str4));         /*由于 str2 和 str4 中的字符串一样,故函数值为 0*/
}
```

运行结果如下：

自测题

一、填空题

（1）在 C 语言中，二维数组元素在内存中的存放顺序是_____。

（2）若有定义：double x[3][5]；则该数组元素行下标的下限为_____，列下标的下限为_____。

（3）若有定义：int a[3][4]={{1, 2}, {0}, {4, 6, 8, 10}}；则初始化后，a[1][2]的值为_____，a[2][1]得到的值为_____。

（4）字符串"ab\n\\012\\"的长度是_____。

（5）下面程序段的运行结果是_____。

```
char x[]="the teacher";
int i=0;
while (x[++i]!='\0')
  if (x[i-1]=='t') printf("%c",x[i]);
```

（6）欲为字符串 S1 输入"Hello World!"，其语句是_____。

（7）欲将字符串 S1 复制到字符串 S2 中，其语句是_____。

（8）如果在程序中调用了 strcat 函数，则需要在程序开头使用预处理命令_____。如果调用了 gets 函数，则也需要在程序开头使用预处理命令_____。

（9）C 语言数组的下标总是从_____开始，不可以为负数；构成数组的各个元素具有相同的_____。

（10）字符串是以'\0'为结束标志的一维字符数组。如有定义：char a[]=""；则 a 数组的长度是_____。

二、选择题

（1）在 C 语言中，引用数组元素时，其数组下标的数据类型允许是（　　）。

A）整型常量　　　　　　　　　　　B）整型表达式

　　C）整形常量或整型表达式　　　　　　C）任何类型的表达式

（2）以下对一维整型数组 a 的正确说明是（　　　）。

　　A）int a(10) ;　　　　　　　　　　　B）int n=10,a[n];

　　C）int n;　　　　　　　　　　　　　D）#define SIZE 10

　　　scanf("%d",&n);　　　　　　　　　　　int a[SIZE];

　　　int a[n];

（3）若有定义：int a[10]；则对数组 a 元素的正确引用是（　　　）。

　　A）a[10]　　　　　B）a[3.5]　　　　　C）a(5)　　　　　D）a[0]

（4）若有定义：int a[3][4]；则对数组 a 元素的正确引用是（　　　）。

　　A）a[2][4]　　　　B）a[1,3]　　　　　C）a[2][3]　　　　D）a(5)

（5）以下能对二维数组 a 进行正确初始化的语句是（　　　）。

　　A）int a[2][]={{1,0,1},{5,2,3}} ;　　　B）int a[][3]={{1,2,3},{4,5,6}} ;

　　C）int a[2][4]={{1,2,3},{4,5},{6}} ;　　D）int a[][3]={{1,0,1},{},{1,1}} ;

（6）以下不能对二维数组 a 进行正确初始化的语句是（　　　）。

　　A）int a[2][3]={0} ;　　　　　　　　B）int a[][3]={{1,2},{0}} ;

　　C）int a[2][3]={{1,2},{3,4},{5,6}} ;　　D）int a[][3]={1,2,3,4,5,6} ;

（7）若有定义：int a[3][4]={0}；则下面正确的叙述是（　　　）。

　　A）只有元素 a[0][0]可得到初值 0

　　B）此声明语句不正确

　　C）数组 a 中各元素都可得到初值，但其值不一定为 0

　　D）数组 a 中每个元素均可得到初值 0

（8）若二维数组 a 有 m 列，则计算任一元素 a[i][j]在数组中位置的公式为（　　　）。（设 a[0][0]位于数组的第一个位置上）

　　A）i*m+j　　　　　B）j*m+I　　　　　C）i*m+j-1　　　　D）i*m+j+1

（9）若有说明：int a[][3]={1, 2, 3, 4, 5, 6, 7}；则数组 a 第一维大小是（　　　）。

　　A）2　　　　　　　B）3　　　　　　　C）4　　　　　　　D）无确定值

（10）以下不正确的定义语句是（　　　）。

　　A）double x[5]={2.0,4.0,6.0,8.0,10.0} ;　　B）int y[5]={0,1,3,5,7,9} ;

　　C）char c1[ ]={'1', '2', '3', '4', '5'} ;　　　D）char c2[ ]={ '\x10', '\xa', '\x8'} ;

（11）下面程序段的输出结果是（　　　）。

```
int k,a[3][3]={1,2,3,4,5,6,7,8,9};
for(k=0;k<3;k++) printf("%2d",a[k][2-k]);
```

　　A）3 5 7　　　　　B）3 6 9　　　　　C）1 5 9　　　　　D）1 4 7

（12）下面是对 s 的初始化，其中不正确的是（　　　）。

　　A）char s[5]={"abc"};　　　　　　　B）char s[5]={'a', 'b', 'c'};

　　C）char s[5]= " ";　　　　　　　　 D）char s[5]= "abcdef";

（13）下面程序段的输出结果是（　　　）。

```
char c[5]={'a','b','\0','c','\0'};
printf("%s",c);
```

　　A）'a'"b'　　　　　B）ab　　　　　　C）ab c　　　　　D）abc

（14）有两个字符数组 a，b，则以下正确的输入语句是（　　　）。

    A）gets(a,b);　　　　　　　　　　B）scanf("%s%s",a,b);

    C）scanf("%s%s",&a,&b);　　　　　　D）gets("a"),gets("b");

（15）下面程序段的输出结果是（　　　）。

```
char a[7]="abcdef";
char b[4]="ABC";
strcpy(a,b);
printf("%c",a[5]);
```

    A）　　　　　　B）\0　　　　　　C）e　　　　　　D）f

（16）下面程序段的输出结果是（　　　）。

```
char c[]= "\t\v\\\0will\n";
printf("%d",strlen(c));
```

    A）14　　　　　　B）3　　　　　　C）9　　　　　　D）6

（17）判断字符串 a 和 b 是否相等，应当使用（　　　）。

    A）if (a==b)　　　B）if (a=b)　　　C）if (strcpy(a,b))　D）if (strcmp(a,b))

（18）判断字符串 a 是否大于 b，应当使用（　　　）。

    A）if (a>b)　　　　　　　　　　B）if (strcmp(a,b))

    C）if (strcmp(a,b)>0)　　　　　　D）if (strcmp(b,a)>0)

（19）下面叙述正确的是（　　　）。

    A）两个字符串所包含的字符个数相同时，才能比较字符串

    B）字符个数多的字符串比字符个数少的字符串大

    C）字符串"STOP"与"STOP"相等

    D）字符串"That"小于字符串"The"

（20）下面有关字符数组的描述中错误的是（　　　）。

    A）字符数组可以存放字符串

    B）字符串可以整体输入，输出

    C）可以在赋值语句中通过赋值运算对字符数组整体赋值

    D）不可以用关系运算符对字符数组中的字符串进行比较

（21）下面程序的输出结果是（　　　）。

```
main ( )
{ char ch[7]="12ab56";
  int i,s=0;
  for(i=0;ch[i]>'0'&&ch[i]<='9';i+=2)
    s=10*s+ch[i]-'0';
  printf("%d\n",s);
}
```

    A）1　　　　　　B）1256　　　　　　C）12ab56　　　　　　D）ab

（22）下面程序的输出结果是（　　　）。

```
#include<stdio.h>
#include<string.h>
main()
{ char str[]="SSWLIA",c;
  int k;
  for(k=1;(c=str[k])!='\0';k++) {
```

```
switch(c) {
 case 'I':++k; break;
 case 'L':continue;
 default:putchar(c);continue;
 }
putchar('*');
 }
}
```

A）SSW　　　　B）SW*　　　　C）SW*A　　　　D）SW

三、写出下面程序的运行结果。

（1）写出下面程序的运行结果。

```
main()
 {int a[6][6],i,j ;
 for(i=1;i<6;i++)
 for(j=1;j<6;j++)
  a[i][j]=(i/j)*(j/i);
 for(i=1;i<6 ; i++) {
  for(j=1;j<6;j++)
  printf("%2d",a[i][j]);
 printf("\n");
 }
}
```

（2）写出下面程序的运行结果。

```
main()
 { int i=0;
  char a[]="abm",b[]="aqid",c[10];
  while(a[i]!='\0'&&b[i]!='\0'){
  if(a[i]>=b[i]) c[i]=a[i]-32;
  else c[i]=b[i]-32;
  i++;
  }
 c[i]='\0';
 puts(c);
 }
```

（3）当运行下面程序时，从键盘上输入 AabD↙，则写出下面程序的运行结果。

```
main()
{ char s[80];
    int i=0;
    gets(s);
    while(s[i]!='\0'){
      if(s[i]<='z'&&s[i]>='a')
        s[i]='z'+'a'-s[i];
      i++;
      }
    puts(s);
}
```

（4）当运行下面程序时，从键盘上输入 7 4 8 9 1 5↙，则写出下面程序的运行结果。

```
main ()
 {int a[6],i,j,k,m;
  for(i=0;i<6;i++)
```

```
  scanf("%d",&a[i]);
for(i=5;i>=0;i--){
  k=a[5];
for(j=4;j>=0;j--)
  a[j+1]=a[j] ;
a[0]=k;
for(m=0;m<6;m++)
  printf("%d",a[m]);
printf("\n");
}
}
```

 上机实践与能力拓展

【**实践 6-1**】用选择法对 10 个整数排序。

【**实践 6-2**】有一个已排好序的数组，今输入一个数，要求按原来排序的规律将它插入数组中。

【**实践 6-3**】对三人的四门课程分别按人和科目求平均成绩，并输出包括平均成绩的二维成绩表。

【**实践 6-4**】将一个数组中的值按逆序重新存放。例如：原来顺序为 8，6，5，4，1。要求改为 1，4，5，6，8。

【**实践 6-5**】打印出杨辉三角形（要求打印出 6 行）。

【**实践 6-6**】某计算机班有学生若干名，假设期末考试的时候考 5 门课，每个学生的成绩按学生的姓名（假设用拼音或英文标识）存入计算机，请编写程序实现如下功能：

（1）计算每个学生的总分和平均分；

（2）统计各门课程成绩在 85 分以上学生的百分比；

（3）输入一个学生的姓名时，显示该学生的总分和平均分。

第7章

函数

本章学习要点

1. 理解函数的概念，掌握函数定义的一般形式；
2. 掌握函数参数的正确使用和函数值的确定方法；
3. 掌握函数调用的一般形式、调用的方式及函数声明的方法；
4. 掌握函数的嵌套调用和递归调用的基本方法；
5. 掌握数组作为函数参数的使用方法；
6. 理解局部变量和全局变量的概念；
7. 了解变量的存储类别及内部函数和外部函数的概念；
8. 理解变量存储作用域、编译预处理的使用。

7.1 C 函数概述

本书第 1 章已初步介绍过 C 语言程序是由一个或多个函数组成的。在前面的章节中，我们也用到了不少函数，如：标准输入函数 scanf 函数，标准输出函数 printf 函数以及其他一些字符串函数等。这些函数是由 C 语言的函数库提供的，它们被称为 C 的标准函数（或库函数）。对于用户来说，只要根据需要调用这些函数即可，并不需要知道这些函数是如何实现这些功能的。因此，有了这些 C 的标准函数（或库函数），既可以加强用户所编程序的功能，又可以提高程序设计的效率。

然而，在实际编程中仅依靠 C 的标准函数是不够的，如：在统计若干个班级某门课程的平均成绩时，用前面几章所学的知识来解决会很繁琐，而 C 的标准函数又无解决此类问题的函数；对此，可以采用自定义函数（也可称为用户函数）来解决；即将班级名称和人数作为自定义函数的参数，在该函数内部求出对应班级某门课程的平均成绩，并将结果输出。这样，若想统计 10 个班级某门课程的平均成绩，只要在程序中 10 次调用这个自定义函数即可，每次所提供的班级名称和人数不同，就可以方便地求出各个班级所对应的平均成绩。

通常一个具有一定规模的 C 程序往往是由多个函数组成的，其中必有而且仅有一个主函数（即 main()），由主函数来调用其他函数；根据需要，其他函数之间可以相互调用；同一个函数可以被一个或多个函数调用一次或多次。也就是说，C 语言程序的全部功能都是由函数实现的，每个函数相对独立并具有特定的功能；可以通过函数间的调用来实现程序的总体功能。图 7-1 是某个程序中的函数调用示意图。

在 C 语言中，主函数可以调用其他函数，而其他函数均不能调用主函数。通常把调用其他函数的函数称为主调函数，而将被调用的函数称为被调函数。可见主函数只能是主调函数，而其他非主函数既可以是主调函数，也可以是被调函数。

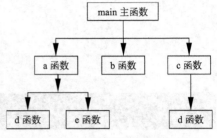

图 7-1　函数调用示意图

C 程序的执行是从 main 函数开始的，调用其他函数后程序流程最终要返回到 main 函数，并在 main 函数中结束整个程序的运行（main 函数是系统定义的）。

一个函数并不从属于另一个函数，函数在定义时是相互独立的，即函数不能嵌套定义。

C 语言中，函数可按多种方式分类：

从使用的角度来分，可以分为标准函数和用户函数。标准函数（即库函数）是指由系统提供的、已定义好的函数（即已在 C 库函数头文件中定义），用户可以直接使用（详见附录 4）。用户函数（也称自定义函数）是指用户在源程序中自己定义的函数，用来专门解决用户自己的特定需求。

从形式上来分，可以分为无参函数（即函数没有参数）和有参函数（即函数有若干个参数）。这是根据函数定义时是否设置参数来划分的。无参函数一般以不带回函数返回值的居多；有参函数主要用来在主调函数与被调函数间进行数据的传递，一般会带回函数的返回值。

从作用范围来分，可以分为外部函数和内部函数。外部函数是指可以被任何源程序文件中的函数所调用的函数。内部函数是指只能被其所在的源程序文件中的函数所调用的函数。

从返回值来分，可以分为无返回值函数和有返回值函数。

7.2　函数的定义与调用

1. 函数的定义

和前面的变量与数组一样，函数也是先定义后使用（若是调用在前，定义在后，则需在调用之前加上该函数的声明，具体做法见本节第 3 点的介绍）。定义函数就是编写一段描述该函数要实现某种功能的程序。不得使用未定义的函数。

函数定义的一般形式如下：

```
函数类型标识符　函数名（『形式参数列表』）
    { 变量定义或有关声明部分
      语句部分
    }
```

① 函数的定义由两部分组成：函数首部和函数体。

② 函数首部包含了函数类型说明、函数名和参数说明等几项。

函数类型标识符：用来指定函数返回值的数据类型，可以是前面介绍的各种基本类型，也可以是后面将要介绍的其他类型（如结构体等）。当函数的类型为 int 型时也可以省略，所以当不指明函数的类型时，系统默认函数返回值的数据类型是 int 型。

无参函数一般不需要带回函数值，因此可以在函数名前面加上关键字 void（表示无类型或称为空类型），它表示本函数无返回值。

函数名：是一个标识符，其命名规则必须遵循 C 语言标识符命名规则（详见第 2 章）。在同一个 C 程序文件中，函数不允许重名。

形式参数列表：说明参数的数据类型和参数名，参数名也是标识符，其命名规则也必须遵循 C 语言标识符命名规则；如果有多个形式参数，则参数之间要用逗号隔开，每个参数还必须指定它的数据类型。如果没有参数，说明定义的是一个无参函数，函数名后面的圆括号不能省略（圆括号是函数的标志）。

定义有参函数时，其函数首部的书写方法本书采用如下形式：

```
int max(int x,int y,int z) { 函数体 }
```

③ 函数体：包含该函数所用到的变量定义或有关声明部分及实现该函数功能的相关程序段部分。注意：函数体部分一定要写在一对花括号里面。

函数体一般是由说明部分和语句部分组成，说明部分主要是对本函数中使用到的变量进行定义；语句部分由 C 语言的基本语句组成，是实现函数功能的主体部分。

每个函数必须单独定义，不允许嵌套定义，即不能在一个函数体中再定义另一个函数。

注意：用户函数不能单独运行，它可以被主函数或其他函数所调用，它也可以调用其他函数，所有用户函数和其他库函数都不能调用主函数。

④ 空函数：是指函数体为空的函数，在空函数中，只定义函数的首部（函数名及其类型和参数名及其类型）。空函数是什么都不做的函数，用于程序设计的初期，先占位置，便于以后扩充新功能，提高程序的可读性，使得程序结构清晰。

⑤ 函数的参数分两种：一是形式参数（简称形参），是在定义函数时函数名后面圆括号内的变量名。二是实际参数（简称实参），是主调函数调用一个函数时，函数名后面圆括号中的参数（可以是常量、变量或表达式）。

在函数定义时必须指定形参的数据类型，只有在发生调用时才给形参分配存储单元，调用结束后，形参所占的内存单元就被释放。C 语言规定实参对形参的数据传递是单向值传递，即只由实参传给形参，不能由形参传给实参。实参变量和形参变量在内存中是占用不同的存储单元。形参的值如果发生变化，并不会改变主调函数中实参的值。还有一种就是将实参代表的地址传递给形参的方式（详见 7.5 节）。

函数返回值是指函数被调用结束后返回给主调函数的值，它是通过 return 语句获得的。如果需要从被调函数带回一个函数值供主调函数使用，那么被调函数中就必须包含 return 语句；否则就不需要 return 语句。如果被调函数中有多条 return 语句，则执行到哪一条 return 语句，哪一条就起作用。

return 语句的一般形式为

```
return 表达式;
```

或

```
return （表达式）;
```

该语句的作用或功能：将表达式的值返回给主调函数，结束 return 语句所在函数的执行，返回到主调函数中继续执行。

当 return 语句中的表达式的类型与函数类型说明不一致时，则以函数类型说明为准，系统自动将 return 语句中的表达式的值转换为函数类型说明所指定的类型。

2．函数的调用

函数调用就是主调函数通过数据传递来使用被调函数的功能，数据传递是通过实参与形参来完成的。函数调用的一般形式为

```
函数名（『实参表列』）
```

如果调用的是无参函数，则实参表列就没有，但一对圆括号不能少。如果实参表列中包含多个实参，则参数间用逗号隔开。实参和形参的个数应相等、类型一致，并按顺序一一对应传递数据。

函数调用的方式有 3 种：一是函数语句（以分号结束），如："printf("sum= %d\n", sum);"。二是函数表达式，如："c=3*max(a, b);"。三是函数参数，函数调用作为另一个函数的实参，如："printf ("max= %d\n", max(a, b));"。

3．函数声明

在主调函数中调用某一函数时，如果被调函数的定义在后面，也就是先调用后定义，此时在调用前必须要对被调函数进行声明，目的是向编译系统提供必要的信息，以便在函数调用时进行语法检查。

在 C 程序中一个函数可以被其他函数调用需要具备以下的条件。

① 被调用的函数必须是已经存在的函数，它可以是用户自己定义的函数，也可以是系统提供的库函数。

② 如果调用的是库函数，一般要在程序文件的开头用#include 命令把含有该库函数信息的头文件包含到本程序文件中，如前面章节中经常用到的

```
#include<stdio.h>          /*文件包含命令*/
```

③ 如果调用的是用户自己定义的函数，而且该函数虽然与主调函数在同一程序文件中，但它位于主调函数的后面（从它们的位置看是先调用后定义），此时要在主调函数中对被调函数进行声明，即对函数原型进行说明。

在函数定义的首部末尾加上一个分号，就成了对函数的声明。在函数声明中也可以不写形参名，而只写形参的数据类型，如：

```
int max(int x,int y,int z);     或     int max(int,int,int);
```

在 C 语言中，以上的函数声明也称为函数原型说明，其作用是把函数的名字、函数类型以及形参的类型、个数和顺序通知编译系统，以便在调用该函数时系统按此进行对照检查。

　　　　函数声明与函数定义不是一回事。函数定义是对函数功能的确立，包括函数名、函数值类型、形参及其类型、函数体等，而函数声明是没有函数体部分的。

函数声明的一般形式为

```
函数类型 函数名（『参数类型 1『参数名 1，参数类型 2『参数名 2 …』』』）;
```

　　要保证函数原型与函数首部在写法上一致，即函数类型、函数名、参数个数、参数类型和参数顺序必须相同。函数调用时也要和函数原型一致，实参类型也必须与函数原型中的形参类型赋值兼容（即按赋值规则进行类型转换），否则就按出错处理。

　　如果在所有函数定义之前，已经在函数外部做了函数声明，则在各主调函数中就不用再对被调函数进行声明了。

　　如果在函数调用之前，没有对函数作声明，则编译系统会把第一次遇到的该函数的形式（函数调用或函数定义）作为函数声明，并将该函数类型默认为 int 型。所以如果函数类型为 int 型，可以在调用该函数前不必进行函数声明；但是这样做，系统将无法对函数的参数类型做检查，若在调用时参数使用不当，编译时也不会报错，建议还是声明为好。另外用函数原型来声明函数，还可以减少编程时出错的几率，因为函数声明通常靠近函数调用的位置，就近参照书写不易出错。

【例 7-1】找出 3 个任意整数中的最大值（函数的定义与调用）。

```
#include<stdio.h>
int max(int x,int y,int z)      /*自定义函数的首部,x、y、z 为形参,函数名 max 前的 int 可省略*/
{
 int t=x;
 if(t<y)  t=y;
 if(t<z)  t=z;
 return t;             /*返回语句将 t 的值带回到主调函数 main 中*/
}                      /*上面 4 行是 max 函数的函数体*/
main()                 /*不必对 max 函数作声明*/
{int a,b,c,k;
 scanf("%d%d%d",&a,&b,&c);
 k=max(a,b,c);         /*调用函数 max,由于此函数定义在前使用在后,故不用再对它进行声明*/
 printf("max=%d",k);
}
```

运行结果如下：

【例 7-2】找出任意 3 个整数中的最大值（函数声明与函数定义）。

　　如果把用户自己定义的函数 max 放在 main 函数的后面，则在 main 函数中调用 max 函数时，就要对 max 函数进行声明，程序修改如下：

```
#include<stdio.h>
main()
{int a,b,c,k;
 int max(int ,int ,int);            /*函数声明(以分号结束),因为函数定义在后(属于先使用后定义)*/
 scanf("%d%d%d",&a,&b,&c);
 k=max(a,b,c);                      /*调用函数 max,a、b、c 为实参*/
 printf("max=%d",k);
}
/*用户自定义函数 max*/
int max(int x,int y,int z)  /*函数首部,x、y、z 为形参,max 前的 int 可省略*/
{
 int t=x;
 if(t<y) t=y;
 if (t<z)t=z;
```

```
    return t;                    /*返回语句将 t 的值带回到主调函数 main 中*/
    }                            /*max 函数的函数体*/
```

运行结果如下：

在上述程序中，由于 max 函数的返回值和形参均为 int 型，故可省略此函数的声明。

【例 7-3】定义一个函数求 5!。

```
#include<stdio.h>
main()
{ long t;  int m;
  long fac(int);                 /*函数声明(以分号结束),形参名可省略*/
  printf("请输入一个正整数:");
  scanf("%d",&m);
  t=fac(m);                      /*调用 fac 函数,然后将其函数值赋给 t*/
  printf("%d!=%ld\n",m,t);
}
/*下面是 fac 函数的定义,其功能是求阶乘 n!*/
long fac(int n)                  /*自定义函数 fac 的首部 */
{                                /*fac 函数的函数体开始*/
  long y=1;    int i;
  for(i=1;i<=n;i++)    y*=i;     /*for 循环求累乘积 n!*/
  return y;                      /*返回语句将 y 的值带回主调函数----main()中*/
}                                /*fac 函数的函数体结束*/
```

运行结果如下：

7.3　函数的嵌套调用

所谓函数的"嵌套调用"是指函数 x 调用了函数 y，而函数 y 又调用了函数 z。C 语言中函数不允许嵌套定义，但可以嵌套调用，即在调用一个函数的过程中，被调函数又可以调用另一个函数。

【例 7-4】函数的嵌套调用。

```
#include<stdio.h>
void yy()        /*用户自定义函数 yy*/
{
 printf("************\n");
}                /*yy 函数的函数体*/

void ww()        /*用户自定义函数 ww*/
{
  yy();          /*在 ww 函数体中又调用另一个函数 yy*/
  printf("---qayyaq---\n");
```

```
    printf("+++++++++++\n");
}                 /*ww 函数的函数体*/

main()            /*整个程序的运行从主函数开始,在主函数中结束*/
{
  ww();           /*在主函数中调用用户函数 ww()*/
  printf("---这就是函数的嵌套调用---\n");
}
```

运行结果为

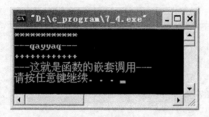

程序运行结果表明：在本例中，main 函数调用 ww 函数，ww 函数又调用 yy 函数，这就是函数的嵌套调用，由于这两个用户函数都是在使用之前已定义，故不用在主函数中进行函数声明，否则就要在调用前进行函数声明。这种嵌套调用的过程如图 7-2 所示。

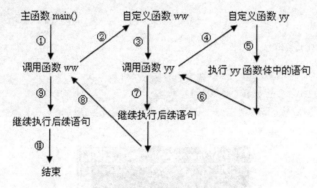

图 7-2　函数嵌套调用的执行过程

7.4　函数的递归调用

所谓函数的"递归调用"是指一个函数直接调用自己（即直接递归调用）或通过其他函数间接地调用自己（即间接递归调用），如图 7-3 所示。

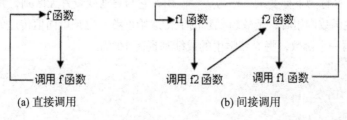

(a) 直接调用　　　　　　　　　　　　(b) 间接调用

图 7-3　递归调用

下面用一个例子来说明函数的递归调用方法。

【例7-5】用递归法求 n!。

由数学知识可知，正整数 n 的阶乘为：$n \times (n-1) \times (n-2) \times \cdots \times 2 \times 1$。求 n!的方法有多种，前面我们已用过递推的方法，即从 1 开始，乘 2，再乘 3…一直到 n。除此方法外我们还可以用递归方法来求 n!。若 n 为 5，用递归方法有：$5!=5 \times 4!$；$4!=4 \times 3!$；…；$1!=1$。即可用下面的递归公式表示：

$$n! = \begin{cases} 1 & n=0, \ 1 \\ n \cdot (n-1)! & n>1 \end{cases}$$

源程序如下：

```c
#include<stdio.h>
long fac(int n)
{
  long f;
  if(n<0) printf("n<0,输入有误");
  else if(n==0||n==1)    f=1;
        else    f=fac(n-1)*n;        /*自己调用自己*/
  return(f);                          /*返回语句将 f 的值带回到主调函数中去*/
}
main()                                /*主函数*/
{
  int n;
  long y;
  printf("请输入一个正整数:");
  scanf("%d",&n);
  y=fac(n);                           /*调用 fac 函数求阶乘*/
  printf("\n%d!=%ld\n",n,y);
}
```

运行结果如下：

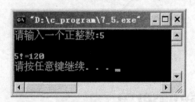

7.5　数组作为函数参数

1．数组元素作函数实参

把数组元素（又称为下标变量）作为实参使用，它与普通变量并无区别，其用法与普通变量完全相同：在发生函数调用时，把数组元素的值传递给形参，也是单向值传递的方式。

【例7-6】编写一个函数，将 5 名学生的成绩都提高 10%。

```c
#include<stdio.h>
main()
{
  float edit_cj(int);
  float score[4]={40,50,60,70};
  int i;
  printf("4 名学生的原始成绩为:");
```

```
  for(i=0;i<4;i++)
    printf("%6.1f",score[i]);      /*数组元素 score[i]作函数 printf 的实参*/
  printf("\n");
  for(i=0;i<4;i++)
    score[i]=edit_cj(score[i]);    /*数组元素 score[i]作函数 edit_cj 的实参*/
  printf("4 名学生修改后的成绩:");
  for(i=0;i<4;i++)
    printf("%6.1f",score[i]);      /*数组元素 score[i]作函数 printf 的实参*/
  printf("\n");
}

float edit_cj(int y)               /*函数定义*/
{
  float w;
  w=y*1.1;
  return w;
}
```

运行结果如下：

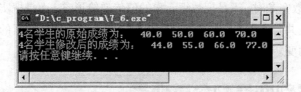

① 用数组元素作实参时，只要其类型和函数的形参类型一致即可，并不要求函数的形参也是数组元素。换句话说，对数组元素的处理是按普通变量对待的。

② 用普通变量或数组元素作函数的参数时，形参变量和实参变量是由编译系统分配的两个不同的内存单元。在函数调用时发生的值传递，是把实参变量的值传送给形参变量。

2. 数组名作函数的形参和实参

数组名作函数参数时，既可以作形参，也可以作实参；此时要求形参和它相对应的实参都必须是类型相同的数组（或者是指向数组的指针变量），并且必须对数组要有明确的说明。

【例 7-7】求某个学生 5 门课程的平均成绩。

```
#include<stdio.h>
float aver(float xs[ ])            /*定义求平均值函数 aver*/
{ int i;
  float w,s=0;
  for(i=0;i<5;i++)
    s+=xs[i];                      /*for 循环用来求 5 门课的总成绩*/
  w=s/5;                           /*求 5 门课的平均成绩*/
  return w;                        /*将 w 的值(即平均成绩)带回到主调函数中*/
}
main()
{ float score[5],y;
  int i;
  printf("请输入 5 门课的成绩:");
  for(i=0;i<5;i++)
    scanf("%f",&score[i]);
```

```
    y=aver(score);                    /*调用函数 aver,实参为一数组名 score*/
    printf("\n5 门课平均成绩为:%5.2f\n",y);
}
```

运行结果如下:

对数组名作函数参数的说明:

① 用数组名作函数参数,应在主调函数和被调函数中分别定义数组;

② 实参数组与形参数组的数据类型应一致;

③ 形参数组的大小实际不起作用,C 编译系统只是将实参数组的首地址传给形参数组;

④ 形参数组也可以不指定大小,在定义时数组名后面跟一对空的方括弧即可,也可另设一个参数来传递需要处理的数组元素的个数;

⑤ 用数组名作函数实参时,不是把数组元素的值传递给形参,而是把实参数组的首地址传递给形参数组,两个数组共同占用同一块内存单元。如果形参数组中各元素的值发生变化,实参数组元素的值也会随之而变。

7.6 局部变量和全局变量

在 C 语言中,变量能够被使用的范围或者变量能起作用的范围就称为变量的作用域。变量只能在它的作用范围内使用,不能在它的作用域之外被引用。变量的作用域和变量的定义位置有关。

1. 局部变量

在一个函数的内部定义的变量就是局部变量(又称为内部变量),它只在本函数范围内有效,也就是说只能在本函数内使用,在本函数的外面是不能使用的,故称它为局部变量。局部变量就是函数的内部定义的变量,如下面的局部变量定义:

```
float f1(int a)         /*函数 f1,a 为形参*/
{int b,c;               /*局部变量 a,b,c 在此范围内有效*/
    ...}
main()                  /*主函数*/
{long m,n,c;            /*定义局部变量 m,n,c*/
 int a,b;               /*定义局部变量 a,b*/
 ...
 {int c;                /*c 为复合语句中定义的局部变量*/      /*m,n,a,b,c 在此范围内有效*/
  c=a+b;                /*此处变量 c 和 main 中变量 c 可同名*/
  ...                   /*局部变量 c 在此范围内有效*/
 }
}
```

对局部变量的说明:

① 在 main 函数中定义的变量只在 main 函数中有效,不因为是主函数而使其中定义的变量在整个程序文件中有效;

② 不同的函数中可以使用相同名字的变量,它们代表不同的对象,互不影响,均为局部变量,仅在它所在的函数中有效;

③ 形参也是局部变量，仅在它所在的函数中有效，即其作用范围是它所在的函数；

④ 在一个函数的内部，可以在复合语句中定义变量，这些变量只在本复合语句内有效，而且它可以和复合语句外的变量同名，互不影响。

2. 全局变量

一个源程序文件可以有若干个函数，在函数内定义的变量是局部变量，而在一个源程序文件中所有函数之外定义的变量就称为外部变量，外部变量是全局变量（也称为全程变量）。全局变量可以被本文件中的多个函数共用，它的有效范围是从定义变量的位置开始到本源程序文件结束。在一个函数中既可使用本函数中的局部变量，也可使用有效的全局变量。例如：

```
int a=1,b;              /*定义全局变量a,b*/
float f1(int c,int d)   /*形参c,d为局部变量*/
{
  int e,f;              /*定义局部变量e,f*/
  ...
}
char g,h;               /*定义全局变量g,h*/
void y(int i,int j)     /*形参i,j为局部变量*/
{
  ...
}
main()
{
  int k,l;              /*定义局部变量k,l*/
  ...
}
```

对全局变量的说明：

① 全局变量增加了函数之间数据联系的渠道。为了区分全局变量和局部变量，C 程序设计人员有一个不成文的约定：将全局变量名的首字母用大写表示；

② 在同一源程序文件中，如果全局变量与局部变量同名，那么在局部变量的作用范围内，全局变量不起作用，也就是说此时的全局变量被同名的局部变量所屏蔽；

③ 建议不在必要时不要使用全局变量，因为全局变量给程序设计带来诸多弊病：①在程序执行过程中始终占用存储单元，而不是根据需要，从而降低了存储空间的利用率。②降低程序的清晰性，让人难以判断每个瞬间各外部变量的值。③降低了函数的通用性和可靠性，如果函数在执行时要依赖外部变量，当以后将此函数移到另一个文件中时，就要连同它的外部变量也随之移去；如该变量和其他文件中的变量同名，就会出问题。

【例 7-8】 全局变量和局部变量同名的应用举例。

```
#include <stdio.h>
int a=3,b=5;           /*定义全局变量a,b*/
int max(int a,int b)   /*函数max定义,形参a,b为局部变量,不是外部变量,其值由实参传送的*/
{ int c;               /*定义局部变量c*/
  c=a>b?a:b;           /*比较a,b的大小,大数送给c*/
  return c;            /*将c的值带回到主调函数中*/
}
main()                 /*主函数*/
{ int a=8;             /*定义局部变量a和全局变量同名*/
  printf("max(a,b)=%d\r\n",max(a,b));   /*在局部变量a的作用域内,外部变量a被屏蔽*/
}                      /*全局变量b在此函数中有效,而全局变量a在此不起作用*/
```

101

运行结果如下：

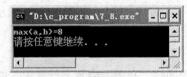

如果将 main 函数中的 int a=8; 去掉后再运行此程序，就会发现结果变为 max(a, b)=5，这就说明没有局部变量和全局变量 a 同名时，全局变量 a 的作用范围是在 max 函数和 main 函数中均有效。如果在 main 函数中定义了局部变量 a，则全局变量 a 就会被 main 函数中的同名局部变量屏蔽，它就不起作用，而只有全局变量 b 在 main 函数中有效。

7.7 变量的存储类别

C 程序在运行时占用的内存空间通常分为三部分：程序区、静态存储区和动态存储区。数据一般放在静态存储区或动态存储区中。静态存储区用来存放全局变量和静态局部变量；动态存储区用来存放自动变量和函数的形参。

在 C 语言中每个变量和函数有两个属性：数据类型和数据的存储类别。数据类型前已述及，在此不再赘述，详见有关章节。数据的存储类别表示数据在内存中存储的方式，存储方式分为两大类：静态存储类和动态存储类。具体包括自动的（auto）、静态的（static）、寄存器的（register）和外部的（extern）。完整的变量定义形式为

> 存储类别 数据类型 变量名1『,变量名2,… 变量名 n』；

1. 动态存储方式与静态存储方式

变量的存储类别决定了变量的作用域和生存期。按变量值的生存时间（生存期）的不同，变量可分为静态存储方式和动态存储方式：静态存储方式是在程序运行期间分配固定的存储空间的方式，如全局变量；动态存储方式是在程序运行期间根据需要进行动态分配存储空间的方式，如局部变量。

2. 内部变量的存储类别

内部变量的存储类别共有 3 种：自动的、静态的和寄存器的，分别用 auto、static 和 register 关键字进行声明。

（1）auto 变量

在函数中定义的内部变量，如不专门声明为 static 存储类别，其存储类别默认都是自动变量（auto），数据存储在动态存储区中。函数的形参和函数中定义的变量都属于此类，调用该函数时系统动态地为它分配存储空间，函数调用结束后就释放这些存储空间，因此这类局部变量就称为自动变量。auto 关键字可有可无，在定义局部变量时，如果 auto 省略不写，则隐含为自动存储类别，属于动态存储方式。我们在前面程序中定义的许多变量都是自动变量，如：

```
int a,b;          /*等价于 auto int a,b; */
float i,j;        /*等价于 auto float i,j; */
auto int c,d;     /*等价于 int c,d; */
auto char ch;     /*等价于 char ch; */
```

（2）static 变量

有时希望函数中局部变量的值在函数调用结束后不消失而保留原值，即其占用的存储单元不释放，这样在下一次该函数又被调用时，就是上一次函数调用结束时的值，此种情况下就应将该变量用关键字 static 声明为静态局部变量。

【例 7-9】静态局部变量的使用。

```
#include <stdio.h>
int f(int a)          /*定义函数 f,形参 a 为局部变量*/
{auto int b=0;       /*等价于 int b=0;---定义局部变量 b*/
 static int c=3;      /*定义变量 c 为静态局部变量*/
 b=b+1;
 c=c+1;  /*只要赋值 1 次即可*/
 return (a+b+c);    /*返回表达式的值到主调函数中*/
}
 main()
{int k=2,i;         /*定义局部变量 k,i--自动变量*/
 for(i=0;i<3;i++)
 printf("%d  %d\n",f(k),i);
}
```

运行结果如下：

程序运行结果表明：在本例中第 1 次调用 f 函数时，b 的初值为 0，c 的初值为 3，调用函数 f 后 b 的值为 1，c 的值为 4，a+b+c 的值为 7，由于调用结束后，自动变量 b 占用的存储单元被释放，静态局部变量 c 占用的存储单元并不释放，仍保留其值（4）；第 2 次调用 f 函数时，b 的初值为 0，而 c 的值为 4（上次调用结束后的值），调用函数 f 后 b 的值为 1，c 的值为 5，a+b+c 的值为 8；第 3 次调用 f 函数时，b 的初值为 0，而 c 的值为 5（上次调用结束后的值），调用函数 f 后 b 的值为 1，c 的值为 6，a+b+c 的值为 9。具体如表 7-1 所示。

表 7-1 变量 a、b、c 变化表

调用次数	调用时初值			调用函数 f 后的值			
	a	b	c	a	b	c	a+b+c
第 1 次	2	0	3	2	1	4	7
第 2 次	2	0	4	2	1	5	8
第 3 次	2	0	5	2	1	6	9

对静态变量的说明如下。

① 静态变量只赋值一次，如果不赋初值，编译时自动赋初值 0（对数值型变量而言）或空字符（对字符型变量而言）。将本例中静态变量 c 赋初值 3 改为不赋值，再运行本程序看看结果如何。

② 静态局部变量在函数调用结束后仍存在，但其他函数不能引用它。

③ 形参不能定义为静态变量。

静态变量与自动变量的区别如下。

① 静态变量属于静态存储类别，在静态存储区分配存储单元，在程序整个运行期间都不释放。而自动变量属于动态存储类别，在动态存储区分配存储单元，函数调用结束后立即释放。

② 静态变量是在编译时赋初值的，而且只赋初值一次；而函数中的自动变量调用一次就赋值 1 次，以后再次调用时要重新赋值，如自动变量不赋初值，则其值不定。

再看下面求阶乘的例子，进一步了解静态变量的使用。

【例 7-10】分析程序的运行结果，学习静态局部变量的使用。

```c
#include<stdio.h>
main()
{
  int i;
  long fac(int);                        /*由于fac函数定义在后,必须进行函数声明,否则会报错*/
  for(i=1;i<=5;i++)
    printf("%d!=%ld\n",i,fac(i));       /*for循环每循环1次就输出一个数的阶乘*/
}
long fac(int k)                         /*fac函数的定义,k是形参*/
{
  static long n=1;                      /*n为静态局部变量,调用结束后占用的内存空间不释放*/
  n=n*k;
  return n;                             /*返回语句将n的值带回到主调函数中*/
}
```

运行结果如下：

在本例程中第 1 次调用 fac 函数时，k 的初值为 1（由实参 i 传给形参 k），n 的初值为 1，调用结束后 n 的值为 1，由于静态局部变量 n 在函数调用结束后占用的存储单元不释放，故其值仍保留；第 2 次调用 fac 函数时，k 的初值为 2，而 n 的值为 1（上次调用结束后的值），调用结束后 n 的值为 2；第 3 次调用 fac 函数时，k 的初值为 3，而 n 的值为 2（上次调用结束后的值），调用结束后 n 的值为 6；第 4 次调用 fac 函数时，k 的初值为 4，而 n 的值为 6（上次调用结束后的值），调用结束后 n 的值为 24；第 5 次调用 fac 函数时，k 的初值为 5，而 n 的值为 24（上次调用结束后的值），调用结束后 n 的值为 120，具体见表 7-2。

表 7-2 变量 i、k、n 变化表

调用次数	调用时初值			调用结束后的值
	i	k	n	n=n*k
第 1 次	1	1	1	1
第 2 次	2	2	1	2
第 3 次	3	3	2	6
第 4 次	4	4	6	24
第 5 次	5	5	24	120

（3）register 变量

在一般情况下变量的值是存放在内存中，但对于一些使用频繁的变量，为了提高执行效率，C 语言允许将此变量（不包含静态局部变量）的值放在 CPU 的寄存器中，这种变量称为寄存器变量，用关键字 register 进行声明。

【例 7-11】register 变量的使用。

```c
#include<stdio.h>
main()
```

```
{
  int i;                              /*i 为 auto 变量*/
  long fac(int);                      /*由于 fac 函数定义在后,必须进行函数声明,否则会报错*/
  for(i=1;i<=5;i++)
    printf("%d!=%ld\n",i,fac(i));    /*for 循环每循环 1 次就输出一个数的阶乘*/
}

long fac(int k)                       /*fac 函数的定义*/
{
  long n=1;                           /*防止阶乘会超出 int 型数据的范围,故定义为 long 型*/
  register int j;                     /*局部变量 j 是寄存器变量(因为寄存器的存取速度比内存快)*/
  for(j=1;j<=k;j++)                   /*for 循环用来求 k!*/
    n=n*j;                            /*n 中存放 k!的值*/
  return n;                           /*返回语句将 n 的值带回到主调函数中*/
}
```

运行结果如下:

① 只有局部自动变量和函数的形参可以作为寄存器变量,其他变量（如全局变量、静态局部变量）不行;如本例中的变量 j 的定义不能改为 register static int j; /*error*/。

② 由于计算机系统的寄存器数目有限,故不能定义过多的寄存器变量。

3．外部变量的存储类别

外部变量只能是静态存储变量,存放在内存的静态存储区中,它在程序的整个运行期间一直占用存储单元。外部变量的存储类别有两种:静态外部变量和非静态外部变量。

用 extern 声明的外部变量是非静态外部变量,这样可用来扩大外部变量的作用域,用 extern 声明外部变量时,变量的类型名可省略（也属于先声明后定义的情形）。

① 可在仅有一个源程序文件的程序内声明外部变量。

【例 7-12】在一个源程序文件中用 extern 声明外部变量。

```
#include <stdio.h>
int max(int x,int y)                  /*函数 max 的定义*/
{int z;
 z=x>y?x:y;
 return z;
}
main()
{extern int A,B;                      /*外部变量声明(等价于 extern A,B;),外部变量的定义在下面*/
 printf("max=%d\n",max(A,B));         /*使用外部变量 A,B*/
}
int A=23,B=17;                        /*在所有函数的外面定义的外部变量*/
```

运行结果如下:

② 可在包含多个源程序文件的程序中声明外部变量，只需在其中任一文件中定义外部变量，而在其他文件中用 extern 对其作外部变量声明即可，如：

```
/*文件1:f1.c*/
int a;        /*定义外部变量a*/
f1()          /*定义f1函数*/
 {
   ...
 }
/*文件2:f2.c*/
extern  a;    /*外部变量a的声明等价于 extern  int  a;*/
f2()          /*定义f2函数*/
 {
   ...
 }
/*文件3:f3.c*/
extern  a;    /*外部变量a的声明*/
main()        /*主函数*/
 {
   ...
 }
```

③ extern 只用作声明，不能用于定义，而且不能在声明中初始化变量。

如果希望外部变量只限于被本文件引用，而不能被其他文件引用，可以在定义外部变量时加上关键字 static，声明该变量为静态外部变量。

　　对局部变量用 static 声明，则为该变量分配的存储空间在整个程序执行期间始终存在。如果对全局变量用 static 声明，则该变量的作用域只限于本文件，即只允许本程序文件中的函数使用，不能被其他文件中的函数引用。

变量的存储类别归纳整理见表 7-3。

表 7-3　　　　　　　　　　　　　变量的存储类别小结

1.　变量的作用域	局部变量	自动变量：即动态局部变量（离开函数，值就消失）	1.　形式参数可定义为自动变量或寄存器变量 2.关键字　auto/static/register 不能单独使用，它们须加在变量定义的前面
		静态局部变量：离开函数，值仍保留	
		寄存器变量：离开函数，值就消失	
	全部变量	静态外部变量：只限本文件引用	
		外部变量：即非静态外部变量，允许其他文件引用	
2.　变量存在的时间即生存期	动态存储	自动变量：本函数内有效（用 auto 声明，缺省为 auto）	
		寄存器变量：本函数内有效（用 register 声明）	
		形式参数：本函数内有效	
	静态存储	静态局部变量：本函数内有效（用 static 声明的局部变量）	
		外部变量：即非静态外部变量，允许其他文件引用	
		静态外部变量：本函数内有效（用 static 声明的全局变量）	

续表

3．变量值存放的位置	内存中静态存储区	静态局部变量：本函数内有效（用 static 声明的局部变量）	
		静态外部变量：本函数内有效（用 static 声明的全局变量）	
		外部变量：即非静态外部变量，允许其他文件引用	
	内存中动态存储区	自动变量：本函数内有效（用 auto 声明）	
		形式参数：本函数内有效	

7.8 内部函数和外部函数

根据函数能否被其他源程序文件调用，将函数分为内部函数和外部函数。

1．内部函数

如果一个函数只能被它所在文件中的其他函数调用，那么此函数就称为内部函数。在定义内部函数时，在函数类型标识符的前面加上 static 即可。其定义形式为

```
static 类型标识符 函数名（形参列表）{ 函数体 }
```

如：static float max(float a, float b)　/*定义内部函数 max*/
```
    {
    …
    }
```

使用内部函数，可以使该函数只限于它所在的文件，即使其他文件中有同名的函数也不会相互干扰，因为内部函数不能被其他文件中的函数所调用。

2．外部函数

如果在一个源程序文件中定义的函数除了可以被本文件中的函数调用外，还可以被其他文件中的函数调用，那么这种函数就称为外部函数。在定义函数时，可以在函数首部的最左端冠以关键字 extern，则显式表示此函数是外部函数，可供其他文件调用，如：

```
extern int fac(int i,int j)  /*显式定义外部函数 fac（此函数在文件 f1.c 中）*/
    {
    …
    }
```

C 语言规定，如果在定义函数时省略 extern 关键字，则隐含为外部函数。本书前面所用的函数都是外部函数。

在需要调用外部函数的文件中，用关键字 extern 对用到的外部函数进行声明，这样就可以在一个文件中调用在其他文件中定义的外部函数，外部函数的声明形式如下。

```
#include <stdio.h>
main()                         /*主函数在程序文件 f2.c 中*/
{
    …
    extern int fac(int i,int j); /*对 main 函数中要调用的外部函数 fac 用 extern 进行声明*/
    …
}
```

C 语言允许在声明外部函数时省略 extern 关键字，就和我们前面介绍的函数声明形式相同，这是因为函数在本质上是外部的，在编写程序时要经常调用外部函数，为了方便编程，C 语言允许在声明函数时省略 extern。对函数进行声明实际上就是把该函数的作用域扩展到定义该函数的文件之外，只要在使用该函数的每一个文件中包含该函数的原型说明即可。对函数声明（即函数

原型说明）实际上就是通知编译系统：该函数在本文件中稍后定义，或者它在另一个文件中定义。

前面章节中多次用到的#include 命令就是把要调用的函数扩展到本文件中的常用方法（即扩展函数的作用域），在#include命令中所指定的"头文件"（其后缀名为.h）中包含所调用库函数的相关信息。如：自程序要调用 sin 函数，由于此函数存放在函数库中，必须在用户程序中写出该函数的原型，否则无法调用。sin 函数的原型是：

```
double sin(double x);    /*sin 函数的声明*/
```

在编程时，程序员如果要调用库函数就必须查询手册找到其函数原型，并写在程序中。为了减少程序员的麻烦，提高编程效率，C 函数库设计者对标准库函数进行了分类，然后把同类函数的原型放到一个后缀名为.h 的头文件中，程序员编程时只要将头文件包含到自编程序中即可，如上面的"double sin(double x);"可改为#include <math.h>。

```
/*文件 f1.c*/
extern int fac(int n)        /*外部函数 fac 的定义,extern 可省略*/
 {register  int i,f=1;  /*也可以不定义为寄存器变量  int i,f=1; */
  for(i=1;i<=n;i++)
      f=f*i;
  return f;
}
/*文件 f2.c*/
#include<stdio.h>
#include "f1.c"              /*把要调用的 fac 函数所在的文件 f1.c 包含到 f2.c 中*/
main()                       /*主函数*/
{int i;
 extern int fac(int y);      /*在主函数中对要调用的外部函数 fac 进行声明*/
                             /*此函数在另一个文件 f1.c 中,extern 可省略*/
 for(i=1;i<=5;i++)
  printf("%d!=%d\n",i,fac(i)); /*调用外部函数 fac*/
}
```

运行结果如下：

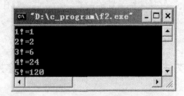

当然也可以将上述两个文件 f1.c 和 f2.c 放在一个程序文件 f_3.c 中，结果一样，这里是为了说明外部函数 fac 的使用。合并为一个文件的程序如下：

```
/*文件 f_3.c*/
int fac(int n)
{
 int i,f=1;              /*可以在 int 前加上 register,但不能用 static*/
 for(i=1;i<=n;i++)
     f=f*i;
 return f;
 }
main()
{
 int i;
 for(i=1;i<=5;i++)
```

```
  printf("%d!=%d\n",i,fac(i));
}
```

运行结果如下：

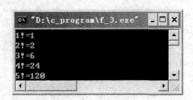

7.9 编译预处理命令

编译预处理是在将 C 源程序编译成目标程序文件之前，预先对源程序进行处理，经过预处理后的程序不再包括预处理命令，最后编译连接成可执行文件。C 语言提供的预处理功能主要有三种：宏定义、文件包含和条件编译。

1. 宏定义

在 C 程序中允许用一个标识符来代表一个字符串，这就是"宏"，此标识符就称为"宏名"，宏定义的一般形式为

```
#define  标识符  字符串
```

这就是第 2 章介绍过的符号常量的定义，如：

```
#define  PI 3.14159    /*宏名 PI 代表其后的一串字符 3.14159*/
```

其作用就是用 PI 代表 3.14159，在编译预处理时，将程序中在该命令后出现的所有标识符 PI 都用 3.14159 代替。PI 是宏名，一般用大写字母表示（以区别于变量名或函数名等）。在编译时将宏名替换成字符串的过程就称为宏展开。宏定义在程序中所有函数的外面，一般放在源程序文件的开头，所有函数之前，其有效范围是从定义该命令开始到本文件结束。

使用宏名可以减少输入所替换字符串的工作量，不易出错，而且修改方便，一改全改。宏定义不是 C 语句，不能在行末加分号。否则分号会成为字符串的一部分。在宏展开时会连分号一起替换。宏定义时字符串可以是任何类型的数据。

还有一种宏定义是带参数的宏定义，不仅要替换字符串，还要进行参数的替换，其定义的一般形式为

```
#define 宏名(参数列表)  字符串
```

字符串中包含小括号里面指定的参数，如：

```
#define  S(a,b)  a*b
area=S(3,2);
```

宏展开时，把 3、2 分别代替宏定义中的参数 a、b，即用 3*2 代替 S(3, 2)。上面的赋值语句宏展开后为

```
area=3*2;
```

 宏展开是在编译前进行的，在展开时并不分配存储单元，不会进行值的传递，也没有返回值的概念，只是进行简单的字符替换。宏名无类型，其参数也无类型，它只是一个符号代表，展开时只要代入指定的字符串即可。

【例 7-13】带参数的宏的正确定义。

```
#include<stdio.h>
#define SQ(r) (r)*(r)
main()
{
 int x,y;
 printf("请输入一个正整数:");
 scanf("%d",&x);
 y=SQ(x+2);    //宏展开后就变成 y=(x+2)*(x+2);
 printf("y=%d\n",y);
}
```

运行结果如下：

如果把程序的第 2 行宏定义改成"#define SQ(r) r*r"，再运行该程序，仍然输入 3，则结果输出 y=11，说明此时宏展开后就变成 y=x+2*x+2，并不等同于原先的(x+2)*(x+2)。

2. 文件包含

文件包含就是将另外一个文件的内容包含到本程序文件中，其一般形式为

```
#include  <文件名>        /*调用 C 库函数时用来包含其所在的头文件等*/
```

或

```
#include  "文件名"        /*常用于包含用户自编的文件*/
```

一条#include 命令只能指定一个被包含文件，若要包含 m 个文件，则要用 m 条#include 命令。被包含的文件应该是源程序文件或头文件，不能是目标文件。头文件（.h）除了可以包括函数原型和宏定义外，还可以包括结构体类型的定义和全局变量的定义等。文件包含可以嵌套，即在一个被包含文件中又可以包含另一个被包含文件。

文件包含命令两种形式中的尖括号与双引号的区别：尖括号是标准方式，编译系统到存放 C 库函数头文件所在的目录中去寻找要包含的文件；双引号是先在用户当前目录中寻找要包含的文件，如果找不到，再按标准方式查找。

在程序设计中，文件包含是很有用的，一个大程序往往分成多个模块，由多名程序员分别编写。一些公用的常量声明、数据类型定义、外部变量声明或宏定义等可以单独组成一个文件，像这类没有执行代码的文件一般称为头文件（后缀名.h），在其他程序文件开头只要用#include 命令将它们包含进去即可使用，这样就可以避免重复声明，减少出错，也便于修改。

3. 条件编译

条件编译就是对一部分内容指定编译的条件。条件编译命令有以下几种形式。

（1）#ifdef 标识符

```
    程序段 1      /*程序段就是一组语句构成的*/
  #else
    程序段 2
  #endif
```

其作用：如果指定的标识符已经被#define 命令定义过，则编译程序段 1，否则编译程序段 2。其中#else 部分可以没有，即

```
  #ifdef 标识符
    程序段 1
  #endif
```

（2）#ifndef 标识符
```
    程序段 1
  #else
    程序段 2
  #endif
```
其作用：如果指定的标识符没有被#define 命令定义过，则编译程序段 1，否则编译程序段 2。同样#else 部分也可以没有。

（3）#if 表达式
```
    程序段 1
  #else
    程序段 2
  #endif
```
其作用是：当指定表达式的值为真（非 0）时就编译程序段 1，否则就编译程序段 2。

【例 7-14】条件编译命令的使用。
```c
#include<stdio.h>
#define SQ(r) (r)*(r)
#define JSIT  //调试结束后去掉此行,则不输出 i 的值
main()
{
 int i=1;
 while(i<=5)
  {
  printf("%d\n",SQ(++i));
  #ifdef JSIT
    printf("i=%d\n",i);
  #endif
  }
}
```
运行结果如下：

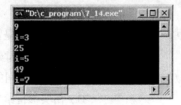

 自测题

一、填空题

（1）C 语言函数返回类型的默认定义类型是_____。

（2）函数的实参传递到形参有两种方式：_____和_____。

（3）在一个函数内部调用另一个函数的调用方式称为_____。在一个函数内部直接或间接调用该函数称为函数_____的调用方式。

（4）C 语言变量按其作用域分为_____和_____。按其生存期分为_____和_____。

（5）已知函数定义为：void fac(int n, double x) { …… }，则该函数声明（即函数原型）的两种写法为_____，_____。

（6）C 语言变量的存储类别有_____、_____、_____和_____。

（7）凡在函数中未指定存储类别的局部变量，其默认的存储类别为_____。

（8）在一个 C 程序中，若要定义一个只允许本源程序文件中所有函数使用的全局变量，则该变量需要定义的存储类别为_____。

（9）变量被赋初值可以分为两个阶段：即_____和_____。

二、选择题

（1）以下说法正确的是（   ）。

    A）用户若需要调用标准库函数，调用前必须重新定义

    B）用户可以重新定义标准库函数，如若此，该函数将失去原有定义

    C）系统不允许用户重新定义标准库函数

    D）用户若需要使用标准库函数，调用前不必使用预处理命令将该函数所在的头文件包含编译，系统会自动调用

（2）以下函数定义正确的是（   ）。

    A）double fun(int x, int y)　　　　　　B）double fun(int x,y)

        { z=x+y ; return z ; }　　　　　　　　{ int z ; return z ;}

    C）fun (x,y)　　　　　　　　　　　　D）double fun (int x, int y)

        { int x, y ; double z ;　　　　　　　　{ double z ;

          z=x+y ; return z ; }　　　　　　　　　return z ; }

（3）若调用一个函数，且此函数中没有 return 语句，则说法正确的是（   ）。

    A）该函数没有返回值　　　　　　　　B）该函数返回若干个系统默认值

    C）能返回一个用户所希望的函数值　　D）返回一个不确定的值

（4）以下说法不正确的是（   ）。

    A）实参可以是常量，变量或表达式　　B）形参可以是常量，变量或表达式

    C）实参可以为任意类型　　　　　　　D）如果形参和实参的类型不一致，以形参类型为准

（5）C 语言规定，简单变量做实参时，它和对应的形参之间的数据传递方式是（   ）。

    A）地址传递　　　　　　　　　　　　B）由实参传给形参，再由形参传给实参

    C）值传递　　　　　　　　　　　　　D）由用户指定传递方式

（6）C 语言规定，函数返回值的类型是由（   ）决定的。

    A）return 语句中的表达式类型　　　　B）调用该函数时的主调函数类型

    C）调用该函数时由系统临时　　　　　D）在定义函数时所指定的函数类型

（7）以下说法不正确的是（   ）。

    A）全局变量，静态变量的初值是在编译时指定的

    B）静态变量如果没有指定初值，则其初值为 0

    C）局部变量如果没有指定初值，则其初值不确定

    D）函数中的静态变量在函数每次调用时，都会重新设置初值

（8）以下正确的描述是（   ）。

A）函数的定义可以嵌套，但函数的调用不可以嵌套

B）函数的定义不可以嵌套，但函数的调用可以嵌套

C）函数的定义和函数的调用均不可以嵌套

D）函数的定义和函数的调用均可以嵌套

（9）若用数组名作为函数调用的实参，传递给形参的是（　　）。

　　A）数组的首地址　　　　　　　　　B）数组中第一个元素的值

　　C）数组中的全部元素的值　　　　　D）数组元素的个数

（10）假设有以下定义和函数 f 调用，则函数 f 中对形参数组错误定义的是（　　）。

```
char c[5]={'a', 'b', '\0', 'c', '\0'};
printf("%s",c);
```

　　A）f(int array[][6])　　　　　　　　B）f(int array[3][])

　　C）f(itn array[][4])　　　　　　　　D）f(int array[2][5])

（11）已知一个函数的定义如下：

```
double fun(int x, double y) { …… }
```

　　　则该函数正确的函数原型声明为（　　）。

　　A）double fun (int x,double y)　　　B）fun (int x,double y)

　　C）double fun (int ,double);　　　　D）fun(x,y) ;

（12）以下说法不正确的是（　　）。

A）在不同函数中可以使用相同名字的变量

B）形式参数是局部变量

C）在函数内定义的变量只在本函数范围内有效

D）在函数内的复合语句中定义的变量在本函数范围内有效

（13）以下说法不正确的是（　　）。

A）形参的存储单元是动态分配的

B）函数中的局部变量都是动态存储

C）全局变量都是静态存储

D）动态分配的变量的存储空间在函数结束调用后就被释放

（14）下面程序的输出是（　　）。

```
int i=2 ;
printf("%d,%d,%d",i*=2,++i,i++) ;
```

　　A）8，4，2　　　　B）8，4，3　　　　C）4，4，5　　　　D）4，5，6

（15）关于函数声明，以下说法不正确的是（　　）。

A）如果函数定义出现在函数调用之前，可以不必加函数原型声明

B）如果在所有函数定义之前，在函数外部已做了声明，则各个主调函数不必再做函数原型声明

C）函数在调用之前，一定要声明函数原型，保证编译系统进行全面的调用检查

D）标准库函数不需要函数原型声明

（16）以下说法不正确的是（　　）。

A）register 变量可以提高变量使用的执行效率

B）register 变量由于使用的是 CPU 的寄存器，其数目是有限制的

C）extern 变量定义的存储空间按变量类型分配

D）全局变量使得函数之间的"耦合性"更加紧密，不利于模块化的要求

三、程序阅读题

（1）写出下面程序的运行结果。

```
func (int a,int b)
{static int m=0,i=2;
 i+=m+1;
 m=i+a+b;
 return (m);
 }
main()
 { int k=4,m=1,p1,p2;
 p1=func(k,m);p2=func(k,m);
 printf("%d,%d\n",p1,p2);
 }
```

（2）写出下面程序的运行结果。

```
# define MAX 10
int a[MAX], i ;
sub1()
 { for(i=0;i<MAX;i++) a[i]=i+i; }
sub2()
 { int a[MAX],i,max;
  max=5;
  for(i=0;i<MAX;i++) a[i]=i;  }
sub3(int a[ ])
 { int i ;
  for(i=0;i<MAX;i++) printf("%d",a[i]);
 printf("\n");  }
main()
 { sub1(); sub3(a); sub2(); sub3(a);
 }
```

（3）若输入的值是-125，写出下面程序的运行结果。

```
#include <math.h>
fun(int n)
 {int k,r ;
  for(k=2;k<=sqrt(n);k++) {
    r=n%k;
    while(!r) {
      printf("%d",k); n=n/k;
      if(n>1) printf("*");
      r=n%k; }
    }
  if(n!=1) printf("%d\n",n);
 }
main()
 { int n ;
 scanf("%d",&n);
 printf("%d=",n);
 if(n<0) printf("-");
 n=fabs(n); fun(n);
 }
```

（4）写出下面程序的运行结果。

```
int i=0;
fun1(int i)
 {
   i=(i%i)*(i*i)/(2*i)+4 ;
  printf("i=%d\n",i);
  return (i) ;
 }
fun2(int i)
 { i=i<=2?5:0;
  return (i);
 }
main ()
 {int i=5;
 fun2(i/2); printf("i=%d\n",i) ;
 fun2(i=i/2); printf("i=%d\n",i) ;
 fun2(i/2); printf("i=%d\n",i) ;
 fun1(i/2); printf("i=%d\n",i) ;
```

（5）写出下面程序的功能。

```
func(int n)
 {int i,j,k;
 i=n/100; j=n/10-i*10; k=n%10;
 if(i*100+j*10+k)==i*i*i+j*j*j+k*k*k) return n;
 return 0;
 }
main()
 { int n,k ;
 for(n=100;n<1000;n++)
   if(k=func(n)) printf("%d",k);
 }
```

四、程序改错题

（1）下面 add 函数的功能是求两个参数的和。判断下面程序的正误，如果错误请改正。

```
void add(int a,int b)
 { int c ;
  c=a+b;
  return (c);
 }
```

（2）下面 fun 函数的功能是：将长整型数中偶数位置上的数依次取出，构成一个新数返回，例如，当 s 中的数为 87653142 时，则返回的数为：8642。判断下面程序的正误，如果错误请改正。

```
long fun(long s)
 {long t,sl=1;int d;t=0;
  while(s>0) {
   d=s%10;
   if(d%2=0) {
    t=d*sl+t;
    sl*=10;}
   s\=10;}
  return(t);
 }
```

（3）下面函数 fun 的功能是：统计字符串 s 中各元音字母（即 A，E，I，O，U）的个数。注意：字母不分大，小写。判断下面程序的正误，如果错误请改正。

```
fun(char s[],int num[5])
{ int k;i=5;
   for (k=0;k<i;k++)
   num[i]=0;
  for (k=0;s[k];k++) {
  i = -1;
  switch(s){
    case 'a': case 'A': i=0;
    case 'e': case 'E': i=1;
    case 'i': case 'I': i=2;
    case 'o': case 'O': i=3;
    case 'u': case 'U': i=4;
  }
  if(i>=0)
   num[i]++;   }
  }
```

（4）下面函数 fun 的功能是：依次取出字符串中所有数字字符，形成新的字符串，并取代原字符串。判断下面程序的正误，如果错误请改正。

```
void fun(char s[])
{ int i,j;
   for(i=0,j=0; s[i]!='\0';i++)
   if (s[i]>='0'&&s[i]<='9')
     s[j]=s[i];
   s[j]="\0";
}
```

五、程序完善题

（1）下面函数的功能是用"折半查找法"从有 10 个数的 a 数组中对关键字 m 进行查找，若找到，返回其下标值，否则返回-1，请填空使程序完整（注意：10 个数要按升序或降序排列）。

经典算法提示：

折半查找法的思路是先确定待查元素的范围，将其分成两半，然后比较位于中间点元素的值。如果该待查元素的值大于中间点元素的值，则将范围重新定义为大于中间点元素的范围，反之亦然。

```
int search(int a[10],int m)
{ int x1=0,x2=9,mid;
  while(x1<=x2) {
  mid=(x1+x2)/2;
  if(m<a[mid])  【 1 】 ;
  else if(m>a[mid]) 【 2 】 ;
      else return (mid);
  }
  return (-1);
}
```

（2）以下程序的功能是计算函数 F(x, y, z)=(x+y)/(x−y)+(z+y)/(z−y) 的值，请填空使程序完整。

```
# include <stdio.h>
  【 1 】 ;
main ()
```

```
{ float x,y,z,f ;
scanf("%f,%f,%f",&x,&y,&z);
f=fun ( 【 2 】 );
f+=fun ( 【 3 】 );
printf("f=%f",f);
}
float fun(float a,float b)
{ return (a/b);
}
```

（3）avg 函数的作用是计算数组 array 的平均值并返回，请填空使程序完整。

```
float avg(float array[10])
{int i;
float avgr,sum=0;
for(i=1; 【1】 ; i++)
  sum+= 【2】 ;
avgr = sum / 10 ;
  【3】 ;
}
```

上机实践与能力拓展

【实践 7-1】写一个函数，使给定的一个二维数组（3×3）转置，即行列互换。

【实践 7-2】写一函数，要求用起泡法对输入的 5 个整数按由小到大的顺序排列。

【实践 7-3】编写两个函数，分别求两个正整数的最大公约数和最小公倍数，用主函数调用这两个函数，并输出结果（两个正整数由键盘输入）。

【实践 7-4】写一个判断素数的函数，在主函数中输入一个整数，输出是否是素数的消息。

【实践 7-5】输入 10 个学生 5 门课的成绩，分别用函数求：①每个学生平均分；②每门课的平均分；③找出最高分所对应的学生和课程。

【实践 7-6】编写一个函数 sort_xz，用选择法对 10 个整数从小到大排序。

第8章

指针

本章学习要点

1. 掌握地址和指针的概念；
2. 掌握变量的指针和指向变量的指针变量的正确使用；
3. 掌握数组的指针和指向数组的指针变量的正确使用；
4. 掌握字符串的指针和指向字符串的指针变量的正确使用；
5. 基本掌握函数的指针和指向函数的指针变量的正确使用；
6. 基本掌握返回指针值的函数的正确使用；
7. 基本掌握指针数组和指向指针的指针的正确使用；
8. 掌握利用指针编程的基本方法。

8.1 指针与指针变量

指针是 C 语言的特点之一，也是 C 语言的精华。正确而灵活地运用指针，可以有效地表示复杂的数据结构；能动态分配内存；能方便地使用字符串；能有效而方便地使用数组；在调用函数时能得到多个值；能直接处理内存地址等。掌握了指针的应用，就可以编写出简洁、紧凑、高效的程序。

1. 变量名、变量值和变量的地址

计算机的内存是由存储单元组成的，为了能正确地访问这些存储单元，就必须对每一个存储单元进行编号，这个唯一的编号就被称为存储单元的地址。我们可以把内存看做是学生宿舍楼，一间宿舍就好比一个存储单元，为了能正确地访问这些宿舍，就必须对每一个房间进行编号，每一个房间的编号（即房间号或门牌号）就是每个房间的地址，平时我们就是根据房间号进行访问的，房间号就是每一间宿舍的唯一编号，它是唯一不变的地址。

当用户定义了变量后，系统将为这些变量分配内存存储单元。假定有 3 个整型变量 x、y、z，C-Free5.0 编译系统为各变量分配的地址如图 8-1 所示。变量 x、y、z 的值分别为 10、20、30；地址分别为 3010、3014、3018。如果我们把变量 x 的地址存入另一变量 p_x 中，那么变量 p_x 的值就是 3010，即 p_x 中存放的就是变量 x 的地址。

变量与地址间的对应关系在编译时就已确定，因此，对变量的引用就相当于对变量内容的引用。在 C 语言中，对变量的引用可分为直接引用和间接引用两种，直接引用就是直接根据变量名去引用变量的内容（即变量值），间接引用就是先将某变量的地址存放到一种特殊变量（即该变量的内容为地址）中，然后再通过该变量来间接引用它。

变量名、变量值和变量的地址这 3 个概念之间关系如图 8-2 所示。

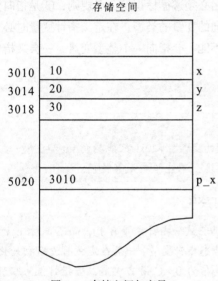

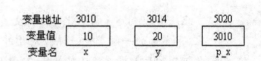

图 8-1　存储空间与变量　　　　图 8-2　变量名、变量值和变量地址三者之间的关系

2．指针与指针变量

在程序中表面上是通过变量名来存取变量的内容，实际上程序经编译后已经将变量名转换为变量的内存地址，对变量内容的存取都是通过该地址进行的，这种按变量的地址存取变量值的方式就称为直接访问方式。而另一种间接访问方式是将变量的地址存放到一种特殊的变量中，然后通过这种特殊变量进行间接的访问。好比将 A 钥匙放到 B 抽屉中锁好，要打开 A 抽屉，就必须先找到 B 钥匙打开 B 抽屉，取出 A 钥匙，再打开 A 抽屉取出其中之物，这就是间接访问的方式，这样做的目的是确保安全。

通过地址找到该变量的存储单元，我们就说该地址指向该存储单元，在 C 语言中形象地将该地址称为指针，意思是通过它就能找到以它为地址的内存单元。一个变量的地址就称为该变量的指针；指针变量就是专门用来存放其他变量地址（即指针）的变量。上述的 p_x 就是一个指针变量，指针变量的值是指针变量中存放的值，所以指针变量的值是指针（即地址）。指针变量 p_x 的值是 3010，此时 p_x 就指向变量 x；变量 x 的指针（即地址）是 3010。指针变量就是存放指针（即地址）的变量，它的值是会发生变化的，而一个变量的地址（即指针）是确定不变的，即一个变量的指针是一个常量。

为了表示指针变量和它所指向的变量之间的联系，在程序中用*表示这种指向关系，如：p_x

表示指针变量，而*p_x 表示 p_x 所指向的变量，即 x，其关
系如图 8-3 所示。

p_x		变量 x
3010	→	10	3010(地址)

图 8-3　指针变量与变量的关系

如果 p_x=&x；则以下两条语句的作用相同：

```
x=10;          /* 通过变量名直接访问变量 x */
*p_x=10;       /* 通过指针变量 p_x 间接访问变量 x */
```

3. 指针变量的定义与引用

C 语言规定：变量必须先定义后使用，由于指针变量是用来专门存放地址的，必须将它定义为指针类型，定义指针变量的一般形式为

```
基类型标识符 *指针变量名;
```

对指针变量的定义包括三个内容：①是指针类型说明，即变量名前面的*号表示该变量为指针变量；②是指针变量名，指针变量名是标识符，其命名必须遵循标识符命名规则；③是指向变量的数据类型，基类型标识符是用来指定指针变量所指向的变量的类型，在定义指针变量时必须指定基类型。一个指针变量只能指向同一类型的变量，不能一会指向一个整型变量，一会又指向一个实型变量，如：

```
int *p1;
```

① 指针变量名是 p1，不是*p1；
② 指针变量只能指向定义时所规定类型的变量，即 p1 只能指向 int 型变量；
③ 指针变量定义后，只能存放变量的地址，不能给它赋其他值。

在定义指针变量时允许进行初始化，如：int i,*p_i=&i;

此处用&i 对 p_i 初始化（即把变量 i 的地址赋给指针变量 p_i），而不是对*p_i 初始化。和前面的一般变量一样，对于外部或静态指针变量，如果在定义时没有初始化，那么该指针变量将被默认初始化为 NULL，其值为 0。C 语言规定，当指针值为零时，指针不指向任何有效数据，有时也称为空指针。因此，在调用一个返回指针的函数时，常常用返回值为 NULL 来指示函数调用中某些错误情况的发生。

*用于定义与引用指针变量的不同：定义时 "int *p1;" 中的*不是运算符，只是表示其后的变量 p1 是一个指针类型的变量即指针变量；而在程序执行语句中，引用*p1 时，其中的*是一个指针运算符，*p1 表示 p1 所指向的存储单元的内容，例如：

```
main()
  {int *p1,i=17;        /*定义指向 int 型变量的指针变量 p1*/
  p1=&i;                /*指针变量 p1 指向变量 i,不能写成*p1=&i;*/
  printf("%d",i);       /*直接访问变量 i ---这是通过变量名直接访问变量的方法*/
  printf("%d",*p1);     /*间接访问变量 i ---这是通过指向变量 i 的指针变量 p 访问变量 i 的方法*/
                        //*p 表示 p 所指向的存储单元的内容,即 i 的值(*p 就表示其所指向变量 i 的值)
  }                     /*这两条 printf 语句将输出相同的结果:17*/
```

①运算符&后面必须是内存中的对象（变量、数组元素等），不能是常量、表达式或寄存器变量，如 q1=&（k+1）是错误的。②运算符&后面的运算对象类型必须与指针变量的基类型相同。③ "&i" 是取得变量 i 所占用的存储单元的首地址。

```
int x,y,*pi;
float z;
pi=&z;     /*指针 pi 是用来存放 int 型变量的地址,z 是 float 型,故出错*/
```

既然在指针变量中只能存放地址，故在使用时不要将一个整数赋给一指针变量。下面的赋值是不合法的：int *pi; pi=100;

假设：

```
int i=200,x;
int *p2;
```

这样我们就定义了两个整型变量 i 和 x，还定义了一个指向整型变量的指针变量 p2。整型变量 i 和 x 中存放整数，而 p2 中只能存放整型变量的地址。我们可以把 i（或 x）的地址赋给 p2，如：

```
p2=&i;
```

假设变量 i 的地址为 1800，此时指针变量 p2 指向地址为 1800 的存储单元，这个赋值可形象地用图 8-4 表示，以加深理解。

以后便可以通过指针变量 p2 间接访问变量 i，如 k=*p2+5/3。p2 前面的运算符*表示可以访问以 p2 的值为地址的存储单元，而 p2 中存放的是变量 i 的地址，因此，*p2 访问的是地址为 1800 的存储单元（实际上是编号从 1800 开始的 4 个字节；对 Turbo C 2.0 编译系统而言，是从 1800 开始的 2 个字节），实际上就是变量 i 占用的存储单元，所以上面的赋值表达式等价于 k=i+5/3。

另外，指针变量和一般变量一样，存放在其中的值是可以改变的，也就是说可以改变它的指向，如

```
int i,j,*p1,*p2;
i=93;   j=83;
p1=&i;  p2=&j;
```

则建立如图 8-5 所示的指向关系。

若执行赋值语句：   p2=p1;

图 8-4　给指针变量 p2 赋值后的示意图

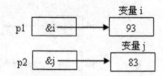

图 8-5　指针变量赋初值的情形

就使 p2 与 p1 指向同一个对象：变量 i，此时*p2 就是变量 i 的值，而不是 j，图 8-5 就变成图 8-6 所示。

若把上面的语句"p2=p1;"；改成如下语句：*p2=*p1;执行后则表示把 p1 指向的变量内容赋给 p2 所指向的变量内容，此时图 8-5 就变成图 8-7 所示。

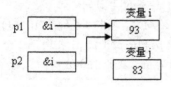

图 8-6　执行 p2=p1; 后的情形

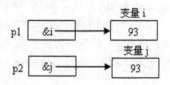

图 8-7　执行*p2=*p1; 后的情形

通过指针访问它所指向的变量的存储单元是以间接访问的形式进行的，所以没有直接通过变量名访问来得直观，因为通过指针访问某存储单元，取决于指针的值（即指向）。例如"*p2=*p1;"实际上就是"j=i;"，前者不如后者直观明显；但是通过改变指针变量的指向，可间接访问不同的变量，这给程序员带来了灵活性，也使得程序代码的编写更为简洁、高效。

指针变量可以出现在表达式中，设

```
int x,y,*px=&x;
y=*px+5;               //表示把 x 的内容加 5 后赋给 y
y=++*px;               //x 的内容加上 1 之后赋给 y  (++*px 相当于++(*px)即++x)
y=*px++;               //相当于 y=*px; px++; 即 y=*(px++);
y=(*px)++;             //相当于 y=*px; (*px)++;即 y=x++;
```

【例 8-1】指针变量的定义与引用。

```
#include<stdio.h>
main()
{
  int *p1,*p2, i1,i2;    /*定义指向 int 型变量的指针变量 p1 和 p2*/
  printf("请输入两个数:");
  scanf("%d,%d",&i1,&i2);
  p1=&i1;p2=&i2;             /*将 int 型变量 i1 和 i2 的地址赋给 p1 和 p2(即将&i1 和&i2 存放到 p1 和 p2 中)*/
  printf("%d,%d\n",*p1,*p2);
  p2=p1;                    /*将指针变量 p1 赋给 p2,这样 p1 就和 p2 一样均指向同一个变量 i1*/
  printf("%d,%d\n",*p1,*p2);
}
```

运行结果为

现将本例程中的指针变量和变量之间的关系图示如图 8-8 所示。

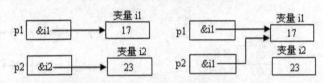

图 8-8   p1、p2 和 i1、i2 之间的对应关系

说明

① &和*都是单目运算符，其结合方向是自右向左。

② p1=&i1;p2=&i2; p1 指向 i1，p2 指向 i2。不能误写成: *p1=&i1;*p2=&i2;。

③ printf("%d,%d\n",*p1,*p2);此处的*p1 和*p2 代表变量，即指针变量 p1,p2 所指向的变量，是对该变量存储单元内容的引用。这与指针变量的定义处出现的*是不同的。

④ &*p1 等价于&i1；*&i1 等价于*p1；(*p1)++等价于 i1++。

⑤ ++和*运算符优先级相同，结合方向为自右向左。*p1++等价于*(p1++)，作用是先得到 p1 所指向的变量值（即*p1），然后再使 p1+1→p1（使 p1 指向下一个单位长度的存储单元，如 p1 的值为 1600，执行 p1++后其值就变为 1604）。

指针运算主要有 3 种：一是有指针变量加减整数的运算（包括自增、自减运算）；二是指针变量的赋值运算；三是在一定条件下的比较运算。注意:指针变量加减整数运算时，是以它所指向变量的数据类型字节长度为单位进行相应的增减。

【例 8-2】指针变量的运算。

```
#include<stdio.h>
#include "string.h"
```

```
main()
{
    char a[]="jsit",*p1;
    int b[]={60,70,80,90},i,*p2;
    p1=a; p2=b;
    for(i=0;i<strlen(a);i++)
    {printf("%2c",*p1++);printf("%11d",p1);}
    printf("\n");
    for(i=0;i<4;i++)
    {printf("%3d",*p2++);printf("%10d",p2);}
    printf("\n");
}
```

运行结果如下：

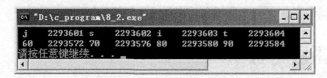

本例程运行结果中的 j、s、i、t 表示 char 型数组 a 中 4 个数组元素存放的内容（即元素值 a[0]～a[3]），2293601～2293604 则表示该数组中 4 个元素的地址（即&a[0]～&a[3]），*p1++等价于*(p1++)，表示每循环 1 次，指针变量 p1 的值就加 1（对 char 型数据而言就是 1 个字节构成的 1 个单位），这样 p1 就指向下一个数组元素。60、70、80、90 表示 int 型数组 b 中 4 个数组元素存放的内容（即元素值 b[0]～b[3]），2293572～2293584 表示 int 型数组 b 中 4 个元素的地址，*p2++等价于*(p2++)，表示每循环 1 次指针变量 p2 的值加 1（对 int 型数据而言就是 4 个字节构成的 1 个单位），这样 p2 就指向下一个数组元素。

【例 8-3】输入 h 和 k 两个整数，通过指针变量将其按降序输出。

```
#include<stdio.h>
main()
{int h,k,*p1,*p2,t;
 p1=&h;p2=&k;                  /*p1 存放的是变量 h 的地址,p2 存放的是变量 k 的地址*/
                               /*借助中间变量 t 实现变量 p1 和 p2 值的交换*/
 scanf("%d %d",&h,&k);
 if (h<k)
  {t=p1;p1=p2;p2=t;}          /*交换 p1 和 p2 的值,这样就使 p1 指向值大的变量,p2 指向值小的变量*/
 printf("h=%d,k=%d\n",h,k);    /*输出变量 h 和 k 的值*/
 printf("max=%d,min=%d\n",*p1,*p2);   /*此时*p1 代表值大的变量,*p2 代表值小的变量*/
}
```

运行结果如下：

当输入 h=11，k=23 时，由于 h<k，故将 p1 和 p2 的值交换，交换前的情况见图 8-9（a），交换后的情况见图 8-9（b）。

由图 8-9 可知，变量 h 和 k 的值并没有交换，它们仍然保持原值，但指针变量 p1 和 p2 的值改变了。p1 的值原为&h，后来变成了&k；同样 p2 的值由&k 变成了&h。最后用 printf 函数输出 *p1 和*p2 时，实际上是输出变量 k 和 h 的值，所以先输出 23，后输出 11。

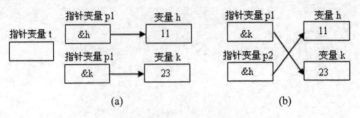

图 8-9　指针变量的值交换

例程 8-3 的算法不是交换两个变量 h 和 k 的值，而是交换两个指针变量 p1 和 p2 的值（即 h 和 k 的地址），这样就改变 p1 和 p2 所指向的变量。

8.2　指针与数组

1. 指针与一维数组

数组元素也是变量，是带有下标的变量，每个数组元素都在内存中占用存储单元，都有相应的地址。C 语言规定数组名代表数组的首地址（即起始地址），也就是第 0 个数组元素的地址。当数组一经定义并分配相应的内存空间后，其首地址就被确定而不再改变。指针变量既然可以指向变量，也就当然可以指向数组和数组元素（只要把数组的首地址或某一数组元素的地址放到一个指针变量中即可）。

数组的指针是数组的首地址，数组元素的指针是数组元素的地址。引用数组元素的方法有两种：一是下标法（如 a[3]）；二是指针法（地址法），即通过指向数组元素的指针找到所需的数组元素，因数组 a 的首地址是不变的，故可用 a+i 指向数组 a 中不同的元素。如 a+3 就是 a[3]的地址（即& a[3]），*(a+3)就是 a[3]。故对数组 a 而言，a[i]和*(a+i)等价，都是引用数组 a 中第 i 个数组元素的值。

C 语言规定，如果指针变量 p 指向数组中的一个元素，则 p+1 指向同一数组中的下一个元素（而不是简单地将 p 的值加 1），如果数组元素的类型是 int 型，每个元素就占 4 个字节（在 Turbo C 中是占 2 个字节），则 p+1 就意味着将 p 的值加 4，使它指向下一个元素。因此，p+1 所代表的地址实际上是 p+1*d，d 表示一个数组元素所占的字节数（对 char 型数组，d=1；float 型数组，d=4；double 型数组，d=8）。

用下标法、地址法和指向数组元素的指针法都可以访问数组中的元素，但在使用时要特别小心，不要越界使用，否则会出现难以预料的甚至灾难性的后果。

【例 8-4】用 3 种方法输出数组中的全部元素。

① 下标法。

```
#include<stdio.h>
main()
{
 int a[6]={23,11,83,17,38,67},i;
 for(i=0;i<6;i++)
   printf("%4d",a[i]);    /*用下标法访问数组中的各元素*/
```

```
printf("\n");
}
```

运行结果如下:

② 用指针变量指向数组元素。

```
#include<stdio.h>
main()
{ int a[6]={23,11,83,17,38,67},i;
  int *p;
  p=a;                        /*把数组a的首地址赋给指针变量p,p指向数组a中的元素a[0],*p就是a[0]*/
  for(i=0;i<6;i++)
   printf("%4d",*(p+i));    /*此处p+i指向数组a中的元素a[i],*(p+i)就是a[i]*/
  printf("\n");
}
```

运行结果如下:

以上程序也可以等价地改为

```
#include<stdio.h>
main()
{int a[6]={23,11,83,17,38,67};
 int *p;                    /*定义1个指向int型变量的指针变量p*/
 for(p=a;p<a+6;p++)         /*将数组a的首地址存放到p中(相当于p=&a[0])*/
  printf("%4d",*p);         /*此处的*p代表p指向的变量*/
 printf("\n");
}
```

③ 通过数组名来计算数组元素的地址,从而输出各元素值。

```
#include<stdio.h>
main()
{
 int a[6]={23,11,83,17,38,67},i;
 for(i=0;i<6;i++)
  printf("%4d",*(a+i));      /* 此处的*(a+i)等价于a[i] */
 printf("\n");
}
```

运行结果如下:

由上可知 p+i 和 a+i 就是 a[i]的地址, 或者说它们都指向数组 a 的第 i 个元素; *(p+i)或*(a+i)是 p+i 或 a+i 所指向的数组元素的值, 即 a[i]。实际上, 在编译时对数组元素 a[i]就是处理成*(a+i),

指向数组的指针变量也可以带下标，如 p[i] 与 *(p+i) 等价，也与 *(a+i) 等价。

第②方法比第①③方法快，第①和第③种方法的执行效率相同，第①种方法（下标法）比较直观。由此可知使用指针法能使目标程序质量高（占用内存少，运行速度快）。

由于数组名代表数组的首地址，故数组名可以作函数的实参和形参，在调用时实参向形参传递的值就是数组的首地址，形参得到该地址后也就和实参一样指向同一个数组。

当用数组名作函数的参数时，实参与形参的对应关系有以下 4 种情况。

① 形参和实参都是数组名，如：

```
main()                        fac(int y[],int n)
{ int a[10];                  {
   ...                          ...
  fac(a,10)                    }
   ...
}
```

② 实参用数组名，形参用指针变量，如：

```
main()                        fac(int *y,int n)
{ int a[10];                  {
   ...                          ...
  fac(a,10)                    }
   ...
}
```

③ 实参用指针变量，形参用数组名，如：

```
main()                        fac(int y[],int n)
{ int a[10],*p;               {
  p=a;
   ...                          ...
  fac(p,10)                    }
   ...
}
```

④ 形参和实参都用指针变量，如：

```
main()                        fac(int *y,int n)
{ int a[10],*p;               {
  p=a;
   ...                          ...
  fac(p,10)                    }
   ...
}
```

【例 8-5】用选择法对 5 个整数排序（指针变量做实参）。

选择法排序的思路是：将 n 个数依次比较，保存最大数的下标位置，然后将最大数和第 1 个数组元素换位；接着再将 n-1 个数依次比较，保存次大数的下标位置，然后将次大数和第 2 个数组元素换位；接着再将 n-2 个数依次比较，保存第 3 大数的下标位置，然后将第 3 大数和第 3 个数组元素换位；按此规律，直至比较换位完毕。

现举例说明五个数（1、3、6、9、5）的排序过程示意如下。

第 1 步：*1 3 6 9 5*　5 个数两两比较，保存最大数 9 的下标位置 3，将 9 和下标位置为 0 的数组元素 1 换位；

第 2 步：**9** *3 6 1 5*　将余下 4 个数两两比较，保存次大数 6 的下标位置 2，将 6 和下标位置为 1 的数组元素 3 换位；

第 3 步：**9 6 3 1 5** 将后 3 个数两两比较，保存第三大数 5 的下标位置 4，将 5 和下标位置为 2 的数组元素 3 换位；

第 4 步：**9 6 5 1 3** 将最后 2 个数进行比较，保存第四大数 3 的下标位置 4，将 3 和下标位置为 3 的数组元素 1 换位。

源代码如下：

```c
#include<stdio.h>
void  sort(int b[],int n)  /*定义排序 sort 函数,形参 b 为数组*/
{int i,j,k,t;
 for(i=0;i<n-1;i++)
  {k=i;
   for(j=i+1;j<n;j++)
     if(b[j]>b[k]) k=j;
   if(k!=i)
   {t=b[k];b[k]=b[i];b[i]=t;}
  }
}
main()
{
 int *p,a[5],i;
 for(i=0;i<5;i++)
   scanf("%d",&a[i]);
 p=a;                    /*将数组 a 的首地址赋给 p,这样指针变量 p 就指向数组 a*/
 sort(p,5);              /*实参 p 为指针变量*/
 for(p=a;p<a+5;p++)      /*注意要重新给指针变量 p 赋初值*/
   printf("%d,",*p);     /*循环 1 次就输出一个 p 所指向的数组元素(*p 代表某一元素)*/
 printf("\n");
}
```

运行结果如下：

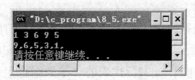

为了便于理解，在函数 sort 中用数组名作为形参，用下标法引用形参数组元素，这样易于看懂程序。当然也可用指针变量作为 sort 函数的形参，函数中仍可用 b[i] 和 b[k] 的形式表示数组元素，其实它们就是 b+i 和 b+k 所指向的数组元素。于是程序可修改如下（程序的功能及运行结果不变）。

```c
#include<stdio.h>
void  sort(int *b,int n)    /*定义排序 sort 函数,形参 b 为指针变量*/
{int i,j,k,t;
 for(i=0;i<n-1;i++)
  {k=i;
   for(j=i+1;j<n;j++)
     if(*(b+j)>*(b+k)) k=j;
   if(k!=i)
     {t=*(b+k);*(b+k)=*(b+i);*(b+i)=t;}
  }
}
main()
```

```
{int a[5],i;
 for(i=0;i<5;i++)
   scanf("%d",&a[i]);
 sort(a,5);              /*实参为数组名*/
 for(i=0;i<5;i++)
   printf("%d,",a[i]);
 printf("\n");
}
```

运行结果如下：

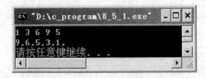

在修改后的程序中，仍然可以在 main 函数中定义指针变量 p 指向数组 a，sort 函数的实参仍可用指针变量 p。上面实例给出了实参与形参对应关系的两种情况，对其他两种情况请感兴趣的读者自己尝试修改之。

变量名和数组名作函数参数的区别见表 8-1。

表 8-1   变量名和数组名作函数参数的比较

实参类型	变量名	数组名
要求形参类型	变量名	数组名或指针变量
传递的信息	变量的值	数组的起始地址
通过函数调用能否改变实参的值	不能	能

2．指针与二维数组

如定义一个 2 行 3 列的二维数组 a：

```
int a[2][3]={{1,2,3},{4,5,6}};
```

a 是数组名，数组 a 包含两行，每一行包含 3 个元素，我们可以把二维数组看作是由两个一维数组构成的，这两个一维数组的名字分别为 a[0]和 a[1]，a[0]所代表的一维数组由 3 个元素组成：a[0][0]、a[0][1]和 a[0][2]；a[1]所代表的一维数组也包含 3 个元素：a[1][0]、a[1][1]和 a[1][2]，见图 8-10；这样二维数组 a 中第 i 行第 j 列的元素的地址就有 3 种等价的表示方法，分别如下：

①&a[i][j]；   ②a[i]+j；   ③ *(a+i)+j;

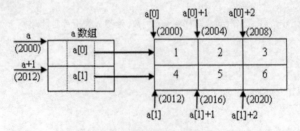

图 8-10   二维数组 a 及其元素的地址

在图 8-10 中可以看出：a 代表整个二维数组的首地址，也就是第 0 行的首地址。a+1 代表第 1 行的首地址，也就是 a[1]的首地址。a[0]、a[1]既然是一维数组，而 C 语言又规定了数组名代表

数组的首地址，因此 a[0]代表第 0 行一维数组中第 0 列元素的地址，即&a[0][0]；a[1]的值就是
&a[1][0]。第 0 行第 1 列元素的地址（&a[0][1]）就可用 a[0]+1 表示。前面讲过 a[0]和*(a+0)等价，
a[1]和*(a+1)等价。所以 a[0]+1 和*(a+0)+1 的值都是&a[0][1]；a[1]+2 和*(a+1)+2 的值都是&a[1]
[2]。二维数组 a 及其元素的地址见表 8-2。

表 8-2 二维数组 a 及其元素的地址

表示形式	含 义	地址
a	二维数组名，指向一维数组 a[0]，即第 0 行首地址	2000
a[0],*(a+0),*a	第 0 行第 0 列元素的地址，即&a[0][0]	2000
a+1,&a[1]	第 1 行首地址	2012
a[1],*(a+1)	第 1 行第 0 列元素的地址，即&a[1][0]	2012
a[1]+2,*(a+1)+2	第 1 行第 2 列元素的地址，即&a[1][2]	2020
(a[1]+2),(*(a+1)+2)	第 1 行第 2 列元素的值，即 a[1][2]	6

既然 a[0]+1 和*(a+0)+1 都表示元素 a[0][1]的地址，那么*(a[0]+1)和*(*(a+0)+1)就是元素 a[0][1]
的值，同理*(*a+1)也是元素 a[0][1]的值。*(a[i]+j)或*(*(a+i)+j)都是二维数组元素 a[i][j]的值。必
须记住*(a+i)和 a[i]是等价的。

记住二维数组名 a 是指向行元素的，故 a+1 中的 1 代表一行中全部元素所占用的字节数。一
维数组名 a[0]和 a[1]是指向列元素的，a[0]+1 中的 1 代表一个元素所占的字节数，在行指针的前
面加一个*就转为列指针。如 a 和 a+1 是行指针，*a 和*(a+1)就成了列指针，分别指向 a 数组的 0
行 0 列的元素和 1 行 0 列的元素。反之，在列指针前面加上&就成为行指针。如 a[0]是指向 0 行 0
列元素的列指针，在它前面加上&就得到&a[0]，&a[0]就是指向二维数组 0 行的行指针（因 a[0]
与*(a+0)等价，故&a[0]就与&*a 等价，也就和 a 等价）。

不要把&a[i]简单地理解为 a[i]的物理地址，它只是一种地址计算方法，虽然&a[i]和 a[i]的值
是一样的，但二者的含义是不同的。&a[i]（即 a+i）指向行，而 a[i]（即*(a+i)）是指向列。当列
下标 j 为 0 时，它们具有相同的地址值。在一维数组中 a+i 所指的是一个数组元素的存储单元，
它有具体值。而对二维数组来说，a+i 不是指向具体的存储单元而是指向行。

指向二维数组元素的指针变量是用来存放二维数组元素地址的变量，通过指向元素的指针来
引用二维数组中的元素。

【例 8-6】用指针变量输出二维数组元素的值。

```
#include<stdio.h>
main()
{
  int a[2][3]={1,2,3,4,5,6},*p;      /*定义一个二维数组 a 和指针变量 p 或 int *p=a;*/
  p=a;                  /*使 p 指向数组 a,也可改为 p=a[0];给 p 赋初值也可放到 for 语句中 */
  for(;p<a[0]+6;p++)     /*去掉上一行后,此行改为 for(p=a[0];p<a[0]+6;p++)  */
                        /*循环 6 次输出 6 个元素*/
   {if((p-a[0])%3==0)    /*每行输出 3 个数组元素*/
   printf("\n");        /*输出 3 个元素就换行*/
   printf("%3d",*p);
   }
}
```

运行结果如下：

行指针变量就是用来存放"行"地址的变量，即指向二维数组行的指针变量，其定义形式如下：

类型标识符 （*指针变量名）[数组长度];

如：int (*p)[4];

*p 有 4 个元素，每个元素都为 int 型。也就是 p 所指的对象是由 4 个 int 型元素构成的数组，即 p 是行指针，见图 8-11，此时 p 只能指向一个包含 4 个元素的一维数组，p 的值就是该数组的首地址。

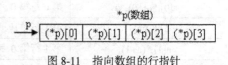

图 8-11　指向数组的行指针

【例 8-7】用行指针输出二维数组中元素的值。

```c
#include<stdio.h>
main()
{
 int a[3][4]={1,2,3,4,11,12,13,14,21,22,23,24 };        /*定义了一个 3 行 4 列的二维数组 a*/
 int (*p)[4],i,j;                  /*定义一个包含 4 个元素的行指针数组 p*/
 p=a;                  /*行指针 p 指向数组 a（p 中的 4 个元素与数组 a 中的 4 列对应）*/
 for(i=0;i<3;i++)
  {
  for(j=0;j<4;j++)
   printf("%-4d",*(*(p+i)+j));  /*  p+i 代表第 i 行的首地址,*(*(p+i)+j)是 a[i][j]的值 */
   printf("\n");
  }
}
```

运行结果如下：

【例 8-8】一个 3 人学习小组，各自学 4 门课，计算总平均分，并输出第 n 个学生成绩（用二维数组的指针作为函数参数）。

```c
#include<stdio.h>
main()
{ void  average(float *p,int n);        /* average 函数的声明 */
  void  search(float  (*q)[4], int n);        /* search 函数的声明 */
  float score[3][4]={{65,67,75,60},{80,83,90,81},{90,95,93,98}};
  average(*score,12);                /*求 12 个分数的平均分*/
  search(score,2);                /*查找并输出第 2 个学生的成绩*/
}
void average(float *p,int n)                /* average 函数的定义,形参为指针变量 p*/
{   float  *p_end,sum=0,aver;
    p_end=p+n-1;
    for(;p<=p_end;p++)  sum=sum+(*p);        /*累计总分*/
    aver=sum/n;                /*平均分*/
```

```
    printf("average=%5.2f\n",aver);}
void search(float  (*q)[4], int n)    /* search 函数的定义,形参为指向数组的行指针 p*/
  { int j;
    for(j=0;j<4;j++)
      printf("%5.1f ",*(*(q+n)+j));
    printf("\n");
  }
```

运行结果如下:

在本例程中, main 函数先调用 average 函数求 3 个学生 12 门课的总平均分, 相应的实参*score
就是 score[0], 它是一个地址, 指向 score[0]元素。指针变量 p 是 average 函数的形参, 用它指向
二维数组 score 中的各个元素, p 每次加 1 就改为指向下一个元素。

函数 search 的形参 q 是指向包含 4 个元素的一维数组的指针变量。实参 2 传给形参 n 后, 即
查找序号为 2 的学生成绩 (序号从 0 开始), 实参 score 传给 q (是将数组 score 第 0 行的地址传给
q), 使 q 等于 score; q+n 是一维数组 score[n]的首地址, *(q+n)+j 是 score[n][j]的地址, *(*(q+n)+j)
是 score[n][j]的值。现在 n 的值为 2, j 由 0 变到 3, for 循环就输出 score[2][0]到 score[2][3]的值。

8.3　指针与字符串

C 语言中, 可以采用两种方法访问字符串。

（1）用字符数组存放一个字符串

如:

```
main()
  {char  str[]="Hello";     /*字符数组 str 的长度未明确定义,默认的长度是字符串中
                               字符个数外加结束标志,故 str 的数组长度应该为 6*/
  printf("%s",str);          /* 对字符数组允许用%s 格式进行整体输出*/
  }
```

（2）用字符指针指向一个字符串

对字符串而言, 也可以不定义字符数组, 直接定义指向字符串的指针变量, 利用该指针变量
对字符串进行操作。如:

```
main()
  { char  *string="World";    /*定义一个字符指针,用它指向字符串中的字符*/
    printf("%s",string);
  }
```

C 语言对字符串常量是按字符数组来处理的, 在内存中开辟一个字符数组来存放字符串常量。
在定义字符指针变量 string 时把字符串首地址（即存放字符串的字符数组的首地址）赋给 string。

```
char  *string="World";
等价于
char  *string;
string="World";
```

指针变量 string 指向 char 型数据, 只能指向一个字符变量或一个其他字符型数据, 不能同时

指向多个字符数据，更不是把"Hello"存放到 string 中（指针变量只能存放地址），也不是把字符串赋给*string。只是把"Hello"的首地址赋给指针变量 string。输出语句 printf("%s", string); 中的%s 表示输出一个字符串，输出项给出字符指针变量名 string，系统先输出它所指向的第一个字符数据，然后自动使 string 加 1，使之指向下一个字符，然后再输出一个字符……直到遇到字符串结束标志'\0'为止。

通过字符数组名或字符指针变量可以输出一个字符串，而对一个数值型数组是不能用数组名一次性输出它的全部元素的，只能逐个输出。

将一个字符串从一个函数传递到另一个函数，我们可以用地址传递的方法，即字符数组名作参数或者用指向字符串的指针变量作参数。如果在被调函数中改变字符串的内容，那么在主调函数中就会得到改变了的字符串。

【例 8-9】分别用字符数组和指针变量作函数参数实现字符串的复制。

（1）用字符数组作参数（下标法）

```c
#include<stdio.h>
void copy_string(char to[],char from[])   /*形参为数组*/
{
  int i;
  for(i=0;from[i]!='\0';i++)
      to[i]=from[i];          /*用for循环实现对字符的一一复制*/
  to[i]='\0';                 /*有效字符复制完毕，即for循环结束后在字符串末尾加上字符串结束标志*/
}
main()
{
 char a[]="Hello";         /*可改为 char *a="Hello"; */
 char d[]="World";         /*可改为 char *d="World"; 以下 3 行语句不变*/
 printf("复制前数组 a 为:%s   数组 d 为:%s\n",a,d);
 copy_string(d,a);         /*实参为数组*/
                           /*通过调用该函数把数组 a 中的字符串全部复制到数组 d 中*/
 printf("\n 复制后数组 a 为:%s   数组 d 为:%s\n",a,d);   /*两个数组中存放的字符串相同*/
}
```

运行结果如下：

```
复制前数组a为: Hello   数组d为: World
复制后数组a为: Hello   数组d为: Hello
```

（2）用字符指针变量作参数（指针法）

```c
#include<stdio.h>
void copy_string(char *to,char *from)     /*形参为指针变量*/
{
 for(;*from!='\0';from++,to++)
      *to=*from;
 *to='\0';
}
main()
{
 char a[]="Hello";
 char d[]="World";
 char *p1=a,*p2=d;
```

```
printf("复制前数组 a 为:%s  数组 d 为:%s\n",a,d);
copy_string(p2,p1);              /*通过调用该函数把数组 a 中的字符串全部复制到数组 d 中*/
printf("\n复制后数组 a 为:%s  数组 d 为:%s\n",a,d);     /*两个数组中存放的字符串相同*/
}
```

运行结果同上。若把程序修改为以下的情况，则在 C-Free 5.0 中能通过编译，但运行时出错（如果在主函数中定义两个数组存放字符串，然后再用指针指向数组则 OK），而在 Turbo C2.0 中运行正常，可能是编译系统不同的缘故。

```
#include<stdio.h>
void copy_string(char *to,char *from)    /*形参为指针变量*/
{
 for(;*from!='\0';from++,to++)
  *to=*from;
 *to='\0';
}
main()
{char *a="Hello";
 char *d="World";
 printf("before a=%s  d=%s\n",a,d);
 copy_string(d,a);       /*实参为指针变量*/
                          /*此处在 C-Free5.0 中能通过编译,但运行出错! 而在 TurboC2.0 中运行正常*/
 printf("after a=%s  d=%s\n",a,d);
}
```

字符数组与字符串指针的区别：虽然使用字符数组和字符串指针都能实现对字符串的操作，但二者是有区别的，主要区别有如下 4 点。

（1）存储方式的区别

字符数组由若干元素组成，每个元素存放一个字符，而字符串指针中存放的是地址（字符串的首地址），决不是将整个字符串放到字符指针变量中。

（2）赋值方式的区别

对字符数组只能对各个元素赋值，不能用下列方法对字符数组赋值。

```
char str[16];
str="I am a student.";
```

但若将 str 定义成字符串指针，就可以采用下列方法赋值。

```
char *str;
str="I am a student.";
```

（3）定义方式的区别

定义一个数组后，编译系统分配具体的内存单元，各单元有确定的地址；定义一个指针变量，编译系统分配一个存储地址单元，在其中可以存放一个地址值，也就是说，该指针变量可以指向一个字符型数据。但在对它赋以一个具体地址之前，它并未指向哪一个字符数据。

例如

```
char  str[10];
scanf("%s",str);
```

是可以的。如果用下面的方法：

```
char *str;
scanf("%s",str);
```

其目的也是输入一个字符串，虽然一般也能运行，但这种方法很危险（指向不确定的内存单元，易破坏其原来的内容或出现冲突），不提倡这样做。

（4）运算方面的区别

指针变量的值允许被改变，如果定义了指针变量 p，则 p 可以进行加减整数的运算；数组名虽然代表地址，但它的值是不能改变的。

【例 8-10】指针变量的运算

```
main()
{char *string="I am Tom";
 string=string+5;
 printf("%s\n",string);
}
```

运行结果如下：

指针变量 string 的值可以改变，输出字符串时从 string 当前所指向的单元开始逐个输出字符，直到遇到\0结束。而字符数组名是一个地址常量，不允许进行加减整数等运算。下面形式是错误的。

```
main()
{char string[ ]="I am Tom";
 string=string+7;  /*Error→数组名 string 代表数组的首地址,是一个常量*/
 printf("%s\n",string);
}
```

8.4 指针与函数

指针和函数的关系主要包括三方面的内容：一是指针作为函数参数；二是函数的返回值是指针；三是函数的指针和指向函数的指针变量。

（1）指针变量作为函数参数

C 语言中，函数的参数类型可以是整型、实型、字符型、数组，也可以是指针类型。C 语言中函数的实参向形参进行值传递的原理都是一样的，即：

将实参的值传送给形参，即形参所分配的存储单元中去。

【例 8-11】用指针变量作为函数形参，编写一个函数实现这样的功能：交换两个指针变量所指向的变量之值。

```
#include<stdio.h>
main()
{
 int a,b;
 void swap(int *p1,int *p2);        /*用户函数 swap 的声明即函数原型(因函数定义在后面)*/
 scanf("%d %d",&a,&b);
 printf("交换前:a=%d,b=%d\n",a,b);   /*输出交换前变量 a 和 b 之值*/
 swap(&a,&b);                        /*调用用户函数 swap,将实参的值传递给形参*/
 printf("交换后:a=%d,b=%d\n",a,b);   /*输出交换后变量 a 和 b 的值*/
}
void swap(int *p,int *q)            /*定义函数 swap 实现两个变量值的交换*/
{
 int t;
 t=*p; *p=*q;*q=t;                  /*通过指针变量改变它所指向的变量之值*/
}
```

运行结果如下:

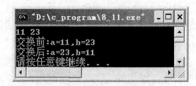

本例程序中,用户函数 swap 的功能是交换两个变量 a 和 b 的值,swap 函数的形参是两个指针变量 p 和 q。程序的执行是从 main 函数开始的,输入 a 和 b 的值(如 a=11 和 b=23),然后调用 swap 函数,将函数实参&a 和&b(即变量 a 和 b 的地址)的值传递给形参 p 和 q,于是就使 p 指向 a,q 指向 b,见图 8-12(a);接着程序转向执行函数 swap 的函数体,其中的 3 条赋值语句执行后就使*p 和*q 的值互换,也就是使 a 和 b 的值互换(因为此时*p 代表 a,*q 代表 b,这样就改变了变量 a 和 b 的值)。互换后的情形见图 8-12(b)。swap 函数调用结束后,p 和 q 及 t 被释放,就不再存在了,返回主调函数 main 中输出的 a 和 b 的值就是经过交换的值(a=23,b=11)。

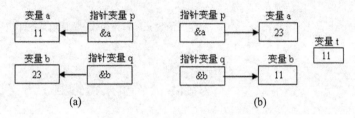

图 8-12　指针变量作函数的参数

为了使 swap 函数中改变的变量值能被 main 函数所用,就应该用指针变量作函数的参数,在函数执行过程中使指针变量所指向的变量值发生变化,函数调用结束后,这些变量值的变化依然保留下来,这样就实现了"通过调用函数使变量的值发生变化,在主调函数中使用这些变化了的值"的目的。

如果想通过函数调用得到 m 个要改变的值,可以这样做:①在主调函数中设 m 个变量,用 m 个指针变量指向它们;②然后将指针变量作实参,将这 m 个变量的地址传给被调函数的形参指针变量;③通过形参指针变量改变这 m 个变量的值;④主调函数就可以使用这些改变了值的变量。

C 语言中实参和形参之间的数据传递是单向值传递方式,指针变量作函数参数时也要遵循这一规则,不过此时传递的值是地址值。调用函数不可能改变实参指针变量的值,但可以改变实参指针变量所指向变量的值。在前面的章节中,我们通过函数的调用只可以得到一个返回值(即函数值),而用指针变量作函数参数时,就能通过它们改变所指向的变量值,从而可以得到多个变化了的值(如例 8-11 中就得到 2 个值)。

　　　　　　当调用函数的实参是指针变量时,与之对应的形参也必须是指针变量。

(2)函数返回地址值(即指针)

一个函数被调用后可以带回一个返回值到主调函数,这个返回值可以是整型、实型、字符型等数据类型,也可以返回指针类型的数据(即地址值)。当函数的返回值是地址时,该函数称为指针函数。当一个函数返回指针类型的数据时,应在定义函数时对返回值的类型进行说明,返回指

针的函数其一般定义形式为

```
类型说明符 *函数名(形参表);
```

【例 8-12】有若干个学生的成绩（每个学生有 4 门课程），要求在用户输入学生序号后，能输出该学生的全部成绩（要求用指针函数来实现）。

```c
#include<stdio.h>
main()
{
  float score[][4]={{0},{65,70,80,90},{60,89,75,88},{54,78,85,66}};
  float *xscj(float(*pk)[4],int n);   /*对函数 xscj 进行声明(该函数定义在后)*/
  float *p;
  int i,m;
  scanf("%d",&m);                      /*m 是要查找的学生序号*/
  p=xscj(score,m);                     /*调用函数 xscj,指针变量 p 用来保存 xscj 函数返回的地址*/
  for(i=0;i<4;i++)
    printf("%5.1f\t",*(p+i));          /*输出某位学生 4 门课的成绩*/
  printf("\n");
}
float *xscj(float (*pk)[4],int n)      /*定义函数 xscj,该函数的返回值是指针*/
{
  float *pt;
  pt=*(pk+n);
  return (pt);                          /*把指针 pt 的值作为函数值返回*/
}
```

运行结果如下：

在本例程中，学生序号 m 是从 1 开始算起的，数组 score 是 4 行 4 列的二维数组，第一行代表 1 个学生，每一行的 4 个元素存放该学生 4 门课的成绩（出于习惯考虑，第 0 行弃之未用，其 4 个元素的值全部为 0；如果学生序号从 0 算起，则数组 score 的第 0 行就可以使用），函数 xscj 被定义为指针型函数，其形参 pk 是指向包含 4 个元素的一维数组的指针变量。pk+1 指向数组 score 的第一行。*(pk+1)指向第 1 行第 0 列元素。pt 是指向 float 型的指针变量（不是指向一维数组）。main 函数调用 xscj 函数，将 score 数组的首地址传给指针变量 pk（这样 pk 就是指向数组 score 的行指针，不是指向列元素的指针）。调用 xscj 函数后得到一个地址（是指向第 m 个学生第 0 门课程）赋值给指针变量 p，然后将这个学生的四门课程的成绩输出来。*(p+i)表示此学生第 i 门课程的成绩。

一个函数在编译时被分配给一个入口地址，这个入口地址就称为函数的指针。如果用一个指针变量指向该函数，则以后就可以通过该指针变量调用该函数。

每一个函数都占用一段内存单元，都有一个起始地址（即入口地址），将该地址赋给一个指针变量，这样就让该指针变量指向了这个函数，以后就可以通过该指针变量访问它所指向的函数。

【例 8-13】指向函数的指针变量的定义（求两个数的和）。

```c
#include<stdio.h>
main()
{
```

```
int  total(int,int);
int (*p)();                    /*定义指向函数的指针变量p*/
int a,b,m;
p= total;                      /*将函数total的入口地址赋给指针变量p*/
scanf("%d,%d",&a,&b);
m=(*p)(a,b);                    /*通过指向函数的指针变量p来调用total函数*/
printf("total=%d\n",m);
}
int total (int x,int y)        /* total函数的定义*/
{
  int z;
  z=x+y;
  return z;                    /* 函数体中的这3行等价于语句: return(x+y); */
}
```

运行结果如下：

本例程中的 int (*p)(); 是定义一个指向返回值为 int 型函数的指针变量 p，在*p 两侧的圆括号不可省略，表示 p 先和*结合，是指针变量；然后再和后面的( )结合，表示此指针变量是指向函数。如果写成 int *p();，则由于( )的优先级比*高，它变成声明一个函数了（不过此函数 p 的返回值是指向 int 型变量的指针）。和数组名一样，函数名也代表该函数的入口地址，p= total; 就是将函数 total 的入口地址赋给 p，调用*p 就是调用函数 total。注意 p 只能指向函数的入口处，不能指向函数中间的某一处，即不能用*(p+1)来表示函数的下一条指令。m=(*p)(a, b); 等价于 m= total (a, b);，这就是用指针形式来调用函数。

指向函数的指针变量的定义形式为

数据类型标识符 (*指针变量名)( );

此处的数据类型标识符是指函数返回值的类型。函数的调用可以通过函数名调用，也可以通过函数指针调用（即通过指向函数的指针变量来调用）。

例 8-13 中的 int (*p)()表示定义一个指向函数的指针变量，它是专门用来存放函数的入口地址，开始时它并不指向任何函数。程序把哪一个函数的入口地址赋给它，它就指向哪一个函数。在一个程序中，一个指针变量可以先后指向返回值类型相同的不同函数。

在给函数指针变量赋值时，只需给出函数名即可，不必给出其参数。不能写成 p= total (a, b); 的形式。调用时只要用(*p)代替函数名即可，然后在其后加上相应的实参（实参要写在一对圆括号内）。对于指向函数的指针变量 p 来说，进行 p+n，++p，p++和 p—等运算是无意义的。

【例 8-14】函数指针作函数参数，用于调用不同的函数。

```
#include<stdio.h>
max(int x,int y)    /*max函数的定义*/
{
return((x>y)?x:y);
}
add(int x,int y)    /* add函数的定义*/
{
return(x+y);
```

```
}
/*下面是函数process的定义,其形参fun是指向函数的指针*/
process(int x,int y,int (*fun)(int,int))
{int  result;
 result=(*fun)(x,y);
 printf("%d\n",result);
}

main()    /*主函数*/
{
 int a,b;
 printf("请输入两个整数:");
 scanf("%d,%d",&a,&b);
 printf("max=");
 process(a,b,max); /*若max函数定义在后面,则在调用前要用int max(int,int);进行声明*/
 printf("add=");    /*否则编译系统无法判断max是函数名还是变量名*/
 process(a,b,add); /*若add函数定义在后面,则在调用前要用int add(int,int);进行声明*/
}                   /*否则编译系统无法判断add是函数名还是变量名*/
```

运行结果如下:

max、add 和 process 是已定义的 3 个函数,前两个函数分别用来实现求大数以及求和的功能,第 3 个函数是供主函数多次调用,以实现不同的功能。现在这 3 个函数全都是放在调用它们的 main 函数的前面,故在 main 函数中不用对它们进行函数声明;否则在 main 函数中就要对这 3 个函数进行函数声明,不然会出错!因为如果是先调用后定义,此时用函数名作实参时,其后没有圆括号和参数,编译系统无法判断它是函数名还是变量名,所以事先声明不可少,声明 max 和 add 是函数名而不是变量名(process 函数可以不用声明,是因为它的函数类型和形参类型全为 int 型,而且调用它时,函数名后面有圆括号和参数;如果其中有一个不是 int 型的话,也必须要声明)。

在函数 process 未被调用时,其形参 fun 指针变量并不占用内存单元,也不指向任何函数。在 main 函数中第一次调用 process 函数时,除了将 a 和 b 两个实参的值传给 process 函数的两个形参外,还把函数名 max 作为实参传给 process 函数的形参 fun(fun 是指向函数的指针变量,函数名 max 代表该函数的入口地址),使 fun 指向函数 max,这样在 process 函数中就可以用*fun 调用函数 max,"result=(*fun)(x, y);"就相当于"result=max(x, y);",从而调用 max 函数求出两数中的大数;当 process 函数被第 2 次调用时,就把实参函数 add 的入口地址传给形参指针变量 fun,使 fun 指向函数 add,这样在 process 函数中就可以用*fun 调用函数 add,从而求出两数之和。由此可知每次调用 process 函数时,其形参指针变量 fun 指向的函数是不同的。当每次调用的函数不固定时,用指针变量来处理是非常方便的。

8.5　指针数组和指向指针的指针

(1)指针数组
若一个数组中的数组元素均为指针类型的数据,则该数组就被称为指针数组,数组中的每一个数组元素都是一个指针变量，用来存放地址；也就是说指针数组是由指向同一数据类型的指针变量构成的。一维指针数组的定义形式为：

```
类型标识符  *数组名[数组长度];
```

例如：

```
int *p[4];
```

由于[]比*优先级高，故 p 先与[]结合，表明 p 为数组名，数组 p 中包含 4 个元素。然后再与*结合，*表示此数组是指针数组，数组中的每个元素都是指向 int 型变量的指针变量。

不能写成"int (*p)[4];"，这是一个指向一维数组的指针变量（在 8.2 节已介绍过）。

引入指针数组的主要目的是便于统一管理同类型的指针，而且指针数组比较适合用来指向若干长度不等的字符串，使得字符串的处理更加灵活方便，并可节省内存空间。

【例 8-15】先存储某班级的若干名学生的姓名，然后从键盘上输入一个名字，查找此人是否为该班学生。

```
#include<stdio.h>
main()
{
int i,flag=0;
char *name[5]={"ZhangSan","LiSi","WangWu","Tom","Jack"};   /*定义指针数组 name*/
char  find_xs[20];
printf("请输入要查找的人名:");
gets(find_xs);
for(i=0;i<5;i++)
   if(strcmp(name[i],find_xs)==0)     /*比较两个字符串是否相同*/
       flag=1;                        /*flag 作为是否该班学生的标志*/
for(i=0;i<strlen(find_xs);i++)
   printf("%c",find_xs[i]);           /*可将此处的 for 循环语句用 puts(find_xs);替换*/
if(flag==1)
   printf("是这个班的学生! \n");
else
   printf("不是这个班的学生! \n");
}
```

运行结果如下：

 或：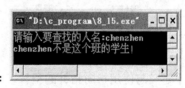

本例程序 main 函数中定义了一个指针数组 name，它有 5 个元素，每一个元素都是指针变量，其初值分别为 5 个字符串（"ZhangSan"，"LiSi"，"WangWu"，"Tom"和"Jack"）的首地址，name 代表指针数组第 0 个元素的地址，name+1 代表指针数组 name 第 1 个元素的地址……，指针数组 name 中的元素和它所指向的字符串的关系如图 8-13 所示。

（2）指向指针的指针

若一个变量中存放的是一个指针变量的地址，则该变量就称为指向指针变量的指针变量，简称为指向指针的指针。若有如下定义

```
int y=17;
int *qq;
qq=&y;
```

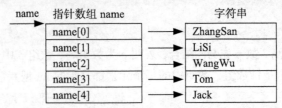

图 8-13 指针数组 name 中的元素与其所指向的字符串的关系

其含义非常清楚，就是定义了指针变量 qq 指向 y，*qq 的值为 17。C 语言还允许定义变量 p，在变量 p 中存放指针变量 qq 的地址，此时变量 p 称为指向指针的指针。变量 y，qq，p 的关系如图 8-14 所示。变量 p 的定义和赋值形式如下：

```
int **p;
qq=&y;          /*此时 *qq 的值就是变量 y 的值(即 17)*/
p=&qq;          /*此时 *p 的值就是变量 qq 的值(即&y)，就是变量 y 的地址值*/
```

p 前面有两个*号，从附录Ⅲ可知，运算符*的结合性是从右到左，因此**p 相当于*(*p)。指针变量 p 指向的指针变量 qq，qq 指向 int 型变量 y，那么 p 就是一种指向指针的指针，此时就称指针变量 p 是一种多级指针。多级指针与指针数组有密切的关系。指针数组元素的指针即为指针的指针。

定义指向指针变量的指针变量的一般形式为

```
类型标识符 **变量名;
```

该形式说明以下几个方面的内容：首先定义变量为指针变量，其次是该变量能指向另一个指针变量，最后是被指向的指针对象能指向的对象的类型。

如定义一个指向指针数据的指针变量的方法如下：

```
char **k;
```

*k 是指针变量的定义形式，若没有前面的*号，即 k 的前面只有一个*，那就是定义一个指向字符型数据的指针变量；现在 k 前有两个*表示 k 是指向一个字符型数据的指针变量，*k 就是 k 所指向的另一个指针变量。该定义说明 k 是指向指针的指针变量；它能指向的是这样一种对象，该对象是指向 char 型数据的指针变量，如图 8-15 所示。

图 8-14　变量、指针和指向指针的指针之间的关系　　　图 8-15　指向指针的指针变量

【例 8-16】定义与使用指向指针的指针。

```
#include<stdio.h>
main()
{
 int y=17;
 int *qq;                    /*定义一个指向 int 型数据的指针变量 qq*/
 int **p;                    /*定义一个指向指针的指针 p*/
 qq=&y;                      /*将变量 y 的地址赋给 qq(即使指针 qq 指向 y)*/
 p=&qq;                      /*将指针变量 qq 的地址赋给 p(即使指针 p 指向 qq)*/
 printf("%d\n",&y);          /*输出 int 型变量 y 的内存单元地址*/
```

```
printf("%d\n",*qq);      /*输出*qq 的值就是变量 y 的值*/
printf("%d\n",*p);       /*输出*p 的值就是 qq 的值(qq 就等于&y)*/
printf("%d\n",**p);      /*输出**p 的值就是变量 y 的值*/
}
```

运行结果如下:

在本例程中,指针 qq 指向变量 y,qq 的值就是变量 y 的地址,*qq 就代表 y,*qq 的值就是 y 的值(17)。指针变量 p 指向 qq,*p 就代表 qq(指针变量),*p 的值就是 qq 的值(即&y);**p(等价于*(*p))就是*(&y),就是变量 y 的值。

【例 8-17】使用指向指针的指针。

```
#include <stdio.h>
main()
{
 char *name[ ]={"Tom","Jack","Rose","John"};
 char **k;                /* 定义指向指针的指针变量 k */
 int i;
 for(i=0;i<4;i++)
  {k=name+i;             /* i=0 时,k 指向数组的第一个元素 name[0] */
   printf("%s\n",*k);    /* name[0]是字符串"Tom"的首地址 */
  }
}
```

运行结果如下:

程序分析:

k 是指向指针的指针变量,第一次执行循环体时,它指向 name 数组的第 0 个元素 name[0],*k 是第 0 个元素的值 name[0],它是第一个字符串"Tom"的起始地址,printf 函数按格式符%s 输出第 0 个字符串。接着执行 i++,k 指向 name 数组的第 1 个元素 name[1],输出第 1 个字符串。循环 4 次就输出 4 个字符串。

本程序也可修改成如下的简洁形式(其功能不变):

```
#include <stdio.h>
main()
{
 char *name[]={"Tom","Jack","Rose","John"};
 char **k;
 for(k=name;k<name+4;k++)
   printf("%s\n",*k);
}
```

指针数组的元素不仅仅指向字符串,也可以指向整型数据或实型数据等。

【例 8-18】使用指针数组元素指向整型数据。

```c
#include <stdio.h>
main()
{
    static int a[3]={3,7,9};
    int *num[]={&a[0],&a[1],&a[2]};
    int **p;
    for(p=num;p<num+3;p++)
      printf("%3d",**p);
    printf("\n");
}
```

运行结果如下：

指针的数据类型总结见表 8-3。

表 8-3   指针的数据类型小结

定　义	含　义
int *p;	定义指向 int 型数据的指针变量 p
int *p[3];	定义指针数组 p，它的 3 个数组元素是 3 个指向 int 型数据的指针变量
int (*p)[4];	p 为指向一维数组的指针变量，该数组包含 4 个元素（4 个元素均为指针变量）
int *p();	定义一个返回值为指针的函数 p，该指针指向 int 型数据
int (*p)();	定义指向函数的指针 p，该函数返回一个 int 型的值
int **p;	定义一个指向 int 型指针变量的指针变量 p（即指向指针的指针）

（3）指针数组作 main 函数的形参

指针数组的另一个重要应用是作为 main 函数的形参。在前面的各章节中，主函数的首部（即 main 函数的第一行）一般写成如下的形式：

```
main( )
```

函数名 main 后面的圆括号中是空的，实际上，main 函数是可以有参数的，如：

```
main(int argc,char *argv[ ]){ … }
```

argc 和 argv 就是 main 函数的形参，argc 是指命令行中参数的个数，argv 是一个指向字符串的指针数组。这两个形参名也可以取其他的名字，不过人们习惯用此名而已。带参数的 main 函数的函数原型为

```
main(int argc,char *argv[ ]);
```

main 函数是由系统调用的，当处于操作命令状态下，输入 main 所在的文件名（注意是经过编译连接后生成的.exe 文件），系统就调用 main 函数，那么 main 函数的形参值从何处得到呢？显然不可能在程序中得到。实际上实参是和命令一起给出的，也就是在一个命令行中包括命令名和需要传给 main 函数的参数。

命令行的一般形式为

```
命令名 参数 1 参数 2……参数 n
```

命令名是 main 所在的文件名，命令名和各参数之间用空格隔开，各参数应当都是字符串。

如果有一个名为 file1 的文件，它包含以下的 main 函数：

```
main（int argc,char *argv[ ]）
 {while（argc>1）
   {++argv;
   printf("%s\n",argv);
   --argc;}
}
```

在 DOS 命令行状态下输入命令：

```
file1  China  Wuxi
```

则执行以上命令行将会输出以下信息：

```
China
Wuxi
```

上述程序分析：执行 main 函数时，由于命令行上有三个参数（file1、China、Wuxi），故 argc 的值为 3，argv[0]是字符串"file1"的首地址，argv[1]是字符串"China"的首地址，argv[2]是字符串"Wuxi"的首地址。开始时 argv 指向字符串"file1"，执行++argv 后就指向字符串"China"，再次执行++argv 后就指向字符串"Wuxi"（while 循环执行了两次），所以第一次输出分别输出 China，第二次输出 Wuxi（即 argv[1]和 argv[2]所指向的字符串）。

【例 8-19】编写一命令文件，把键入的字符串倒序打印出来。设文件名为 reverse.c。

```
main(int argc, char *argv[])
{
  int i;
  for(i=argc-1;i>0;i--)
  printf("%s ",argv[i]);
}
```

本程序经编译、连接后生成文件名为 reverse.exe 的可执行文件，在 DOS 提示符下输入：

```
reverse  Welcome  to  China
```

按回车键后输出结果如下：

```
China  to  Welcome
```

以上操作过程可归结为 3 步：①编译连接生成.exe 文件；②打开命令提示符窗口（单击 Windows 系统的【开始】菜单→运行→cmd）；③按要求输入命令行，如图 8-16 所示。

图 8-16 指针数组作 main 函数的形参时命令行运行窗口

程序分析：执行 main 函数时，由于命令行上共有 4 个参数：reverse、Welcome、to、China，故 argc 的值为 4，argv[0]是字符串"reverse"的首地址，argv[1]是字符串"Welcome"的首地址，argv[2]是字符串"to"的首地址，argv[3]是字符串"China"的首地址，如图 8-17 所示。

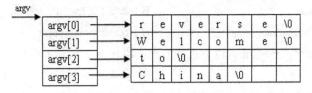

图 8-17 指针数组和命令行参数的关系

 **自测题**

一、填空题

（1）在 C 语言中，将地址形象化地称为_____，一个变量的地址称为该变量的_____，对一个变量而言，一旦编译系统为该变量分配了存储单元，则该变量的地址就不再改变，直到该变量占用的存储单元被释放，所以变量的地址是一个整型常量。用来专门存放另一个变量地址的变量叫_____。

（2）数组的指针是_____，数组元素的指针是_____。

（3）当用数组名作为函数的实参时，传递的是数组的_____，所以要求形参为_____。

（4）如果有一个数组 a，则 a[i]和_____等价。

（5）int (*p)[4]; 表示 p 是一个指针变量，它指向_____。

（6）一个函数在编译时被分配了一个入口地址，这个入口地址就称为函数的_____。

（7）int (*p)();表示定义一个指向_____的指针变量。

（8）int *max(int x, int y){ … }是定义带回指针值的函数，max 是函数名，调用它后能得到一个指向_____的指针（地址）。

（9）int *p[4];定义一个_____数组，每个数组元素相当于_____变量，都可指向一个_____变量。

（10）char **p;表示指针变量 p 是指向一个_____。

（11）数组名代表数组的起始地址，函数名代表函数的_____。

（12）若有定义：int a[]={2, 4, 6, 8, 10, 12}, *p=a;，则*(p+1)的值是_____，*(a+5)的值是_____。

（13）若有以下定义：int a[2][3]={2, 4, 6, 8, 10, 12};，则 a[1][0]的值是_____，*(*(a+1)+0)的值是_____。

二、选择题

（1）若有 int i, j=7, *p=&i;，则与 i=j; 等价的语句是（　　　）。

    A）i=*p　　　　　　B）*p=*&j　　　　　　C）i=&j　　　　　　D）i=**p

（2）若定义：int a=511, *b=&a;

则 printf("%d\n", *b); 的输出结果是（　　　）。

    A）无确定值　　　　B）a 的地址　　　　　C）512　　　　　　　D）511

（3）若有定义：int x=0, *p=&x;，则语句 printf("%d\n", *p); 的输出结果是（　　　）。

    A）随机值　　　　　B）0　　　　　　　　C）x 的地址　　　　　D）p 的地址

（4）若有语句 int *point, a=4; 和 point=&a;，下面均代表地址的一组选项是（　　　）。

    A）a,point,*&a　　　　　　　　　　　B）&*a,&a,*point

    C）*&point,*point,&a　　　　　　　　D）&a,&*point ,point

（5）若有定义：int *p, m=5, n;，以下正确的程序段是（　　　）。

    A）p=&n;　　　　　　　　　　　　　B）p=&n;

        scanf("%d",&p);　　　　　　　　　　　scanf("%d",*p);

C）scanf("%d",&n);   D）p=&n;

　　*p=n;   　　*p=m;

（6）以下程序中调用 scanf 函数给变量 a 输入数值的方法是错误的，其错误原因是（　　）。

```
main()
{int *p,*q,a,b;
 p=&a;
 printf("input a: ");
 scanf("%d",*p);
 ...
 }
```

　　A）*p 表示的是指针变量 p 的地址　　B）*p 表示的是变量 a 的值，而不是变量 a 的地址

　　C）*p 表示的是指针变量 p 的值　　D）*p 只能用来说明 p 是一个指针变量

（7）有以下程序：

```
main()
{ int  a=1,b=3,c=5;
  int  *p1=&a,*p2=&b,*p3=&c;
  *p3=*p1*(*p2);
  printf("%d\n",c);
 }
```

　　执行后的输出结果是（　　）。

　　A）1　　　　　　B）2　　　　　　C）3　　　　　　D）4

（8）若有以下定义，则 p+5 表示（　　）。

```
    int  a[10],*p=a;
```

　　A）元素 a[5]的地址　　　　　　B）元素 a[5]的值

　　C）元素 a[6]的地址　　　　　　D）元素 a[6]的值

（9）假设有如下定义：

```
    int arr[]={6,7,8,9,10};
    int *ptr;
    ptr=arr;
   *(ptr+2)+=2;
   printf("%d,%d\n",*ptr,*(ptr+2));
```

　　则程序段的输出结果为（　　）。

　　A）8，10　　　　　B）6，8　　　　　C）7，9　　　　　D）6，10

（10）若有以下说明和语句，int c[4][5],(*p)[5]; p=c;，能正确引用 c 数组元素的是（　　）。

　　A）　p+1　　　　B）*(p+3)　　　　C）*(p+1)+3　　　　D）*(p[0]+2))

（11）若有定义：int a[2][3];，则对 a 数组的第 i 行 j 列元素地址的正确引用为（　　）。

　　A）*(a[i]+j)　　　B）(a+i)　　　　C）*(a+j)　　　　D）a[i]+j

（12）下面程序的运行结果是（　　）。

```
    #include <stdio.h>
    #include <string.h>
    main()
    {char *s1="AbDeG";
     char *s2="AbdEg";
     s1+=2;s2+=2;
     printf("%d\n",strcmp(s1,s2));
    }
```

A）正数　　　　　B）负数　　　　　　　C）零　　　　　　　D）不确定的值

（13）若有以下函数首部：

```
int fun(double x[10], int *n)
```

则下面针对此函数的函数声明语句中正确的是（　　）。

A）int　fun(double x, int *n);　　　　B）int　fun(double, int);

C）int　fun(double *x, int n);　　　　D）int　fun(double *, int *);

（14）若有函数 max(a, b)，并且已使函数指针变量 p 指向函数 max，当调用该函数时，正确的调用方法是（　　）。

A）(*p)max(a,b);　　B）*pmax(a,b);　　C）(*p)(a,b);　　D）*p(a,b);

（15）对于语句 int *pa[5]；下列描述中正确的是（　　）。

A）pa 是一个指向数组的指针，所指向的数组是 5 个 int 型元素

B）pa 是一个指向某数组中第 5 个元素的指针，该元素是 int 型变量

C）pa [5]表示某个元素的第 5 个元素的值

D）pa 是一个具有 5 个元素的指针数组，每个元素是一个 int 型指针

（16）若有以下定义，且 0≤i<4，则不正确的赋值语句是（　　）。

```
int b[4][6], *p, *q[4];
```

A）q[i] = b[i];　　B）p = b;　　　C）p = b[i]　　　D）q[i] = &b[0][0];

（17）有以下程序：

```
#include<stdio.h>
main()
{int m=1,n=2,*p=&m,*q=&n,*r;
r=p;p=q;q=r;
printf("%d,%d,%d,%d\n",m,n,*p,*q);
}
```

程序运行后的输出结果是（　　）。

A）1, 2, 1, 2　　B）1, 2, 2, 1　　C）2, 1, 2, 1　　D）2, 1, 1, 2

（18）若有以下说明语句：

```
char *language[]={"FORTRAN","BASIC","PASCAL","JAVA","C"};
char **q;
q=language+2;
```

则语句 printf("%o\n", *q); 输出的是＿＿＿＿。

A）language[2]元素的地址

B）字符串 PASCAL

C）language[2]元素的值，它是字符串"PASCAL"的首地址

D）格式说明不正确，无法得到确定的输出

三、写出下列程序的运行结果。

（1）#include <stdio.h>

```
main()
{ int a=7,b=8,*p,*q,*r;
p=&a;q=&b;
r=p;p=q;q=r;
printf("%d,%d,%d,%d",*p,*q,a,b);}
```

146

（2）#include <stdio.h>

```
main()
{int x[]={10,20,30};
int *px = x;
printf("%d,",++*px);    printf("%d,",*px);
px=x;
printf("%d,",(*px)++);  printf("%d,",*px);
px=x;
printf("%d,",*px++);    printf("%d,",*px);
px=x;
printf("%d,",*++px);    printf("%d\n",*px);
return 0;
}
```

（3）#include <stdio.h>

```
main()
{
char a[]="programming",b[]="language";
char *p1,*p2;
int i;
p1=a;p2=b;
for(i=0;i<7;i++)
if(*(p1+i)==*(p2+i))
printf("%c",*(p1+i));
}
```

（4）#include <stdio.h>

```
 void f(int *x,int *y)
 {
  int t;
  t=*x;*x=*y;*y=t;
 }
main()
{
int a[8]={1,2,3,4,5,6,7,8},i,*p,*q;
p=a;q=&a[7];
while(*p!=*q){f(p,q);p++;q--;}
for(i=0;i<8;i++) printf("%d,",a[i]);
}
```

（5）#include <stdio.h>

```
 void sum(int *a)
 { a[0]=a[1];}
main( )
 { int aa[10]={1,2,3,4,5,6,7,8,9,10},i;
   for(i=2;i>=0;i--) sum(&aa[i]);
   printf("%d\n",aa[0]);
  }
```

（6）#include <stdio.h>

```
main()
{
char *p,*q;
char str[]="Hello,World\n";
q=p=str;
p++;
```

```
    print(q);
    print(p);
    }
  void print(char *s)
  {
    printf("%s",s);
  }
```

（7）#include <stdio.h>

```
  void fun(char *c,int d)
  {
    *c=*c+1;
    d=d+1;
    printf("%c,%c,",*c,d);
  }
  main()
  {
    char a='A',b='a';
    fun(&b,a);
    printf("%c,%c\n",a,b);
  }
```

（8）#include <stdio.h>

```
  main()
  {
    char *a[3]={"I","love","China"};
    char **ptr=a;
    printf("%c  %s",*(*(a+1)+1),*(ptr+1));
  }
```

四、简答题

（1）简述变量名、变量值和变量地址之间的关系。

（2）简述指针、指针变量和指针变量的值之间的关系。

（3）使用指针有什么优点?

（4）函数的参数可以是哪些量?

上机实践与能力拓展

【实践 8-1】写一函数，求一个字符串的长度。在主函数中输入字符串，并输出其长度。

【实践 8-2】输入 3 个整数，按从小到大的顺序输出。

【实践 8-3】输入 3 个字符串，按从大到小的顺序输出。

【实践 8-4】有一字符串，包含 n 个字符。写一函数，将此字符串中从第 m 个字符开始的全部字符复制成为另一个字符串。

【实践 8-5】对给定的五个字符串按升序排序。

【实践 8-6】输入 10 个整数，将其中最小的数与第一个数对换，把最大的数与最后一个数对换。写三个函数；①输入 10 个数；②进行处理；③输出 10 个数。

第9章

结构体与共用体

本章学习要点

1. 理解结构体和共用体的概念；
2. 掌握定义结构体类型变量的方法；
3. 掌握结构体变量的引用和初始化的方法；
4. 掌握结构体数组的定义和基本应用；
5. 基本掌握指向结构体类型数据的指针的应用；
6. 掌握用指针处理链表的基本方法；
7. 掌握共用体变量的引用方式和共用体类型数据的特点；
8. 了解枚举类型的概念和基本应用；
9. 了解用 typedef 定义类型的方法。

9.1 结构体类型与结构体变量

1. 结构体类型

我们在前面的章节中学习了 C 语言的多种基本数据类型（int、char、long、float 和 double 等）和一种构造类型（数组）以及指针。但是这些数据类型对于复杂的实体还是难以描述，如对学生这个实体进行描述时，应包括学生的学号、姓名、性别、年龄、家庭住址和课程成绩等（如表 9-1 所示），对这些数据项的描述显然不能用前面的基本数据类型或数组来完成，为了解决此类问题，C 语言又提供了另外两种构造类型：结构体和共用体。

表 9-1   某校学生信息表

学号（int）	姓名（char）	性别（char）	年龄（int）	家庭住址（char）	成绩（int）
12023	王五	男	18	人民路 123 号	83

　　结构体类型是由不同数据类型的数据项组成的复合类型，每一个数据项就称为该结构体类型的成员。结构体类型可以根据需要包含若干个不同类型的成员，但成员的个数必须是确定的。不过对结构体类型的各个成员来说，可以是不同的数据类型，也可以是相同的类型，甚至其成员又可以是另一个构造类型。

　　结构体类型是一种构造而成的数据类型，在说明和使用之前必须先定义，就如同在说明和调用某函数之前必须先对该函数进行定义一样。

　　结构体类型的定义形式为

```
struct 结构体名
{成员列表};
```
　　或
```
struct 结构体名
{   数据类型名 1  成员名 1;
    数据类型名 2  成员名 2;
    … …
    数据类型名 n  成员名 n;
};
```

　　struct 是声明结构体类型时必须使用的关键字，不能省略；结构体名和成员名是标识符，其命名必须遵循 C 语言标识符命名规则（见第 2 章 2.2 节）；一对花括号内的各成员组成一个结构体，并要对每个成员进行类型声明，每个成员以分号结束。结构体类型定义仅仅描述结构体的组织形式，并不分配内存存储单元，也就是说仅告诉系统该结构体类型由哪些成员构成，各成员是什么数据类型。注意不能简单地把成员当作变量来处理，如：

```
struct student
{ int     num;        /* 学号 */
  char    name[10];   /* 姓名 */
  char    sex;        /* 性别 */
  int     age;        /* 年龄 */
  float   score;      /* 成绩 */
};
```

　　struct student 是一个用户自己定义的类型名，它和系统提供的标准类型（如 int、double 等）一样，可以用作定义变量的类型。

2. 结构体变量

（1）结构体变量的定义

用结构体类型来定义结构体变量就有以下 3 种方法。

① 先声明结构体类型再定义变量。

```
struct  结构体名 结构体变量列表;
```

　　结构体变量列表由若干变量名组成，各变量之间要用逗号隔开，最后一个变量以分号结束；变量名的命名必须要遵循 C 语言标识符命名规则。如上面已经定义了一个结构体类型 struct student，下面就可以用它来定义变量。

```
struct student xs1, xs2;
```

　　这就是定义了 struct student 类型的变量 xs1 和 xs2，变量 xs1 和 xs2 具有 struct student 类型的

结构，如图 9-1 所示。

xs1:	12001	张三	男	19	86
xs2:	12002	李四	女	18	75

图 9-1　结构体变量 xs1 和 xs2 具有 struct student 类型的结构

② 在声明结构体类型的同时定义变量。

其一般形式为

```
struct 结构体名
{
 成员列表;
}变量名列表;
```

其作用和第一种方法相同，例如：

```
struct  teacher
{ int    gh;           /* 工号 */
  char   name[10];     /* 姓名 */
  char   sex;          /* 性别 */
  int    age;          /* 年龄 */
  char    zc[10];      /* 职称 */
  float  gz;           /* 工资 */
}chen_teacher,wang_teacher;
```

这就是定义了 struct teacher 类型的变量 chen_teacher 和 wang_teacher，变量 chen_teacher 和 wang_teacher 具有 struct teacher 类型的结构。

③ 直接定义结构体类型变量。

其一般形式为：

```
struct
{
 成员列表;
}变量名列表;
```

即定义时不指定结构体名，但作用和上面的两种方法相同。不过需要注意的是：用无名结构体直接定义变量，只能使用一次（也就是说不能再用该结构体多次定义若干变量），如：

```
struct
{ int    num;           /* 学号 */
  char   name[10];      /* 姓名 */
  char   sex;           /* 性别 */
  int    age;           /* 年龄 */
  float  score;         /* 成绩 */
}xs3, xs4;
```

（2）类型与变量概念的比较（以结构体类型与结构体变量为例）

① 类型不分配内存，变量要分配内存；

② 变量可以进行赋值、存取、运算，但不能对一个类型进行赋值、存取或运算；

③ 结构体成员名与程序中变量名可相同，不会混淆；

④ 对结构体变量中的成员可单独使用，其作用与地位相当于普通变量。关于对结构体变量中成员的引用方法见本小节的第（3）小点；

⑤ 结构体可嵌套定义（即成员可以是另一个结构体类型），如：

若想将上面的 struct student 类型中的 age 换成出生日期 birthday，并定义为含有年、月、日 3 个子成员的类型，如图 9-2 所示，则需先定义一个 struct date 日期类型，再用它去定义 birthday，这样就形成了嵌套的结构体。

num	name	sex	birthday			score
			year	month	day	

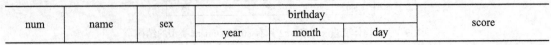

图 9-2　结构体嵌套

按上图可给出以下的结构体定义：

```
struct  date        /*先声明一个 struct  date 类型,它包括 3 个成员*/
{ int month;        /* 月 */
  int day;          /* 日 */
  int year;         /* 年 */
  };
struct  student     /*声明一个 struct  student 类型,它包括 5 个成员*/
{ int  num;         /* 学号 */
  char name[10];    /* 姓名 */
  char sex;         /* 性别 */
  struct date  birthday; /* 将成员 birthday 指定为 struct date 类型 */
                    /*已声明的类型 struct  date 与其他类型(如 int、char 等)一样可用来定义成员的类型 */
  float score;      /* 成绩*/
  }stu;
```

（3）结构体变量的引用

在定义了结构体变量后，就可以引用该变量。引用结构体变量其实是对结构体变量中成员进行引用（此时又称引用的成员为成员变量），其引用的一般形式为

结构体变量名.成员名

其中的圆点符号（.）称为成员运算符，优先级为 1，按从左向右结合。对结构体变量中的成员可以像普通变量一样进行各种操作。也可以用指向结构体变量的指针来引用结构体变量中的成员，详见本章的 9.3 节。

【例 9-1】结构体变量的引用。

```
#include<stdio.h>
struct  student     /*定义结构体类型 struct  student */
  { int num;
    char  name[10];
    char sex;
    int age;
    char addr[30];
  };                 /*注意此处花括号外面的分号不可少*/
struct  student stu1={12003,"Wangwu",'M',19, "人民路 129 号"};    /*定义结构体变量 stu1*/
main()
{ printf("%s 住在%s\n\n",stu1.name,stu1.addr);    /*引用结构体变量中的成员*/
}
```

运行结果如下：

由本例程可知引用结构体变量必须遵循以下规则：

① 结构体变量不能整体引用，只能引用其成员变量。

a. printf ("%d, %s, %c, %d, %s\n", stu1);　　　×

b. stu1= {12017, "Lisi", 'F', 18, "中山路 123 号"};　　×

c. if (stu1 = = stu2) …　　　×

② 可以将一个结构体变量赋值给另一个结构体变量。

例如：stu2=stu1;　　　√

③ 结构体中成员的引用方式：结构体变量名.成员名；对结构体变量中的成员可以像普通变量一样进行各种运算（根据成员的类型进行相应的运算）。

例如：stu1.score=85；stu1.name="Zhangsan"；stu1.age++；等价于(stu1.age)++；

sum=stu1.score+ stu2.score;

④ 结构体嵌套时应逐级引用，也就是说如果成员本身又属于另一个结构体类型，则要用多个成员运算符（即小数点.）一级一级找到最低一级的成员，只能对最低级的成员进行赋值、存取和运算。此时对结构体变量中的成员的引用形式就改为：

结构体变量名.成员名『.子成员名『 … 』』

『…』是可选项，前已述及（详见第 2 章）。如上面定义的结构体变量 stu（见图 9-2），可以这样访问 month 成员：

stu.birthday.month = 2;

不能用 stu.birthday 来访问 stu 变量中的成员 birthday，因为 birthday 本身又是一个结构体变量。

⑤ 可以引用结构体变量成员的地址，也可以引用结构体变量的地址（主要用作函数的参数），如：

scanf("%d",&stu.num);

（4）结构体变量的初始化

与其他类型的变量一样，对结构体变量也可以在定义时指定各成员的初始值，这些初始值要写在一对花括号里面，其顺序应与结构体类型中的成员列表的顺序保持一致。

【例 9-2】结构体变量的初始化

```c
#include<stdio.h>
struct  student     /*定义结构体类型 struct  student */
  { int num;
    char  name[10];
    char sex;
    int age;
    char addr[30];
 }xs2={12013,"Lisi",'M',17, "中山路 83 号"};      /* 定义结构体变量 stu2 并初始化 */

main()
{
printf("学号:%d\n 姓名:%s\n 住址:%s\n",xs2.num,xs2.name,xs2.addr);
}
```

运行结果如下：

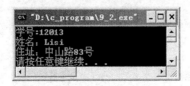

9.2 结构体数组

1. 定义结构体数组

一个结构体变量只能存放一个对象（如一名学生）的一组数据。如果要存放一个班 30 名学生的有关数据就要设 30 个结构体变量，例如 xs1，xs2，…，xs30，显然不方便。人们自然会想到用数组。C 语言允许使用结构体数组，即数组中每一个元素都是一个结构体变量。也就是说结构体数组是由固定数目的同一结构体类型的变量（即结构体变量）组成的。

结构体数组的定义方法与结构体变量的定义方法相似，只要说明其为数组即可，如：

```
struct student
{ int     num;
  …
  float   score;
};
struct student stu[30];
```

以上定义了一个包含有 30 个元素的结构体数组 stu，每一个数组元素都是 struct student 类型，该数组中各元素在内存中占用连续的一段存储单元。也可以直接定义一个结构体数组，如：

```
struct student
{ int     num;
  …
  float   score;
}stu[30];
```

或

```
struct
{ int     num;
  …
  float   score;
}stu[30];
```

结构体数组定义之后，要引用数组中某一元素的一个成员，可以采用以下形式：

```
数组元素. 成员名;
```

如：

```
stu[i].score;          /* i 为结构体数组 stu 中数组元素的下标*/
```

2. 结构体数组的初始化

和其他类型的数组一样，对结构体数组也可以初始化。对结构体数组初始化，就是对结构体数组中的数组元素初始化；在对结构体数组中数组元素的各成员进行初始化时，要将初始值全部写在花括弧内；初始化的方法有 3 种。

① 顺序初始化，如：

```
struct student
{ int     num;
  char    name[10];
  char    sex;
  int     age;
  float   score;
};
struct student  stu[3]={11301,"Zhangyan",'F',19,93,
                        11302,"Wanwu", 'M',18,83,
                        11303,"Liuhong", 'M',19,53 };
```

② 分行初始化（如图 9-3 所示），如：

```
struct student
{ int     num;
  char    name[10];
  char    sex;
  int     age;
  float   score;
};
struct student  xs[ ]={
                       {12301,"ZhangPing",'F',18,85 },
                       {12302,"Wangjun",'F',20,63},
                       {12303,"Song Rui",'M',19,71} };
```

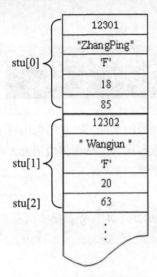

图 9-3　结构体数组的初始化

③ 在定义数组时初始化。

```
struct student
{ int     num;
  char    name[10];
  char    sex;
  int     age;
  float   score;
}stu2[]={{10301,"Zhangsan",'F',18,85},
         {10302,"Wangyi",'M',17,73}};
```

【例 9-3】假设有 4 位同学的相关数据，请统计其平均年龄和平均成绩。

```
#include<stdio.h>
struct student
{
  int     num;
  char    name[10];
  char    sex;
  int     age;
  float   score;
};                           /*定义结构体类型*/
struct student  stu[4]={ {11301,"Zhanglin",'F',19,96 },
```

```
                              {11302,"Wangmei",'F',20,83},
                              {11303,"Liuhong",'M',18,63},
                              {11304,"Songxi",'M',19,75}};     /*初始化结构体数组 stu*/
main()
{
  int i;
  float a,s;
  for(i=0;i<4;i++)
   { a=a+stu[i].age;        /*用 for 循环计算 4 人总年龄*/
     s=s+stu[i].score;      /*用 for 循环计算 4 人总成绩*/
    }
  printf("4 名学生的平均年龄是%5.1f\n",a/4);
  printf("4 名学生的平均成绩是%6.1f\n",s/4);
}
```

运行结果如下：

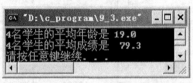

由于结构体数组元素是结构体类型的数据，对它的引用同结构体变量一样也是逐级引用，即只能对最低级的成员进行赋值、存取和运算。结构体数组元素中成员的引用形式是：

结构体数组名[下标].成员名『.子成员名『…』』

『…』是可选项，前已述及（详见第 2 章）。

9.3 指向结构体类型数据的指针

1. 指向结构体变量的指针

在实际应用中，我们可以定义一个指针变量用来指向一个结构体变量，这就是结构体指针变量。用一个指针变量指向一个结构体变量，此时该指针变量的值就是它所指向的结构体变量在内存单元中的起始地址。指针变量也可用来指向结构体数组中的元素。

指向结构体变量的指针变量就简称为结构体指针变量，其定义的一般形式如下：

struct 结构体名 *指针变量名;

如：

struct student *p;

上述语句定义了一个指针变量 p，它可以指向任何一个 struct student 类型的变量。通过该指针去访问所指向的结构体变量中的某个成员时，有以下 3 种等价的引用形式：

① 结构体变量名.成员名（如 stul.score）

② (*p).score

③ p->score

第三种形式使用方便而直观，第二种形式表示*p 所指向的结构体变量中的 score 成员，其中->称为指向运算符，优先级为 1，按从左向右结合（左结合性）。

【例 9-4】 指向结构体变量的指针应用。

```
#include<stdio.h>
main()
{
 struct student                  /*定义了一个 struct student 类型*/
  { int num;
    char name[10];
    char sex;
    float score;
  }stu,*p;                       /*定义结构体变量 stu 和指针变量 p*/
p=&stu;                          /*将结构体变量 stu 的起始地址赋给指针变量 p*/
stu.num=10501;                   /*给 stu 变量中的 num 成员赋值*/
strcpy(stu.name,"Lijun");        /*调用字符串函数将字符串"Lijun"复制到 stu 的成员 name 数组中去*/
stu.sex='M';                     /*给 stu 的 sex 成员赋值。和 p->sex='M';及(*p).sex='M';等价*/
p->score=83;                     /*给 stu 的 score 成员赋值。和 stu.score=83;及(*p).score=83;等价*/
printf("学号:%d 姓名:%s  性别:%c  成绩:%3.0f\n", stu.num,stu.name,stu.sex,stu.score);
printf("学号:%d 姓名:%s  性别:%c  成绩:%3.0f\n", (*p).num,(*p).name,(*p).sex, (*p).
score);
printf("学号:%d 姓名:%s  性别:%c  成绩:%3.0f\n", p->num,p->name,p->sex,p->score);
}
```

运行结果如下：

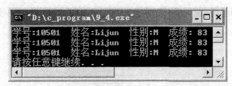

在主函数中声明了一个 struct student 类型，然后定义了一个 struct student 类型的变量 stu，同时又定义了一个指针变量 p，该变量 p 指向一个 struct student 类型的数据。赋值语句 p=&stu; 是将结构体变量 stu 的起始地址赋给 p，使得 p 指向 stu。然后给变量 stu 的 4 个成员赋值。三条 printf 函数输出语句输出 stu 变量中 4 个成员的值（采用 3 种不同的等价形式引用结构体变量中的 4 个成员）。

　　　　(*p)表示 p 指向的结构体变量，(*p).num 是 p 所指向的结构体变量中的成员 num。*p 两侧的圆括号不可省略，因为成员运算符（即 .）优先于*运算符。

2．指向结构体数组的指针

前面讲过可以使用指向数组或数组元素的指针或指针变量，同样对结构体数组及其元素也可以用指针或指针变量来指向。

【例 9-5】 指向结构体数组的指针应用。

```
#include<stdio.h>
struct student        /*声明一个结构体类型 struct student */
  { int    num;
    char   name[10];
    char   sex;
    int    age;
    float  score;
  };                   /*此处分号不可少*/
  struct student  stu[3]={{11301,"Wangwu",'F',20,83},
                          {11302,"Liuyan",'M',19,77},
```

```
                           {11303,"Chenjun",'M',18,90}};   /*定义结构体数组 stu 并初始化*/
main()
{
  struct student *q;      /*定义指针 q 指向 struct student 类型的数据*/
  q=stu;                  /*使指针 p 指向数组 stu, 即指向数组中的第一个元素 stu[0]*/
  for( ;q<stu+3;q++ )     /*也可把上一行和本行合并为 for( q=stu;q<stu+3;q++ )  */
    printf("%s  %c  %.0f\n",q->name,q->sex,q->score);
}
```

运行结果如下：

本例程中 q 是指向 struct student 类型数据的指针变量，赋值语句"q=stu;"是将结构体数组 stu 的首地址赋给 q，使 q 指向数组 stu 的第一个元素（见图 9-4），第一次 for 循环输出 stu[0]的各个成员值。然后执行 q++后 q 的值就等于 stu+1，q 就指向下一个元素的起始地址（即 stu[1]的起始地址），在第二次 for 循环中输出 stu[1]的各成员值。再执行 q++后，q 的值等于 stu+2，在第三次 for 循环中输出 stu[2]的各成员值。再执行 q++后，q 的值变为 stu+3，已不再小于 stu+3 了，此时 for 语句中表达式 2（即 q<stu+3）为假，for 循环终止。

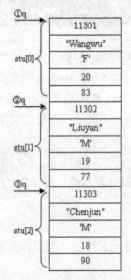

图 9-4 指向结构体数组的指针应用

不能把数组 stu 中的某个成员的地址赋值给 q，如 q=stu[1].name;编译时会给出警告信息，表示地址类型不匹配。原因是 stu[1].name 虽然是字符串的首地址，但指针 q 是指向 struct student 类型数据的指针变量，故不能把某一成员的地址赋给 q，否则必须强制类型转换后才能赋给 q，如

```
    q=(struct  student*)stu[1].name;
                    /*此时 q 的值是 stu[1]元素的成员 name 的首地址*/
    printf ("%s",q);  /*输出 stu[1]中 name 成员的值*/
```

3．用结构体变量和结构体指针变量作函数参数

结构体变量以及结构体指针变量也可以像其他类型的变量一样作为函数的参数，甚至可以把一个函数定义成结构体类型或结构体指针类型。

【例 9-6】有一个结构体变量 stu，内含学号、姓名和一门课成绩。要求在 main 函数中对其赋值，在另一个函数 print 中将它们输出。

```c
#include<stdio.h>
struct student                       /*声明结构体类型 struct student*/
{ int num;
  char    name[10];
  float   score;
};
main()
{
  void print(struct student);      /*print 函数声明*/
  struct student stu;              /*定义一个结构体变量 stu*/
  stu.num=12601;                   /*给结构体变量 stu 中的成员 num 赋值*/
  strcpy(stu.name,"Liqiang");      /*通过 strcpy 函数把字符串"Liqiang"复制到 name 中去*/
  stu.score=89.5;                  /*给结构体变量 stu 中的成员 score 赋值*/
  print(stu);                      /*调用 print 函数,实参为结构体变量 stu*/
}
/*自定义函数 print 用于打印输出*/
void print(struct student xs)      /*定义函数 print,形参为结构体变量 xs*/
{ printf("%d  %s  %4.1f\n",xs.num,xs.name,xs.score);
}
```

运行结果如下：

在本例中是用结构体变量作函数 print 的实参与形参，函数 print 中的形参 xs 是属于 struct student 结构体类型的变量，与调用语句"print(stu);"中的实参 stu 的类型一致。

【例 9-7】将上例改用指向结构体变量的指针作函数参数。

```c
#include<stdio.h>
struct student                       /*声明结构体类型 struct student*/
{ int num;
  char    name[10];
  float   score;
}stu={12601,"Liqiang",89.5};

main()
{
  void print(struct student *);   /*print 函数声明*/
  print(&stu);                     /*调用 print 函数,实参为结构体变量 stu 的地址*/
}
/*自定义函数 print 用于打印输出*/
void print(struct student *p)      /*定义函数 print,形参 p 为指向结构体变量的指针变量*/
{ printf("%d  %s  %4.1f\n",p->num,p->name,p->score);
                                   /*用指针引用结构体变量中各成员的值*/
}
```

运行结果如下：

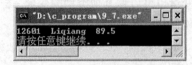

在本例中是用结构体变量的地址（即指针）作函数 print 的实参，指针变量 p 作函数 print 的形参。用指向结构体变量（或数组）的指针作函数实参时，是将结构体变量（或数组）的地址传给形参。这种地址传递的方式，在效率上优于结构体变量作参数的方式和结构体成员变量作参数的方式（多值传递）。

① 结构体变量作参数的方式。

例如，函数原型为 void print(struct student xs); 调用形式为 print(stu); 或 print(p);

② 结构体指针变量作参数的方式（其实质仍为结构体指针变量的值传送方式）。

例如，函数原型为 void print(struct student *p); 调用形式为 print(&stu); 或 print(qq);

现将例程 9-7 中的 print 函数的实参与形参都改为指针变量，程序的功能与运行结果和上面一样，修改后的源程序如下：

```c
#include<stdio.h>
struct student                    /*声明结构体类型 struct student*/
{ int  num;
  char   name[10];
  float  score;
}stu={12601,"Liqiang",89.5};
main()
{
  struct student *qq;            /*定义指向 struct student 类型的指针变量 qq*/
  qq=&stu;                       /*使 qq 指向结构体变量 stu*/
  void print(struct student *);  /*print 函数声明*/
  print(qq);                     /*调用 print 函数,实参为指向 stu 的指针变量 qq*/
}
/*自定义函数 print 用于打印输出*/
void print(struct student *p)    /*定义函数 print,形参 p 是指向 struct student 类型的指针变量*/
{ printf("%d  %s  %4.1f\n",p->num,p->name,p->score);
                                 /*用指针引用结构体变量中各成员的值*/
}
```

在 main 函数中执行赋值语句 "qq=&stu;" 后，qq 就指向结构体变量 stu；再执行 "print(qq);" 后，就将实参 qq 的值传给形参 p，这样 p 和 qq 就一起指向结构体变量 stu，然后调用 print 函数输出 stu 中 3 个成员的值。

9.4 用指针处理链表

1. 链表

通过前面的学习，我们知道用数组存放数据时，必须事先定义固定的长度。如果待处理的数据较多，事先难以确定数组的大小时，则只能把该数组定义得足够大，以存放任何所有可能的数据，在这种情况下内存浪费现象将比较严重。为此，我们需要一种新的数据结构：当数据每增加一个时，就向系统申请增加一个内存存储空间；而当数据每减少一个时，就释放其所占内存的存储空间，也就是说能够根据需要动态地分配存储空间，这就是链表。链表是动态地进行存储分配的一种数据结构。

图 9-5 表示的是一个简单的单向链表的结构。链表中的每个元素称为结点，一个链表是由若干结点组成的。链表中的每个结点都应包括两部分：一是用户需要用的实际数据，二是下一个结点的地址。在图 9-5 中我们可以看到：head 指向第一个结点；第一个结点又指向第二个结点；……直到最后一个结点；最后一个结点称为表尾结点，它不再指向任何其他结点，故它的地址部分值为 NULL（空地址），表示链表到此结束。

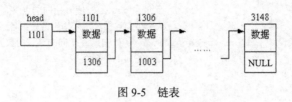

图 9-5　链表

从图 9-5 可以看到链表中的每个结点在内存中可以不连续存放。访问链表时，只要通过第 1 个结点，就可以找到第 2 个结点；通过第 2 个结点，就可以找到第 3 个结点……直到最后一个结点为止。链表的第一个结点称为头结点，最后一个结点称为尾结点。链表的这种数据结构只能利用指针变量才能实现。指向头结点的指针变量称为链表的头指针（常用 head 表示）。在这种链式结构中，只要知道链表中第一个结点的地址，就可以遍历链表中的其他结点。

前面介绍的结构体变量最适合做链表中的结点，因为一个结构体变量可以包含若干成员，这些成员可以是基本数据类型，也可以是数组类型或指针类型，例如可以设计下面的结构体类型：

```
struct  student /*此处只定义了一个 struct  student 类型,并未实际分配存储空间*/
{ int num;       /*只有定义了此类型的变量才分配内存单元*/
  int score;
  struct student *next;
};
```

其中成员 num 和 score 用来存放结点中的有用数据，相当于图 9-5 中结点的数据，next 是指针类型的成员，它既是 struct student 类型中的一个成员，又指向 struct student 类型的数据（即 next 所在的结构体类型），用这种方法就可以建立链表。一个指针类型的成员既可以指向其他类型的结构体数据，也可以指向自己所在的结构体类型的数据。

2．简单链表（静态链表）

静态链表一般建立在已定义好的结构体数组的基础上，数组中每个元素的 *next 指针成员都记载着下一个元素的存储地址，从而形成一个简单的链式结构。在内存中，该结构中各元素是连续存储的。

【**例 9-8**】静态链表的建立和输出。

```
#include<stdio.h>
struct student
 {int num;
  float score;
  struct student *next;          /*用来存放下一个结点的地址*/
 };
```

```
main()
{
 struct student xs1,xs2,xs3;         /*定义3个struct student 类型的变量*/
 struct student *head,*p;            /*定义2个指向struct student 类型的指针 head 和 p*/
 xs1.num=18001;xs1.score=60;
 xs2.num=18009;xs2.score=80;
 xs3.num=18026;xs3.score=85;         /*给3个结点中的成员 num 和 score 赋值*/
 head=&xs1;                          /*将结点 xs1 的起始地址赋给头指针 head*/
 xs1.next=&xs2;                      /*将结点 xs2 的起始地址赋给结点 xs1 的 next 成员*/
 xs2.next=&xs3;                      /*将结点 xs3 的起始地址赋给结点 xs2 的 next 成员*/
 xs3.next=NULL;                      /*尾结点的 next 成员不存放其他结点的地址*/
 p=head;                             /*等价于 p=&xs1;使 p 指向结点 xs1*/
 do                                  /*do-while 循环用来输出链表中各结点的用户数据*/
  { printf("%d%5.1f\n",p->num,p->score);      /*输出 p 指向的结点的数据即成员值*/
   p=p->next;                        /*使 p 指向下一结点*/
  } while(p!=NULL);
}
```

运行结果如下：

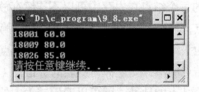

3．动态链表

（1）处理动态链表所需的函数

动态链表结构是动态地分配存储空间的，即在需要时才开辟一个结点的存储单元，如何动态地开辟和释放存储单元？C 语言编译系统的库函数提供了以下几个函数：

① malloc 函数。

其函数原型为

```
void *malloc(unsigned int size);
```

malloc 函数的功能：在内存的动态存储区中分配一块长度为 size 字节的连续内存空间。函数的返回值就是所分配的那一段内存空间的起始地址（即指向所分配内存空间起始地址的指针）；若此函数未能成功执行，则返回空指针（NULL）。

其调用形式为

```
(类型说明符*) malloc(size)
```

"类型说明符" 表示指定该区域用于何种数据类型，"（类型说明符*）" 表示把返回值强制转换为该类型指针，"size" 用于指定空间大小。

例如：

```
pp=(char *)malloc(100);
```

表示分配 100 个字节的内存空间，并强制转换为字符数组类型，函数的返回值是指向该字符数组的起始地址，上述语句就是把该地址赋给指针变量 pp。

② calloc 函数。

其函数原型为

```
void *calloc(unsigned int n,unsigned int size);
```

calloc 函数的功能：在内存动态存储区中分配 n 个长度为 size 字节的连续内存空间，函数的返回值是该区域的起始地址（即指向该区域的指针）；如分配不成功则返回 NULL。calloc 函数与 malloc 函数的区别仅在于一次可以分配 n 块区域。

该函数的调用形式为

```
(类型说明符*)calloc(n,size)
```

③ free 函数。

其函数原型为

```
void free(void *p);
```

free 函数的功能：释放 p 所指向的一块内存空间，p 是一个任意类型的指针变量，它指向被释放区域的首地址。被释放区应是由 malloc 或 calloc 函数所分配的区域。

该函数的调用形式为

```
free(指针变量p);
```

（2）创建动态链表

在程序执行过程中要从无到有地建立一个动态链表，就是一个一个地开辟结点，然后输入结点数据，并建立起前后结点的连接关系。为了方便操作，一般在所有结点之前再加上一个头指针（head），头指针指向链表中的第一个结点（即头结点），它只存放的是头结点的起始地址。当链表中没有一个结点时，表示链表为空，此时 head 的值为 NULL，表示 head 不指向任何结点。

建立单向链表的步骤为

① 生成只含有头结点的链表。

② 读取数据信息，并将数据存放于头结点中；生成新结点，读取数据信息，并将数据存放于新结点中，然后将新结点依次连到单链表中。

③ 重复步骤②直到输入结束。

【例 9-9】建立一个含有 3 名学生数据的单向链表。

```
#define NULL 0
#define LEN sizeof(struct student)
#include<stdio.h>
struct student                      /*定义一个结构体*/
    {long num;
     int score;
     struct student *next;
     };
/*自定义函数 create 用于建立动态链表*/
struct student *create(void)
   {
   struct student *head,*rear,*p;     /*头指针 head,尾指针 rear,p 指向新开结点*/
   printf("输入链表(输入零或负数结束):\n");
   rear=p=(struct student *)malloc(LEN);
   scanf("%ld %d",&p->num,&p->score);
   if(p->num<=0||p->score<0) head=NULL;
   else head=p;
   while(p->num>0&&p->score>=0&&p->score<=100)
     { rear->next=p;
       rear=p;
       p=(struct student *)malloc(LEN);
       scanf("%ld %d",&p->num,&p->score);
       if(p->num<=0||p->score<0||p->score>100) break;
```

```
        }
    rear->next=NULL;    /*尾结点的 next 值为空,表示不指向任何其他结点*/
    return(head);       /*返回链表的起始地址*/
 }
/*主函数 main*/
main()
 {
 struct student *head,*p;
 head=create();         /*调用函数 create 创建链表*/
 printf("\n 输出链表为:");
 if (head==NULL) printf("空\n\n");
 p=head;
 if(head!=NULL)
   do
    {printf("\n%ld  %d",p->num,p->score);
     p=p->next;
    }while(p!=NULL);   /*do-while 循环每执行 1 次就输出 1 个结点的两个成员值*/
 }
```

运行结果如下:

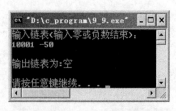 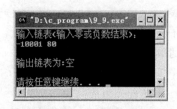 

先用 malloc 函数开辟一个结点（假设叫 A），并使 rear 和 p 指向它（A），然后从键盘读入数据给 p 所指的结点（A）。若学号 num<=0 或 score<0 或 score>100，则表示创建链表结束，并使 head 的值为 NULL，表示 head 不指向任何结点，链表为空。

本程序中的#define 命令行，令 NULL 代表 0，用它表示空地址，LEN 代表 struct student 结构体类型数据的长度，sizeof 是求字节数运算符。create 函数的类型是指针类型，其返回值是链表的起始地址。

如果输入的 p->num!=0 且 p->score>0&&p->score<=100，则把 p 的值赋给 head（此时 p 指向的结点 A 即为链表的第一个结点），然后再开辟另一个结点（B）并使 p1 指向它（B），如图 9-6（a）所示，接着读入该结点（B）的数据。

如果输入的 p->num>0 且 p->score>=0&&p->score<=100（此时 p 指向结点 B），则将 p 的值赋给 rear->next（即 A 结点的成员指向 B 结点），如图 9-6（b）所示，接着使 rear 的值等于 p，即让 p 指向 B 结点（如图 9-6（c）所示）。再开辟一个结点（C）并使 p 指向它，接着再读入该结点（C）的数据。再将 p 的值赋给 rear->next（即 B 结点的成员指向 C 结点），如图 9-6（d）所示，也就是将第 3 个结点连到第 2 个结点之后，并使 rear=p，使 rear 指向最后一个结点（C）。

再开辟一个新结点 D，并使 p 指向它，输入该结点的数据 0 或负数后，执行 break;语句，循环终止，该结点 D 不连到表中，建表过程到此结束，最后将 NULL 赋给 rear->next（即 C 结点的成员）。虽然 p 指向结点 D，但它并未连在链表中（无此结点）。

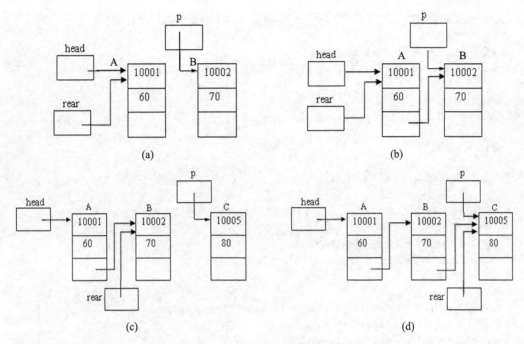

图 9-6 动态链表的建立过程

【例 9-10】创建一单向链表并对其进行输出、删除和插入等操作。

完整源程序如下：

```
#define NULL 0
#define LEN sizeof(struct student)
#include<string.h>
#include<stdio.h>
#include<stdlib.h>
struct student        /*定义一个结构体*/
  {long num;
   int score;
   struct student *next;
  };
/*①自定义 create 函数用于建立动态链表*/
struct student *create(void)
  {
  struct student *head,*rear,*p;          /*头指针 head,尾指针 rear,p 指向新开辟的结点*/
  printf("输入链表(输入零或负数结束):\n");
  rear=p=(struct student *)malloc(LEN);    /*为第一个结点申请空间,并让头尾指针都指向它*/
  scanf("%ld %d",&p->num,&p->score);
  if(p->num<=0||p->score<0||p->score>100) head=NULL;
  else head=p;                            /*用头指针保存当前结点*/
  while(p->num>0&&p->score>=0&&p->score<=100)
    { rear->next=p;                       /*建立结点间的链接*/
      rear=p;
      p=(struct student *)malloc(LEN);     /*为下一个结点申请空间*/
      scanf("%ld %d",&p->num,&p->score);   /*得到下一个结点的数据*/
      if(p->num<=0||p->score<0||p->score>100) break;
    }
  rear->next=NULL;                        /*尾结点的 next 值为空,表示不指向任何其他结点*/
```

```
      return(head);                                    /*返回链表的起始地址*/
      }
/*②自定义print函数用于链表输出*/
 void print(struct student *head)
  {
    struct student *p;
    if(head==NULL) printf("空\n\n");
    p=head;
    if(head!=NULL)
      do
       {printf("\n%ld  %d",p->num,p->score);
         p=p->next;
        }while(p!=NULL); /*do-while循环每执行1次就输出1个结点的两个成员值*/
     }
/*③自定义del函数用于删除链表中的结点*/
struct student *del(struct student *head,long xh)
  {struct student *p1,*p2;
    p1=head;
    if(head==NULL) {printf("link table is void!");return(head);}
    if(p1->num==xh) return(p1->next);
    while(p1->num!=xh&&p1->next!=NULL)
       {p2=p1;p1=p1->next;}
    if(p1->num==xh)
       {p2->next=p1->next;
        printf("找到学号为%ld的学生并已删除!\n",xh);
       }
     else printf("找不到学号为%ld的学生,可能输入有误! ",xh);
    return(head);
   }
/*④自定义insert函数用于在链表中插入结点*/
struct student *insert(struct student *head,struct student *stu)
   {struct student *p0,*p1,*p2;
    p1=head;                          /*使p1指向第一个结点*/
    p0=stu;                           /*使p0指向待插入的结点*/
    if(head==NULL)                    /*如果原链表为空*/
        {
        head=p0;                      /*使p0指向的结点作头结点*/
        p0->next=NULL;                /*p0指向的结点也是尾结点(因为只有1个结点)*/
        return(head);
        }
     else
      {while((p0->num>p1->num)&&(p1->next!=NULL))   /*p0.num大于p1.num且p1不是尾结点*/
         {p2=p1;p1=p1->next;}         /*while循环用来寻找新结点的插入位置*/
             /*使p2指向p1所指结点,然后使p1后移一个结点,直到p0.num<p1.num为止*/
       if(p0->num<p1->num)
          if (head==p1)
            {head=p0;p0->next=p1;}   /*如果p1是头结点,则把p0插到原链表的第一个结点之前*/
            else
            {p2->next=p0;            /*否则p0插到p2指向的结点之后*/
             p0->next=p1;            /*p0插到p1指向的结点之前*/
             }
        else
          {p1->next=p0;p0->next=NULL; }     /*插到最后的结点之后即p0成尾结点*/
```

```
    }
    return(head);
  }
/*⑤主函数*/
main()
  {
    struct student *p,stu;
    long num=1;
    p=create();                          /*调用函数 create 创建链表*/
    if (p!=NULL)
      {printf("\n 输出创建的链表:");
       print(p);                         /*调用函数 print 输出链表*/
      }
    else printf("链表为空! ");
    do{ if(p==NULL) break;
       else
       {printf("输入要删除的学号(输入 0 退出):");
        scanf("%ld",&num);
        if(num<=0)  break;               /*学号小于等于 0,循环终止*/
        p=del(p,num);
        printf("\n 删除后的链表为:");
        print(p);
       }
    }while(1);
  printf("插入一个新结点:\n");
  scanf("%ld %d\n",&stu.num,&stu.score);
  p=insert(p,&stu);
  print(p);
  }  /*主函数 main 结束*/
```

针对不同的数据输入情形，程序的运行结果分别如下：

本例程序主要由 4 个用户自定义函数和一个 main（主函数）组成，main 通过调用这 4 个用户自定义函数，实现建立链表和对链表进行各种操作的功能。现分别对它们简要说明如下：

① 创建链表的 create 函数。

首先用 malloc 函数申请空间开辟第一个结点，此时链表中只有一个结点，它既是头结点又是尾结点，让头指针 head 和尾指针都指向它，然后从键盘上读入一个学生的数据给第一个结点，接着用 while 循环再生成新的结点，直到输入的学号小于等于 0 或者成绩小于 0 大于 100 为止。尾结点的 next 的值为 NULL，表示不指向任何结点。

② 输出链表中全部结点的 print 函数。

将链表中的各结点依次输出，通过设置一个指针变量 p，让它指向第一个结点（p=head;），等到输出 p 所指向的结点的值后，使 p 向后移动一个结点的位置（p=p->next;），再输出该结点的值（printf("\n%ld   %d", p->num, p->score);），直到 p 移至尾结点并输出尾结点的值，再次移动 p 则为空指针值，此时即可结束链表的输出。

③ 删除链表中某个结点的 del 函数。

先让 p 指向第一个结点，然后开始检查 p 所指向的结点的 num 值是否等于指定值 xh，如果相等，则删除该结点，如果不等，则将 p 后移一个结点，再检查该结点的 num 是否等于指定值 xh，如果相等则删除该结点，否则后移 p 指向下一个结点……如此下去直到遇到表尾为止。

④ 把新结点插入链表的 insert 函数。

将一个新结点插入到一个已有的链表中，分两步：一是找到插入的位置，二是将新结点插入链表。如果插入的位置在原链表的第一个结点之前，则修改指针 head 指向待插入的新结点（head=p0;）；如果插入的位置在原链表的表尾之后，则应将待插入的新结点的 next 值赋为 NULL 值（p1->next=p0;p0->next=NULL;）；如果插入的位置在原链表的首尾结点之间，则修改相关指针的所指向结点即可（p2->next=p0;   p0->next=p1;）。

此外我们还可以用结构体类型定义以下稍复杂的数据结构，如：

```
struct student            /*定义一个结构体*/
    {long num;
    char name[10];
    int score;
    struct student *next;
    struct student *last;
    };
```

该结构体类型中有两个指针成员 last 和 next，分别指向某个结点的前趋和后继结点，这种数据存储结构就是双向链表，如图 9-7 所示。

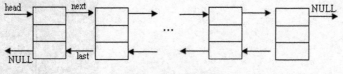

图 9-7　双向链表示意图

又如若定义成如下形式：

```
struct student
    {long num;
    char name[10];
    int score;
    struct student *left;
    struct student *right;
    };
```

　　用它可以建立如图 9-8 所示的数据存储结构，由于在这种存储结构中每个结点有左右两个分支，其顶部的结点称为根结点（root），像一棵倒放的树，故称为二叉树。

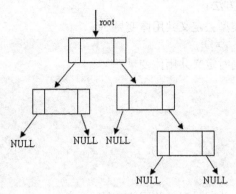

图 9-8　二叉树示意图

9.5　共用体

1．共用体的定义

　　所谓共用体数据类型是指将不同的数据项存放于同一段内存单元的一种构造数据类型。在一个共用体内可以定义其成员为多种不同的数据类型，其所有成员共用同一块内存单元，虽然每一个成员均可以被赋值，但只有最后一次被赋值的成员值能够保存下来，而先前所赋的那些成员值均被后来的成员值所覆盖。由此可见共用体是采用覆盖技术，使几个不同类型的变量共同占有一段内存。

　　共用体类型定义的一般形式：

　　定义一个共用体类型的一般形式为

```
union 共用体名
　{
　　类型1　　成员1;
　　类型2　　成员2;
　　……
　　类型n　　成员n;
　};
```

　　关键字 union 表示共用体类型，其后是共用体类型的名字，它的命名须遵循标识符命名规则。一对花括号里面是共用体的成员，成员的定义方法和定义普通变量相同，成员的类型通常是基本类型，也可以是构造类型，各成员之间用分号隔开，共用体类型的定义最后以分号结束。

　　例如：

```
union data
{
　int i;
　char k;
　float f;
};　　/*此处的分号不可少*/
```

　　以上表示共用体类型 data 有 3 个成员：i、k 和 f。其中 i 是整型，k 是字符型，f 是实型；用它定义变量后，这 3 个成员共占用同一段内存单元。

2．共用体变量的定义与引用

（1）共用体变量的定义

定义共用体变量有 3 种方法：

① 用已定义的共用体类型去定义共用体变量。

```
union   共用体名 共用体变量名列表;
```

② 定义共用体类型的同时定义共用体变量。

```
union 共用体名
{
 类型 1   成员 1;
 类型 2   成员 2;
        ......
 类型 n   成员 n;
}共用体变量名列表;
```

③ 定义无名共用体类型的同时定义共用体变量。

```
union
{
 类型 1   成员 1;
 类型 2   成员 2;
        ......
 类型 n   成员 n;
}共用体变量名列表;
```

例如：

```
union data
{
  int  a;
  float  b;
  char  c;
};
union data  x,y;
```

也可以将类型定义与变量定义合在一起：

```
union data
{
  int   a;
  float  b;
  char  c;
}x,y;
```

或

```
union
{
  int   a;
  float  b;
  char  c;
}x,y;
```

共用体与结构体虽形式相似，但有区别。一个结构体变量所占内存单元的大小是各成员占的内存单元的大小之和，每个成员分别占有自己的内存单元；而一个共用体变量所占内存单元的大小就等于占用内存单元最多的那个成员所占的字节数，所有的成员是共用同一段内存单元，故所有成员的起始地址是相同的，有的地方也把共用体称为联合体。

【例 9-11】共用体类型与结构体类型占用存储空间的比较。

```
struct student                          /*定义结构体类型*/
 {
  int num;
  char sex;                             /*如果把上一行和下一行注释掉,则结果就是 1*/
  float score;                          /*如果把上一行注释掉,则结果就是 8*/
 };                                     /*此处分号不可少*/
union data                              /*定义共用体类型*/
 {
  int k;
  char d;
  float f;
 };                                     /*此处分号不可少*/
main()
 {
  printf("%d\n",sizeof(union data));       /*输出共用体占用的存储单元*/
  printf("%d  ",sizeof(struct student));   /*输出结构体占用的存储单元(4+1+4)*/
 }
```

运行结果如下：

在 Turbo C 2.0 中运行的结果是 4　7，但在 C-Free5 和 VC++6.0 中运行的结果均为 4　12。

（2）共用体变量的引用

对共用体变量的引用就是对其成员的引用，其引用的一般形式为：

共用体变量名.成员名

【例 9-12】引用共用体变量中的成员。

```
#include<stdio.h>
main()
{
 union                       /*定义无名共用体*/
  {
   int num;
   char sex;
   float score;
  }xs1;                      /*同时定义共用体变量 xs1*/
 xs1.num=1202;
 xs1.sex='M';
 xs1.score=80;              /*给共用体变量 xs1 中的三个变量赋值*/
 printf("%d \n",xs1.num);   /*被后面的成员值覆盖*/
 printf("%c \n",xs1.sex);   /*被后面的成员值覆盖*/
 printf("%5.1f\n",xs1.score); /*输出的 score 成员值 80.0*/
}
```

运行结果如下：

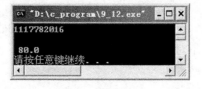

171

从本例程的运行结果可以看出：共用体变量的成员共用同一块内存单元，故对众成员一一赋值时，只有最后一个成员值（80.0）被保留下来，其他两个成员值已被覆盖，它们的值是不确定的，此时引用它们已毫无意义。

在使用共用体类型的数据时应注意以下一些特点。

① 同一段内存单元可以用来存放几种不同类型的成员，但在每一瞬时只能存放其中一种，而不是同时存放几种。也就是说，每一瞬时只有一个成员起作用，其他的成员不起作用，即不是同时都存在或起作用。

② 共用体变量中起作用的是最后一次存放的成员值，在存入一个新的成员值后原有的成员值就失去作用。例如，以下几条赋值语句：

```
xs1.num=1202;
xs1.sex='M';
xs1.score=80;
```

虽然先后给 3 个成员赋了值，但只有 xs1.score 是有效的，而 xs1.num 与 xs1.sex 已无意义而且也不能被引用了。

③ 共用体变量的地址和它的各成员的地址都是同一地址。

④ 不能对共用体变量名赋值，不能企图引用变量名来获得成员的值，也不能在定义共用体变量时对其进行初始化。例如，下列语句都是错误的：

```
union data
  { int    a;
    float  b;
    char   c;
  }x={1,3.6,'H'},y;      /*错，不能初始化 */
x=1;                     /*错，不能对共用体变量名赋值*/
y=x;                     /*错，不能引用共用体变量名得到所要的值*/
```

⑤ 不能把共用体变量作为函数参数，也不能把一个函数的类型定义成共用体类型，但可以使用指向共用体变量的指针。

⑥ 共用体与结构体可以互相嵌套。在共用体中可以定义结构体成员，或者也可以在结构体中定义共用体成员。

3. 共用体类型的特点

共用体类型的特点：

① 除不能在共用体变量定义时进行初始化外，共用体变量的定义形式、成员引用方式与结构体变量完全相同；

② 共用体变量不能整体引用，只能引用成员变量，但可将一个共用体变量赋值给另一个共用体变量；

③ 共用体变量在定义时才分配内存，空间大小等于其最长成员所占字节数；

④ 共用体变量在任何时刻只有一个成员值存在而有效，其当前成员值为最近一次的赋值结果。

例如：

dataA.i=1;   dataA.ch='a';   dataA.f=1.5;   printf("%d", dataA.i);   ×

（编译能通过，但运行结果不对）

9.6 枚举类型

如果一个变量只有几种可能的值，就可以定义为枚举类型。所谓"枚举"是指这种类型变量的值可以一一列举出来，变量的值只限于列举出来的值的范围。比如描述星期几的数据就只能在星期日、星期一到星期六之间选择。

用关键字 enum 定义枚举类型，其一般形式为

```
enum 枚举类型名 {枚举元素列表};
```

其中枚举类型名为标识符，也必须遵循 C 语言标识符命名规则，枚举元素列表是由若干个元素组成的，每个元素之间用逗号隔开。

枚举变量的定义有 3 种方法：

（1）enum 枚举类型名 {枚举元素列表} 枚举变量列表；

（2）enum {枚举元素列表} 枚举变量列表；

（3）enum 枚举类型名 枚举变量列表；

枚举变量名也是标识符，必须遵循 C 语言标识符命名规则。当枚举变量列表中有多个变量时，变量之间要用逗号隔开。

如：

```
enum weekday {sun,mon,tue,wed,thu,fri,sat};
```

weekday 是枚举类型名，可以用于定义变量，如：

```
enum weekday week1,week2;
```

定义了两个枚举变量，它们只能取 sun 到 sat 这七个值之一，如：

```
week1=wed;
week2=fri;
```

上述枚举类型的定义中，sun、mon、…、sat 称为"枚举元素"或"枚举常量"。

关于枚举类型的使用，需要说明以下几点：

① 关键字 enum 用来标识枚举类型，定义枚举类型时必须用 enum 开头。

② 在定义枚举类型时，花括号中的枚举元素是常量，这些元素的名字是程序设计者自己指定的，命名规则与标识符相同。这些名字只是作为一个符号，以利于提高程序的可读性，并无其他固定的含义。

③ 枚举元素是常量，在 C 编译器中，按定义时的排列顺序取值 0、1、2、…，如：

```
week1=wed;
printf("%d",week1);    /* 输出整数 3 */
```

④ 枚举元素是常量，不是变量，不能对枚举元素赋值。如：

```
week2=sat;              /*正确,把枚举常量 sat 赋给枚举变量 week2*/
sun=0; mon=1;          /*错,不能对枚举常量赋值 */
```

但在定义枚举类型时，可以指定枚举常量的值，如：

```
enum weekday {sun=7,mon=1,tue,wed,thu,fri,sat};
```

此时，tue、wed、…的值从 mon 的值顺序加 1，如 tue=2。

⑤ 枚举值可以作判断比较，如：

```
if (week1>sun)...
```

枚举值的比较规则是以其在定义时的顺序号大小为依据。如果定义时未人为指定，则第一个枚举元素的值认作 0。故有 sun<mon，mon<tue 等关系。

⑥ 整型与枚举类型是不同的数据类型，不能直接赋值。例如：

```
work1=2;    /*错,work1 是枚举类型,只能在指定范围内获取枚举元素 */
```

但可以通过强制类型转换赋值。例如：

```
work1=(enum weekday)2; /*即取 tue */
```

⑦ 枚举常量不是字符串，不能用下面的方法输出字符串"sun"：

```
printf("%s",sun) ;
```

【例 9-13】枚举类型及枚举变量的定义与引用。

```
#include<stdio.h>
main()
{ enum week_name {sum,mon,tue,wed,thu,fri,sat};
  enum week_name workday;
  for(workday=mon;workday<=fri;workday++)
    switch(workday)
    { case mon: printf("mon, %d\n",workday);break;
      case tue: printf("tue, %d\n",workday);break;
      case wed: printf("wed, %d\n",workday);break;
      case thu: printf("thu, %d\n",workday);break;
      default:  printf("fri, %d\n",workday);break;
    }
}
```

运行结果如下：

9.7 用 typedef 定义类型

在 C 程序中除了直接使用 C 语言提供的标准类型名（如 int、long、float 等）和用户自己定义的结构体、共用体、指针以及枚举类型外，还可以用关键字 typedef 定义一种新的类型名来代替已有的类型名。例如：

```
typedef float REAL;
```

定义了新的类型名 REAL，它代表已有数据类型 float。通过上述定义后：

```
REAL a, b;        /* 和 float a, b;等价,REAL 代表 float */
```

这实际上是用自定义名字为已有数据类型建立别名，要注意：

① typedef 没有创造新的数据类型；

② typedef 只能用于定义类型，而不能用于定义变量；

③ typedef 与#define 不同，前者是为已有的类型命名且在编译时处理；后者则是为简单的字符串置换且在预编译时处理。

用 typedef 定义类型的一般形式为

```
typedef <系统类型或用户自定义类型> <类型新名>;
```

用 typedef 定义新类型名的方法如下。

① 按变量定义方法先写出定义体（如 int k;）。

② 将变量名换成新类型名（如 int INTEGER; ）。

③ 最前面加上关键字 typedef（如 typedef int INTEGER; ）。

④ 用新类型名定义变量（如 INTEGER i, j; ）。

现举例如下：

① 关于系统类型的：

```
typedef  int  INTEGER;
typedef  float    REAL;
INTEGER  a,b,c;          /* 等价于 int  a,b,c; */
REAL    f1;              /* 等价于 float  f1; */
```

② 关于数组类型的：

```
typedef  int   ARRAY[100];
ARR  c,d;                /* 和 int  c[100],d[100];等价 */
```

③ 关于指针类型（以字符指针类型为例）的：

```
typedef  char*  STRING;
STRING  p, s[10];        /* 和 char  *p, *s[10]; 等价*/
```

④ 关于函数指针类型的：

```
typedef  int  (*POWER)();
POWER  p1,p2;            /*和 int  (*p1)(), (*p2)(); 等价*/
```

⑤ 关于结构体类型的：

```
struct date
 {int   month;
  int  day;
  int  year;   };
typedef struct date  DATE;
DATE  birthday;          /*用 DATE 定义变量 birthday */
```

⑥关于嵌套定义的：

```
typedef  DATE   *PDATE;
PDATE pBirthday;         /*即 DATE  *pBirthday; 等价于 struct  date  *pBirthday;*/
```

由上可知，用 typedef 定义类型可以简化数据类型的书写，尤其对结构体类型等。typedef 只是起了一个新的类型名字，并未建立新的数据类型，它是已有类型的别名，这样做的好处是增加程序的可读性，便于快速理解某些变量的含义。在编译时，与原类型等价。注意：这和前面的宏定义是不同的，用#define 定义的宏，是在预编译时就做相应的替换，并且宏替换的对象可以是某种数据类型，也可以是其他程序体，替换对象是不受限制的。

自测题

一、填空题

（1）若有定义：

```
  struct  num
    {int a;
     int b;
     float  f;
     }n={1,3,5.0};
   struct num *pn=&n;
```

则表达式 pn->b/n.a*++pn->b 的值是_____，表达式(*pn).a+pn->f 的值是_____。

（2）结构体数组中存有三人的姓名和年龄，以下程序输出三人中最年长者的姓名和年龄。请在_____内填入正确内容。

```
static struct man{
  char name[20];
  int age;
}person[]={"li-ming",18, "wang-hua",19, "zhang-ping",20};
main()
{struct man *p,*q;
 int old=0;
 p=person;
 for( ;p_____;p++)
  if(old<p->age)
   {q=p;_____;}
 printf("%s %d",_____);
}
```

（3）以下程序段的功能是统计链表中结点的个数，其中 first 为指向第一个结点的指针（链表不带头结点）。请在_____内填入正确内容。

```
struct link
 {char data ;
  struct link *next;
 };
 ...
struct link *p,*first;
int n=0;
p=first;
while(_____)
 {_____;
 p=_____;
 }
```

（4）下面程序的功能是输入学生的姓名和成绩，然后显示输出，请填空。

```
#include "stdio.h"
struct student
 { char name[20];
  float score;
 }stu,*p;
main( )
{ p=&stu;
printf("Enter name:");
gets(_____);
printf("Enter score:");
scanf("%f",_____);
printf("Output:%s, %f\n",p->name,p->score);
}
```

（5）已有定义如下：

```
struct node
 { int data;
  struct nodeb next;
 } *p;
```

以下语句调用 malloc 函数，使指针 p 指向一个具有 struct node 类型的动态存储空间。请填空。

```
p=(struct node *)malloc(_____);
```

（6）若有以下定义和语句，则 sizeof(a) 的值是_____，sizeof(b) 的值是_____。

```
struct { int day; char mouth; int year;} a, *b;
b=&a;
```

（7）有以下说明定义和语句：可用 a.day 引用结构体成员 day，请写出引用结构体成员 a.day 的其他两种形式_____、_____。

```
struct{int day;char mouth;int year;}a,*b;
b=&a;
```

二、选择题

（1）C 语言结构体类型变量在程序执行期间（   ）。

    A）所有成员一直驻留在内存中　　　　　B）只有一个成员驻留在内存中

    C）部分成员驻留在内存中　　　　　　　D）没有成员驻留在内存中

（2）设有如下定义：

```
struct sk
 {int n;
  float x;
 }data,*p;
```

若要使 p 指向 data 中的成员 n，正确的赋值语句是（   ）。

    A）p=&data.n;　　　　　　　　　　　B）*p=data.n;

    C）p=(struct sk *)&data.n;　　　　　　D）p=(struct sk *)data.n

（3）设有说明：

```
struct{
  char name[15],sex;
  int age;float score;
  }stu,*p=&stu;
```

以下不能正确输入结构体成员值的是（   ）。

    A）scanf("%c",&p->sex);　　　　　　　B）scanf("%s",stu.name);

    C）scanf("%d",&stu.age);　　　　　　　D）scanf("%f",p->score);

（4）设有如下定义：

```
struct sk
 {int a;float b;}data,*p;
```

若有 p=&data;，则对 data 中的成员 a 的正确引用是（   ）。

    A）(*p).data.a　　　B）(*p).a　　　C）p->data.a　　　D）p.data.a

（5）以下对结构体变量 stu1 中成员 age 的非法引用是（   ）。

```
struct  student
 {int age;
  int num;
 }stu1,*p;
p=&stu1;
```

    A）stu1.age　　　B）student.age　　　C）p->age　　　D）(*p).age

（6）有如下语句

```
struct s {int i1; struct s *i2};
static struct s a[3]={1,&a[1],2,&a[2],3,&a[3]},*ptr;
ptr=&a[1];
```

则下面表达式结果为 3 的是（　　　）。

　　A）ptr->i1++　　　　B）ptr++->i1　　　　C）*ptr->i1　　　　D）++ptr->i1

（7）设有说明：

```
struct {int x,y;}s[2]={{1,2},{3,4}}, *p=s,*q=s;
```

　　则表达式++p->x 和表达式(++q)->x 的值分别为（　　　）。

　　A）1 1　　　　　　B）1 3　　　　　　C）2 3　　　　　　D）3 3

（8）以下说法中正确的是（　　　）。

　　A）一个结构只能包含一种数据类型

　　B）不同结构中的成员不能有相同的成员名

　　C）两个结构变量不可以进行比较

　　D）关键字 typedef 用于定义新的数据类型

（9）设有以下说明语句，则值为 210 的表达式是（　　　）。

```
struct s
{int a;int *b;};
 int x0[]={110,120},x1[]={210,220};
 struct s x[]={{100},{200}},*p=x;
 x[0].b=x0;x[1].b=x1;
```

　　A）*p->b　　　　　B）(++p)->a　　　　C）*(p++)->b　　　　D）*(++p)->b

（10）当定义一个结构体变量时，系统分配给它的内存空间是（　　　）。

　　A）各成员所需内存量的总和

　　B）结构体中第一个成员所需内存量

　　C）成员中占内存量最大者所需的容量

　　D）结构体中最后一个成员所需内存量

（11）若有如下说明：

```
struct xx
 {int a;
  int b;};
```

　　则（　　　）是正确的应用或定义。

　　A）xx.a=5　　　　　B）xx c;c.x=5　　　　C）struct c;c.x=5　　　　D）struct xx c={5}

（12）有以下程序段

```
struct st
 { int x;  int *y;}*pt;
  int a[]={1,2};b[]={3,4};
  struct st  c[2]={10,a,20,b};
 pt=c;
```

　　以下选项中表达式的值为 11 的是（　　　）。

　　A）*pt->y　　　　　B）pt->x　　　　　C）++pt->x　　　　　D）(pt++)->x

（13）有以下说明和定义语句

```
struct student
 {int age; char num[8];};
struct student stu[3]={{20,"200401"},{21,"200402"},{19,"200403"}};
struct student *p=stu;
```

　　以下选项中引用结构体变量成员的表达式错误的是（　　　）。

　　A）(p++)->num　　B）p->num　　　　C）(*p).num　　　　D）stu[3].age

（14）把一些属于不同类型的数据作为一个整体来处理时，常用（　　）。

    A）简单变量　　　　B）数组类型数据　　　C）指针类型数据　　D）结构体类型数据

（15）字符'0'的 ASCII 码的十进制数为 48，且数组的第 0 个元素在低位，则以下程序的输出结果是（　　）。

```
#include<stdio.h>
main( )
{union {int i[2];    long k;    char c[4];}r,*s=&r;
 s->i[0]=0x39;
 s->i[1]=0x38;
 printf("%c\n",s->c[0]);  }
```

    A）39　　　　　　　B）9　　　　　　　　C）38　　　　　　　D）8

（16）若有以下说明和定义

```
union dt
 {int a;char b;double c;}data;
```

    以下叙述中错误的是（　　）。

    A）data 的每个成员起始地址都相同

    B）变量 data 所占的内存字节数与成员 c 所占字节数相等

    C）程序段:data.a=5;printf("%f\n",data.c); 输出结果为 5.000000

    D）data 可以作为函数的实参

（17）若定义了如下共用体变量 x，则 x 所占用的内存字节数为（　　）。

```
union data
{int i;
char ch;
double f;
}x;
```

    A）7　　　　　　　B）11　　　　　　　C）8　　　　　　　D）10

（18）设有说明：

```
union data
{
 int i;float f;
 struct{
  int x;char y;
  }s;
double d;
}a;
```

    则变量 a 在内存中所占字节数为（　　）。

    A）8　　　　　　　B）17　　　　　　　C）9　　　　　　　D）15

（19）在说明一个共用体变量时，系统分配给它的存储空间是（　　）。

    A）该共用体中第一个成员所需存储空间。

    B）该共用体中占用最大存储空间的成员所需存储空间。

    C）该共用体中最后一个成员所需存储空间。

    D）该共用体中所有成员所需存储空间的总和。

（20）根据下面的定义，能打印出字母 M 的语句是（　　）。

```
struct person {char name[9]; int age;};
struct person class[10]={"John",17, "Paul",19,"Mary",18, "Adam",16};
```

A）printf("%c\n",class[3].name);   B）printf("%c\n",class[3].name[1]);

C）printf("%c\n",class[2].name[1]);   D）printf("%c\n",class[2].name[0]);

（21）设有以下语句：

```
struct st {int n; struct st *next;};
static struct st a[3]={5,&a[1],7,&a[2],9,'\0'},*p;
p=&a[0];
```

则表达式（   ）的值是 6。

A）p++ ->n   B）p->n++   C）(*p).n++   D）++p->n

（22）在下面的叙述中，不正确的是（   ）。

A）枚举变量只能取对应枚举类型的枚举元素表中的元素。

B）可以在定义枚举类型时对枚举元素进行初始化。

C）枚举元素表中的元素有先后次序，可以进行比较。

D）枚举元素的值可以是整数或字符串。

（23）设有类型说明"enum color {red, yellow=4, white, black};"，则执行语句"printf("%d", white);"后的输出是（   ）。

A）5   B）2   C）1   D）0

（24）设有如下枚举类型定义：

```
enum language {Basic=3,Assembly=6,Ada=100,COBOL,Fortran};
```

枚举量 Fortran 的值为（   ）。

A）4   B）7   C）102   D）103

（25）有以下程序段：

```
typedef struct NODE
{ int num;      struct NODE *next;
} OLD;
```

以下叙述中正确的是（   ）。

A）以上的说明形式非法   B）NODE 是一个结构体类型

C）OLD 是一个结构体类型   D）OLD 是一个结构体变量

（26）以下选项中不能正确把 cl 定义成结构体变量的是（   ）。

A）typedef struct   B）struct color cl

  {int red;   { int red;

  int green;   int green;

  int blue;   int blue;

  } COLOR;   };

  COLOR cl;

C）struct color   D）struct

  { int red;   {int red;

  int green;   int green;

  int blue;   int blue;

  }cl;   }cl;

（27）设有以下语句：

```
typedef   struct  S
  {int g; char h; }T;
```

则下面叙述中正确的是（   ）。

A）可用 S 定义结构体变量　　　　　　B）可以用 T 定义结构体变量

C）S 是 struct 类型的变量　　　　　　D）T 是 struct S 类型的变量

（28）设有如下说明：

```
typedef struct ST
  {long a;int b;char c[2];}NEW;
```

则下面叙述中正确的是（   ）。

A）以上的说明形式非法　　　　　　　B）ST 是一个结构体类型

C）NEW 是一个结构体类型　　　　　　D）NEW 是一个结构体变量

（29）以下对结构体类型变量 td 的定义中，错误的是（   ）。

A）typedef struct aa
     { int n;
     float m;
     }AA;
     AA td;

B）struct aa
     { int n;
       float m;
     };
     struct aa td;

C）struct
     { int n;
      float m;
     }aa;
     struct aa td;

D）struct
     { int n;
       float m;
     }td;

（30）下面程序的输出结果为（   ）。

```
struct st
{int x;
  int *y;
}*p;
int dt[4]={10,20,30,40};
struct st aa[4]={ 50,&dt[0],60,&dt[1],70,&dt[2],80,&dt[3] };
main()
{ p=aa;
 printf("%d,",++p->x);
 printf("%d,",(++p)->x);
 printf("%d\n",++(*p->y));
}
```

A）10, 20, 30　　B）50, 60, 21　　C）51, 60, 21　　D）60, 70, 31

三、程序阅读题

（1）以下程序的运行结果是_____。

```
struct n{
  int x;
  char c;
  };
main()
  {struct n a={10,'x'};
```

```
    func(a);
    printf("%d,%c",a.x,a.c);
    }
func(struct n b)
    {
    b.x=20;
    b.c='y';
    }
```

（2）以下程序的运行结果是_____。

```
 #include<stdio.h>
struct ks
{int a;
 int *b;
}s[4],*p;
main()
{
 int n=1,i;
 for(i=0;i<4;i++)
 {
  s[i].a=n;
  s[i].b=&s[i].a;
  n=n+2;
 }
p=&s[0];
p++;
printf("%d,%d\n",(++p)->a,(p++)->a);
}
```

（3）以下程序运行后的输出结果是_____。

```
struct NODE
{int k;
 struct NODE *link;
};
main()
{ struct NODE m[5],*p=m,*q=m+4;
int i=0;
while(p!=q)
{p->k=++i;p++;
q->k=i++;q--;
}
q->k=i;
for(i=0;i<5;i++)printf("%d",m[i].k);
printf("\n");
}
```

（4）下面程序的运行结果是_____。

```
main()
{
  struct cmplx{ int x;
               int y;
               }cnum[2]={1,3,2,7};
 printf("%d\n",cnum[0].y/cnum[0].x*cnum[1].x);
}
```

（5）有以下程序：

```
#include<stdio.h>
union pw
{ int i;   char  ch[2];}a;
main()
{a.ch[0]=13;   a.ch[1]=0;   printf("%d\n",a.i);}
```

程序的输出结果是_____。（注意：ch[0]在低字节，ch[1]在高字节。）

（6）下面程序的输出是_____。

```
main()
{ enum team {my,your=4,his,her=his+10};
printf("%d %d %d %d\n",my,your,his,her);}
```

（7）以下程序的运行结果是_____。

```
#include<stdio.h>
#include<string.h>
typedef struct student
{
 char name[10];
 long sno;
 float score;
}STU;
main( )
{
STU a={"zhangsan",2001,95},b={"Shangxian",2002,90};
STU c={"Anhua",2003,95},d,*p=&d;
d=a;
if(strcmp(a.name,b.name)>0)   d=b;
if(strcmp(c.name,d.name)>0)   d=c;
printf("%ld%s\n",d.sno,p->name);
}
```

上机实践与能力拓展

【**实践 9-1**】以下程序用指针指向 3 个整型存储单元，输入 3 个整数，输出最小的整数。（请填空）

```
#include<stdlib.h>
#include<stdio.h>
void main()
{
 int  【1】  ;
 int *min;
 clrscr( );
 a=(int *)malloc(sizeof(int));
 b=(int *)malloc(sizeof(int));
 c=  【2】    ;
 min=(int *) mallocsizeof(int));
 printf("Enter three integers:");
 scanf("%d%d%d",  【3】  ) ;
```

```
    printf("\n") ;
    printf("Output  they:%4d%4d%4d\n",  【4】  );
    *min=*a;
    if(*b<*min)  【5】  ;
    if(  【6】  )  【7】  ;
    printf("min=%d\n",  【8】  );
}
```

【实践 9-2】以下程序的功能是：读入一行字符（如：a, b, …, y, z），按输入时的逆序建立一个链表，即先输入的位于链表尾（如下图），然后再按输入的相反顺序输出，并释放全部结点。

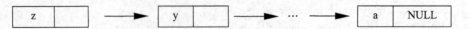

```
#include<stdio.h>
#define  getnode(type)  (type *)malloc(sizeof(type))
/*上条语句是带参的宏定义。编译前进行宏替换*/
main( )
{
 struct node
{ char  info;
  struct node *link;
}*top,*pi;   /*top 为指向链表头的指针变量*/

char  c;
top=NULL;
while((c=getchar())  【1】  )
{ p=getnode(struct node);
  p->info=c;
  p->link=top;
  top=p;              /*使 top 指向刚建立的结点的首地址,即第 1 个输入的是最后 1 个结点*/
}
 while(top)          /*只要 top ！=NULL。上个循环结束时,p 和 top 均指向表头*/
{
    【2】  ;
  top=top->link;     /*表头在逐渐后移*/
  putchar(p->info);
  free(p);           /*每输出一个结点后,将其释放掉*/
}
}
```

【1】 A) == '\0'   B) != '\0'   C) == '\n'   D) != '\n'
【2】 A) top=p   B) p=top   C) p==top   D) top==p

【实践 9-3】以下函数 creat 用来建立一个带头结点的单向链表，新产生的结点总是插在链表的末尾。单向链表的头指针作为函数值返回，请完善。

```
#include<stdio.h>
struct list  {char data;  struct list * next;};
struct list *creat()
{ struct list *h,*p,*q;
char ch;
h=(  【1】  ) malloc(sizeof(struct list));
p=q=h;
ch=getchar();
while(ch!='?')
```

```
{ p=(___【2】___)malloc(sizeof(struct list));
  p->data=ch;
  p->next=p;
  q=p;
  ch=getchar();
  }
  p->next='\0';
  ___【3】___
```

【**实践 9-4**】根据下图的链表及定义完成如下要求：（尽量不要用 p2，和 q 指针）。

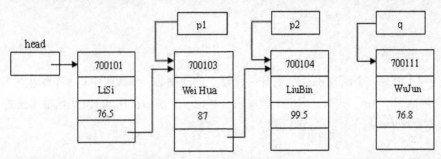

```
struct  node
 { long num;
   char name[20];
   float score;
   struct node *next ;
 }*head,*p,*p1,*p2,*p3,*q;
 long  x;
 scanf("%ld",&x);
```

（1）把 q 所指的结点插入到链表末尾的一组语句是：_____

（2）把 q 所指的结点插入到 p1 和 p2 所指的 2 结点之间的一组语句是：_____

（3）删除链表中第 1 个结点的一组语句是：_____

（4）删除链表中第 3 个结点的一组语句是：_____

（5）输出链表中所有结点的一组语句是：（建议利用 p 指针）_____

（6）生成一个 q 所指的结点的一组语句是：_____

（7）删除链表中某结点（其学号与变量 x 值相同）的一组语句是：（建议用 p 指针指向后一结点，p3 指针指向前一结点）_____

【**实践 9-5**】建立一个链表，每个结点包括成员：学号、姓名、性别、年龄。输入一个年龄，如果链表中的结点所包含的年龄等于此年龄，则将此结点删去。

```
#define NULL 0
#define LEN sizeof(struct student)
struct student
 {char num[6];
  char name[8];
  char sex[2];
  int age;
  struct student *next;
 }stu[10];

...
```

【**实践 9-6**】现有两个链表，每个链表中的结点包括学号（xh）、成绩（cj）。要求把这两个链表合并，然后按学号升序排列。

```
#include <stdio.h>
#include <stdlib.h>
#define N 6    /*链表中结点的个数*/
#define LEN struct student
struct student
 {
  int xh;
  float cj;
  struct student *next;
 };

...
```

【**实践 9-7**】编写一个函数 dayin，打印一个学生的成绩数，该数组中有 5 个学生的数据记录，每条记录均包括 xh、xm、cj[3]，用主函数输入这些记录，然后再用 dayin 函数输出这些记录。

```
#include<stdio.h>
#define N 5
struct xs
{
 char xh[6];
 char xm[8];
 int cj[4];
}stu[N];

...
```

第10章

文件

本章学习要点

1. 理解文件的概念；
2. 理解文件指针的概念；
3. 掌握文件的打开与关闭；
4. 掌握文件的读写；
5. 掌握文件的定位操作。

10.1 文件概述

文件是指存储在外部介质上的一组相关数据的集合。例如，程序文件是程序代码的集合，数据文件是数据的集合。每个文件都用一个文件名来标识并加以区分，操作系统是以文件的形式对其进行管理。也就是说，如果想寻找保存在外部介质上的数据，必须先按文件名找到该文件，然后再从中读取数据。要向外部介质上存储数据也必须先建立一个文件，然后才能向它输出数据。

程序在运行时，常常需要将一些数据（运行的最终结果或中间数据）输出到磁盘上保存起来，以后需要时再从磁盘中读取到计算机内存，这就要用到磁盘文件。除磁盘文件外，操作系统把每一个与主机相联的输入输出设备都看作文件来管理。比如，键盘是输入文件，显示器和打印机是输出文件。

在 C 语言中对文件存取是以字节为单位的，一个 C 文件是一个字节流或二进制流，输入/输出的数据流，其开始和结束仅受程序控制而不受物理符号（如回车换行符）控制。我们把这种文件称为流式文件。根据数据的组织形式，可分为 ASCII 文件和二进制文件。ASCII 文件又称为文本文件（后缀名为.txt），这种文件在磁盘中存放时，每个字符对应一个字节，用于存放对应的 ASCII 码。二进制文件是把内存中的数据按其在内存中的存储形式原样输出到磁盘上存放。例如，整数 11723，在内存中占 4 个字节（在 Turbo C 2.0 中占两个字节），如果按 ASCII 形式输出，则占 5 个字节，而按二进制形式输出，在磁盘上只占 4 个字节。在 ASCII 文件中，一个字节代表一个字符，因而便于对字符进行逐个处理，也便于输出字符。但一般用占用存储空间较多，而且要花费转换时间（二进制形式与 ASCII 码间的转换）。用二进制形式输出数值，可以节省外存空间和转换时间，但一个字节并不对应一个字符，不能直接输出字符形式。一般中间结果数据需要暂时保存在外存上，以后又需要输入到内存的数据，常用二进制文件保存。

目前 C 语言所使用的磁盘文件系统有两大类：一类称为缓冲文件系统，又称为标准文件系统；另一类称为非缓冲文件系统。

缓冲文件系统的特点是：系统自动地在内存区为每一个正在使用的文件开辟一个缓冲区。从内存向磁盘输出数据必须先送到缓冲区，装满缓冲区后才一起送到磁盘中。如果从磁盘向内存读入数据，则一次从磁盘文件将一批数据输入到内存缓冲区（充满缓冲区），然后再从缓冲区逐个地将数据送到程序数据区（给程序中的变量）。用缓冲区可以一次读入一批数据，或输出一批数据，而不是执行一次输入或输出函数就去访问一次磁盘，这样做的目的是减少对磁盘的实际读写次数，因为每一次读写都要移动磁头并寻找磁道扇区，花费一定的时间。缓冲区的大小由各个具体的 C 版本确定，一般为 512 字节。

非缓冲文件系统不是由系统自动设置缓冲区，而是由用户自己根据需要设置，是由程序为每个文件设定缓冲区。

在传统的 UNIX 系统下，用缓冲文件系统来处理文本文件，用非缓冲文件系统处理二进制文件。1983 年 ANSI C 标准决定不采用非缓冲文件系统，而只采用缓冲文件系统，即既用缓冲文件系统处理文本文件，又用它来处理二进制文件。

一般把缓冲文件系统的输入/输出称为标准输入/输出（标准 I/O），非缓冲文件系统的输入/输出称为系统输入/输出（系统 I/O）。在 C 语言中，没有输入/输出语句，对文件的读写都是用库函数来实现的。ANSI C 规定了标准输入/输出函数，用它们对文件进行读写。

本章只介绍 ANSI C 规定的缓冲文件系统以及对它的读写。

10.2 文件类型指针

在缓冲文件系统中，每个被使用的文件都会在内存中开辟一个区域，用来存放文件的有关信息（如文件的名字、状态以及当前位置等）。这些信息保存在一个结构体类型的变量中。该结构体类型是由系统定义的，取名为 FILE。其形式为

```
typedef  struct
   {
   short level;              /*缓冲区满或空的程度*/
   unsigned flags;           /*文件状态标志*/
   char fd;                  /*文件描述符*/
   unsigned char hold;       /*如无缓冲区则不读取字符*/
   short bsize;              /*缓冲区的大小*/
    ...
   }FILE;
```

对 FILE 这个结构体类型的定义是在 stdio.h 头文件中由系统完成的。只要程序用到一个文件，

系统就为此文件开辟一个这样的结构体变量。有几个文件就开辟几个这样的结构体变量，分别用来存放各个文件的有关信息。这些结构体变量不用变量名来标识，而通过指向结构体类型的指针变量去访问，这就是"File 类型的指针变量"，简称文件指针。

例如：

```
FILE    *fp1,*fp2,*fp3;
```

此处就定义了三个文件指针，是指向 File 类型结构体的指针变量，但此时它们还未具体指向哪一个结构体变量。实际引用时将保存有文件信息的结构体变量的首地址赋给某个文件指针，就可通过这个文件指针变量找到与它相关的文件。如果有 n 个文件，一般应设 n 个文件指针（指向 File 类型结构体的指针变量），使它们分别指向 n 个文件（确切地说，指向存放该文件信息的结构体变量），以实现对文件的访问。

10.3 文件的打开与关闭

在 C 语言中，对文件读写之前必须打开该文件，使用完还要关闭该文件，以保证它的安全。因此对磁盘文件的操作必须是：先打开；后读写；最后关闭。

1．文件的打开（fopen 函数）

所谓"打开"是在程序和操作系统之间建立联系，把程序中所要操作文件的一些信息通知给操作系统，这些信息除包括文件名外，还要指出读写方式及其位置。如果是读，则需要先确认此文件是否已存在；如果是写，则检查原来是否有同名文件，如有则将该文件删除，然后新建立一个文件，并将读写位置设定于文件开头，准备写入数据。在 C 语言中，文件的打开是通过 fopen 函数实现的，其调用方式为：

```
FILE    *fp;
fp=fopen(文件名，使用文件方式);
```

文件名中可以包含路径，例如：

```
fp=fopen(" d:\\qq.txt","r");
```

它表示要打开 D 盘根目录下名字为 qq 的文件，使用文件方式为"读入"。fopen 函数带回指向 qq.txt 文件的指针并赋给 fp，这样 fp 就和 qq.txt 建立联系了，或者说，fp 指向 qq.txt 文件。在打开一个文件时，通常要通知编译系统以下 3 个信息：

① 要打开的文件名，即准备访问的文件的名字；

② 使用文件的方式（读还是写等），如表 10-1 所示；

③ 让哪一个指针变量指向被打开的文件。

表 10-1   使用文件方式

文件使用方式		含　义
"r"	（只读）	为输入打开一个文本文件
"w"	（只写）	为输出打开一个文本文件
"a"	（追加）	向文本文件尾增加数据
"rb"	（只读）	为输入打开一个二进制文件
"wb"	（只写）	为输出打开一个二进制文件
"ab"	（追加）	向二进制文件尾增加数据
"r+"	（读写）	为读/写打开一个文本文件
"w+"	（读写）	为读/写建立一个新的文本文件

文件使用方式		含　义
"a+"	（读写）	为读/写打开一个文本文件
"rb+"	（读写）	为读/写打开一个二进制文件
"wb+"	（读写）	为读/写建立一个新的二进制文件
"ab+"	（读写）	为读/写打开一个二进制文件

对于文件使用方式有以下几点说明。

① 文件使用方式字符的含义。

r　读（read）;　　　　　　　　　　w　写（write）;　　　　　　a　添加（append）

t　文本文件（text），可省略不写;　b　二进制文件（binary）　　+　读和写

② 用"r"方式打开的文件只能用于向计算机输入而不能输出数据到该文件，而且该文件必须已存在，不能打开一个并不存在的文件，否则出错。

③ 用"w"方式打开的文件只能用于向该文件写数据，而不能用于向计算机输入。如果该文件不存在，则在打开时新建一个以指定名字命名的文件；如果原来已存在一个以该文件名命名的文件，则在打开时将该文件删去，然后重新建立一个新文件。

④ 如果希望向文件末尾添加新的数据（不希望删除原有数据），则应该用"a"方式打开，此时该文件必须已存在，否则将得到出错信息；打开后，位置指针移到文件末尾。

⑤ 用"r+"、"w+"、"a+"方式打开的文件可以用来输入和输出数据。用"r+"方式打开时要求该文件已经存在，以便能向计算机输入数据。用"w+"方式时则新建一个文件，要先向此文件写数据，然后才可读取此文件中的数据。用"a+"方式打开时，原来的文件不被删去，位置指针移到文件末尾，可以添加数据到该文件也可以从该文件中读取数据。

⑥ 如果不能实现"打开"指定文件的任务，则 fopen 函数将会带回一个出错信息。此时 fopen 函数将带回一个空指针值 NULL（NULL 在 stdio.h 文件中已被定义为零）。

常用下面方法打开一个文件:

```
if((fp=fopen("c:\\qq","rb"))==NULL)
{ printf("open c:\\qq file error!\n");
  exit(1);   /*执行 exit(1)退出程序*/
}
```

即先检查要打开的文件是否出错，如果有错就在终端上输出" open c:\qq file error!"的信息。exit 函数的作用是关闭所有文件，终止正在执行的程序。

对于文本文件，向计算机输入时，将回车换行符转换为一个换行符，在输出时把换行符转换成回车和换行两个字符。而对于二进制文件，不用进行这种转换，在内存中的数据形式与输出到外部文件中的数据形式完全一致，一一对应。

在程序开始运行时，系统自动打开 3 个标准文件：标准输入、标准输出、标准出错输出，通常这三个文件都与终端相联系，因此前面我们用到的从终端输入或输出都不需要打开终端文件（系统会自动打开）。系统自动定义了 3 个文件指针（stdin、stdout 和 stderr），分别指向终端输入、终端输出和标准出错输出（也从终端输出）。如果在程序中指定要从 stdin 所指的文件输入数据，就是指从终端键盘输入数据。

2. 文件的关闭（fclose 函数）

文件使用完毕后必须关闭，这是因为对打开的文件进行写入时，若文件缓冲区的空间没有被

写入的内容填满，这些内容将不会写到打开的文件中，从而造成数据丢失。只有对打开的文件进行关闭操作时，停留在文件缓冲区的数据才能被写到该文件中，从而使文件完整。另外，一旦关闭了文件，就意味着释放了该文件的缓冲区，此时对该文件的存取操作将不会进行，从而使关闭的文件得到保护。C 语言是用 fclose 函数关闭文件。此函数的调用形式一般为

```
fclose(文件指针名);
```

例如：

```
int fclose(FILE *fp);
```

它表示 fclose 函数将关闭 FILE 指针 fp 所指向的文件，并带回一个值，当成功关闭了文件，则返回值为 0；否则返回值为非零值。可以用 ferror 函数来测试（见 10.6 节）。

当同时关闭多个打开的文件时，可用 fcloseall()函数来关闭在程序中打开的所有文件，其调用的一般形式为

```
int fcloseall();
```

该函数将关闭所有已打开的文件，将各文件缓冲区未填满的内容写到对应的文件中，然后释放这些文件缓冲区，并返回关闭文件的数目。

关闭的过程是先将缓冲区中尚未存盘的数据写盘，然后撤销存放该文件信息的结构体，最后令指向该文件的指针为空值（NULL）。此后，如果再想使用刚才的文件，则必须重新打开。

应该养成文件使用完毕及时关闭的习惯，一方面是避免数据丢失，另一方面是及时释放内存，减少系统资源的占用。

10.4　文件的读写

常用的读写函数如下，这些函数的原型说明包含在头文件 stdio.h 中：

字符读写函数：fgetc 和 fputc（getc 和 putc）；

字符串读写函数：fgets 和 fputs；

数据块读写函数：fread 和 fwrite；

格式化读写函数：fscanf 和 fprintf。

1. 字符读写函数

字符读写函数以字符（字节）为单位。getchar 用于从键盘输入一个字符，putchar 函数用于向显示器输出一个字符，它们使用的是系统已经定义了的文件指针 stdin 或 stdout，在此不再赘述。

（1）写一个字符到磁盘文件

fputc 函数把一个字符写到磁盘文件上去。其调用形式为

```
fputc(ch,fp);
```

其中 ch 是要输出的字符，它可以是一个字符常量，也可以是一个字符变量，fp 是文件指针。fputc(ch, fp)函数的作用是将字符（ch 的值）输出到 fp 所指向的文件中。fputc 函数也带回一个值：如果输出成功，则返回值就是输出字符；如果输出失败，则返回一个 EOF。EOF 是在 stdio.h 文件中定义的符号常量，其值为-1。

使用 fputc 函数时应注意，所操作的文件必须以写、读写或添加方式打开，另外，每写入一个字符后，文件内部的位置指针自动指向下一个字节。

【例 10-1】从键盘输入一行字符，写入到文本文件 yy.txt 中。

```
#include "stdio.h"
main()
{
FILE *fp;
char ch;
if((fp=fopen("c:\\yy.txt","w"))==NULL)        /*以写方式打开 yy.txt 文件*/
  {printf("can't open file,press any key to exit!");
   getchar();
   exit(0);
  }
do
 { ch=getchar();
   fputc(ch,fp);
 } while(ch!='\n');             /*不断接收字符并写入文件,直至遇到换行符'\n'为止*/
fclose(fp);                     /*使用完毕关闭该文件*/
```

运行结果如下：

```
⌧ "D:\c_program\10_1.exe"  _ □ ✕
Welcome to jsit!
请按任意键继续. . .
```

程序运行结束后可以在 C：盘根目录下查看刚建立的文件 yy.txt，该文件的内容为一行字符：
Welcome to jsit!

（2）从磁盘文件中读入一个字符

fgetc 函数能够从指定文件中读入一个字符，其调用形式为：

```
ch=fgetc(fp);
```

其含义是把指针 fp 所指向的文件中的一个字符读出，并赋给字符变量 ch，此时 fgetc 函数带回一个字符。当执行 fgetc 函数时，若文件指针指到文件尾，即读字符时遇到文件结束符，则该函数返回一个文件结束标志 EOF，EOF 在 stdio.h 中定义为-1。在程序中常用 fgetc 函数的返回值是否为-1 来判断是否已读到文件尾，从而决定是否继续。如果想从一个磁盘文件顺序读入字符并在屏幕上显示出来，可以使用下面的程序段：

```
ch=fgetc(fp);
while(ch!=EOF)
{ putchar(ch);
  ch=fgetc(fp);
}
```

　　　　　EOF 不是可输出字符，不能在屏幕上显示。由于字符的 ASCII 码不可能出现-1，因此 EOF 定义为-1 是合适的。当读入的字符值等于-1（即 EOF）时，表示读入的已不是正常字符而是文件结束符，但以上只适用于读取文本文件的情况。ANSI C 允许用缓冲文件系统处理二进制文件，而读入某一个字节中的二进制数据的值有可能为-1，而这又恰好是 EOF 的值，这就出现了需要读入有用数据而却被处理为"文件结束"的情况，为了解决这个问题，ANSI C 提供了一个 feof 函数来判断文件是否真的结束。feof(fp)用来测试 fp 所指向的文件的当前状态是否为"文件结束"。如果是文件结束，函数 feof(fp)的值为 1（真），否则为 0（假）。feof 函数既适用于二进制文件，也适用于文本文件。

如果想顺序读入二进制文件中一个字节的数据，可以使用下面的循环结构：

```
while(!feof(fp))
  { c=fgetc(fp);
    ...
  }
```

【例 10-2】文件读写函数的应用。

```
#include<stdio.h>
#include<stdlib.h>
main()
{
    FILE *fp;
    int  ch;
    if((fp=fopen("c:\\yy.txt","r"))==NULL)   /*若文件名前不加路径,则打开当前目录下的文件*/
    {
     printf("file cannot be opened\n");
     exit(0);
    }
    while((ch=fgetc(fp))!=EOF)
     fputc(ch,stdout);    /*用标准输出的 FILE 类型指针 stdout 将读出的字符显示在显示器屏幕上*/
    fclose(fp);
}
```

运行结果如下:

其中 yy.txt 文件是 C 盘根目录下已存在的文件，如该文件不存在，则会显示"file cannot be opened"的信息提示。该程序是以只读（r）方式打开 yy.txt 文件，在执行 while 循环时，指针 fp 每循环一次就后移一个字符位置。fgetc 函数是将 fp 指定的字符读到变量 ch 中，然后用 fputc 函数显示到屏幕上，当读到该文件结束标志 EOF 时，循环终止，执行 fclose 函数关闭该文件。

【例 10-3】将磁盘上一个文本文件的内容复制到另一个文件中。

```
#include "stdio.h"
main()
{ FILE *fp_in,*fp_out;
  char infile[20],outfile[20];
  printf("Enter the infile name:\n");
  scanf("%s",infile);
  printf("Enter the outfile name:\n");
  scanf("%s",outfile);
  if((fp_in=fopen(infile,"r"))==NULL)
  { printf("Can't open file %s\n",infile);
    getchar();
    exit(0);
  }
  if((fp_out=fopen(outfile,"w"))==NULL)
  { printf("can't open file %s\n",outfile);
    getchar();
    exit(0);
  }
  while(!feof(fp_in))
    fputc(fgetc(fp_in),fp_out);
```

```
    fclose(fp_in);
    fclose(fp_out);
}
```

运行结果如下：

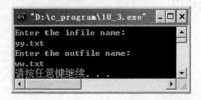

以上程序是按文本文件方式处理的，也可以用此程序来复制一个二进制文件，只需将两个 fopen 函数的"r"和"w"分别改为"rb"和"wb"即可；上述程序就相当于一条复制命令。如果在输入命令行时把两个文件名一起输入，此时就要用到 main 函数的参数，上面程序可改为：

```
#include"stdio.h"
main(int argc,char *argv[ ])
{ FILE *fp_in,*fp_out;
  if(argc!=3)
  { printf("missing file name:\n");
    exit(0);
  }
  if((fp_in=fopen(argv[1],"r"))==NULL)
  { printf("Can't open file %s\n", argv[1]);
    getchar();
    exit(0);
  }
  if((fp_out=fopen(argv[2],"w"))==NULL)
  { printf("can't open file %s\n", argv[2]);
    getchar();
    exit(0);
  }
  while(!feof(fp_in))
    fputc(fgetc(fp_in),fp_out);
  fclose(fp_in);
  fclose(fp_out);
}
```

假设本例程的文件名为 q.c，则经编译连接后得到的可执行文件名就为 q.exe，现要把 c:\yy.txt 文件的内容复制一份到 c:\xx.txt 中，则在命令提示符窗口中输入以下命令：

```
C\>q  yy.txt  xx.txt  ✓
```

在输入可执行文件名（q.exe）后，要把两个文件名（yy.txt 和 xx.txt）作为参数输入，分别传送到 main 函数的形参 argv[1]和 argv[2]中，而 argv[0]的内容为 q.exe，argc 的值等于 3（因为此命令行共有 3 个参数）。上述命令执行后就会在当前目录下多了一个和 yy.txt 内容相同的 xx.txt 文件。

最后说明一点，为了书写方便，在 stdio.h 中，C 语言已把 fputc 和 fgetc 定义为宏名 putc 和 getc：

```
#define putc(ch,fp)  fputc(ch,fp)
#define getc(fp)  fgetc(fp)
```

因此，用 putc 和 fputc，用 getc 和 fgetc 是一样的。一般可以把它们作为相同的函数来对待。

2．字符串读写函数

（1）从磁盘文件中读入一个字符串

fgets 的作用是从指定文件中读入一个字符串。如：

```
fgets (str,n,fp);
```

从 fp 指向的文件输入 n-1 个字符，并把它们放到以 str 为起始地址的单元中。如果在读入 n-1 个字符结束之前遇到换行符或 EOF，读入即结束。字符串读入后最后加一个'\0'字符，fgets 函数的返回值为 str 的首地址，若已到文件尾或出错，则返回 NULL。

（2）写一个字符串到磁盘文件

fputs 函数的作用是向指定的文件输出一个字符串。如：

```
fputs("China",fp);
```

把字符串"China"输出到 fp 指向的文件。fputs 函数中第一个参数可以是字符串常量，也可以是字符数组名或字符型指针。输出成功，函数值为 0；否则为非零。

【例 10-4】编制一个程序，要求把文本文件中的全部信息显示到屏幕上。

```
#include "stdio.h"
int main(int argc,char* argv[])
{ FILE *fp;
  char string[81];
  if(argc!=2||(fp=fopen(argv[1],"r"))==NULL)
  { printf("can't open file");
    exit(1);
  }          /*此处的if语句是对文件不存在的处理*/
  while(fgets(string,81,fp)!=NULL)
    printf("%s",string);
  fclose(fp);
}
```

假若本例程的文件名为 10_4.c，则经编译连接后得到的可执行文件名为 10_4.exe，在命令提示符窗口中输入以下命令：

【例 10-5】在文本文件 yy.txt 的末尾添加若干行字符。

```
#include <stdio.h>
main()
{FILE *fp;
 char s[20];
 if((fp=fopen("yy.txt","a"))==NULL) /*以添加方式打开yy.txt文件*/
   {printf("can't open file,press any key to exit!");
    getchar();
    exit(1);
   }
 while(strlen(gets(s))>0)                /*从键盘读入一个字符串,遇空行则停止*/
 {fputs(s,fp);                           /*写入fp所指向的文件即yy.txt*/
  fputs("\n",fp);                        /*补一个换行符*/
 }
 fclose(fp);
}
```

起初 yy.txt 文件中只有一行内容，输入下面窗口中的两行字符后就有了三行字符（可以用鼠标双击打开 D:\c_program 目录下的文件 yy.txt 进行查看）。

3. 数据块读写函数

数据块读函数原型：int fread(char *pt, unsigned size, unsigned n, FILE *fp);

其作用是：从 fp 所指定的文件中读取长度为 size 的 n 个数据项，存放到 pt 所指向的内存区。

数据块写函数原型：int fwrite(char *ptr, unsigned size, unsigned n, FILE *fp);

其作用是：把 ptr 所指向的 n*size 个字节输出到 fp 所指向的文件中。

如果要一次读入一组数据（如一个数组元素、一个结构体变量的值等），则应使用 fread 函数和 fwrite 函数，这就是数据块读写函数，其调用形式为

```
fread(buffer,size,count,fp);
fwrite(buffer,size,count,fp);
```

上述函数的参数含义如下。

① buffer：是一个指针。对 fread 来说，它用于存放读入数据的首地址。对 fwrite 来说，是要输出数据的首地址。

② size：一个数据块的字节数。

③ count：要读写的数据块块数。

④ fp：文件指针。

函数 fread 和 fwrite 的返回值为实际上已读入或输出的数据块块数，即如果执行成功则返回 count 的值。由于是以数据块的方式读写，因此，文件必须采用二进制方式打开，如下例所示。

【例 10-6】从键盘输入一批学生的数据，然后把它们转存到磁盘文件 xs.dat 中。

```
#include "stdio.h"
#include "stdlib.h"
struct student
{ char num[8];
  char name[10];
  char sex;
  int age;
  int score;
};
main()
{ struct student xs;
  char numstr[4],ch;
  FILE *fp;
  if((fp=fopen("xs.dat","wb"))==NULL)
  { printf("can't open file xs.dat\n");
    exit(1);
  }
  do
```

```
  { printf("Enter number:"); gets(xs.num);
    printf("Enter name:");gets(xs.name);
    printf("Enter sex:");xs.sex=getchar();getchar(); /*多出一个getchar()用来抵消回车符*/
    printf("Enter age:");gets(numstr);xs.age =atoi(numstr);
                                       /*函数atoi是把字符串转换成整型数 */
    printf("Enter score:");gets(numstr);xs.score=atoi(numstr);
                                       /*函数atoi的原型说明在头文件stdlib.h中*/
    fwrite(&xs,sizeof(struct student),1,fp);   /*将结构体变量xs的值写入文件*/
    printf("have another student record(y/n)?");
    ch=getchar();getchar(); /*多出一个getchar()用来抵消回车符*/
  }while(ch=='Y'||ch=='y');
  fclose(fp);
}
```

本例程序中，字符数组 numstr 用来接收从键盘输入的字符串，通过强制类型转换将输入数字字符转换为 int 型后送到结构体成员 age 和 score 中。程序中有两处多出一个 getchar()语句，用于冲抵输入的回车符，便于接下去的 gets 语句读取正确。程序运行情况如下：

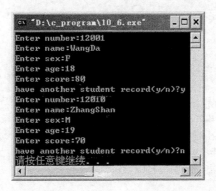

4．格式化读写函数

格式化读写函数 fprintf、fscanf 与函数 printf、scanf 的作用相似，区别在于：fprintf 和 fscanf 函数的读写对象不是终端而是磁盘文件。一般调用形式为：

```
fprintf（文件指针,格式字符串,输出表列）;
fscanf（文件指针,格式字符串,输入表列）;
```
例如：

```
fprintf(fp,"%d,%6.2f",a,b);
```

其作用是将整型变量 a 和实型变量 b 的值按%d 和%6.2f 的格式输出到 fp 指向的文件中。如果 a=7，b=8.9，则输出到磁盘文件上的就是下面的一行字符：

```
7,8.90
```

同样，用以下 fscanf 函数可以从磁盘文件上读入 ASCII 字符：

```
fscanf(fp,"%d,%f",&a,&b);
```

磁盘文件上如果有以下字符：

```
7,8.90
```

则将该磁盘文件中的数据 7 送给变量 a，8.90 送给变量 b。

用 fprintf 和 fscanf 函数对磁盘文件读写，使用方便，容易理解，但由于在输入时要将 ASCII 码转换为二进制形式，在输出时又要将二进制形式转换成字符，较为费时。因此，在内存与磁盘频繁交换数据的情况下，最好不用 fprintf 和 fscanf 函数，而用 fread 和 fwrite 函数。

10.5 文件的定位

前面介绍的对文件的读写都是顺序读写，即从文件的开头开始，依次读取数据。而在实际问题中有时会要求从指定位置开始读写，也就是随机读写，此时就要用到文件的位置指针。文件的位置指针指出了文件下一步的读写位置，每读写一次后，指针自动指向下一个新的位置。通过使用文件位置指针移动函数，可以实现文件的定位读写，这些函数是：重返文件头函数（rewind）、指针位置移动函数（fseek）和取指针当前位置函数（ftell）。

1. 重返文件头函数

函数原型：int rewind(FILE *fp);

rewind 函数的作用是使位置指针重新返回文件的开头。如成功则返回 0，否则返回非 0 值。

【例 10-7】有一个磁盘文件 yy.txt，先使它显示在屏幕上，然后把它的内容复制到另一文件 qq.txt 中。

```
#include "stdio.h"
main()
{
FILE *fp1,*fp2;
fp1=fopen("yy.txt","r");/*以 r 方式打开文件 yy.txt 并使 fp1 指向它*/
fp2=fopen("qq.txt","w");
while(!feof(fp1))  putchar(getc(fp1));
rewind(fp1);/*让 fp1 重新移动至文件 yy.txt 开头*/
while(!feof(fp1))  putc(getc(fp1),fp2);
fclose(fp1); /*关闭 fp1 指向的文件 yy.txt*/
fclose(fp2); /*关闭 fp2 指向的文件 qq.txt*/
}
```

运行结果如下：

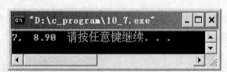 

在第一次显示到屏幕上以后，文件 yy.txt 的位置指针已指到文件末尾，feof 的值为非零（真）。执行 rewind 函数，使文件的位置指针重新定位于文件开头，并使 feof 函数的值恢复为 0（假）。

2. 指针位置移动函数

函数原型：int fseek(FILE * fp, long offset, int base);

fseek 函数用来移动文件内部位置指针，便于随机读写该文件。所谓随机读写，是指读写完上一个数据（字符或数据块）后，并不一定要读写它后续的数据，而是可以读写任意位置的数据。fseek 函数的调用形式为

```
fseek(文件指针,位移量,起始点)
```

起始点：是指以什么位置为基准进行移动。它用下列符号或数字表示：

文件开头：	SEEK.SET	或 0
当前位置：	SEEK.CUR	或 1
文件末尾：	SEED.END	或 2

位移量：指以"起始点"为基点，向前或向后移动的字节数。位移量是 long 型数据，这样当

文件的长度大于 64K 时不致出问题。ANSI C 标准规定在数字的末尾加一个字母 L，就表示是 long 型。若位移量为正数，则位置指针向文件尾方向移动（即前进）；否则向文件头方向移动（即后退）。

fseek 函数一般用于二进制文件，因为文本文件要发生字符转换，计算位置时往往会发生混乱。下面是 fseek 函数调用的几种具体形式：

```
fseek(fp,100L,0);        /*将位置指针从文件头向文件尾方向移动 100 个字节*/
fseek(fp,50L,1);          /*将位置指针从当前位置向文件尾方向移动 50 个字节*/
fseek(fp,-30L,1);        /*将位置指针从当前位置往文件头方向移动 30 个字节*/
fseek(fp,-10L,2);        /*将位置指针从文件末尾处向文件头方向移动 10 个字节*/
```

【例 10-8】编程读出文件 xs.dat 中第 3 个学生的数据。

```
#include "stdio.h"
struct student
{ char    num[8];
  char    name[10];
  char    sex;
  int     age;
  int   score;
};
main()
{ struct student xs;
  FILE *fp;
  int i=2;        /*从文件头向文件尾方向移动两步,就指向第 3 个学生的数据了*/
                  /*变量 i 将用在后面的 fseek 函数中*/
  if((fp=fopen("xs.dat","rb"))==NULL)
  { printf("can't open filex xs.dat\n");
    exit(1);
  }
  fseek(fp,i*sizeof(struct student),0);
  if(fread(&xs,sizeof(struct student),1,fp)==1)
     printf("%s,%s,%c,%d,%d\n",xs.num,xs.name,xs.sex,xs.age,xs.score);
  fclose(fp);
}
```

运行结果如下：

3．取指针当前位置函数

函数原型：`long ftell(FILE * fp);`

ftell 函数的作用是得到流式文件中的当前位置，用相对于文件开头的位移量来表示。由于文件中的位置指针经常移动，往往记不清其当前位置，此时可以用 ftell 函数得到当前位置。如果 ftell 函数返回值为–1L，则表示出错。例如：

```
i=ftell(fp);
if(i= =-1L)  printf("error\n");
```

变量 i 存放当前位置，如果调用函数出错（比如该文件不存在），则输出 error。

10.6　文件检测函数

1．feof 函数

函数原型:`int feof(FILE *fp)`

该函数用于检测指向文件的指针 fp 是否已经指到该文件最后的结束标志，如果 fp 指向的文件的当前位置为结束标志 EOF，则函数返回值为非零值，否则返回零值，见例 10-3。

2. ferror 函数

函数原型：int ferror(FILE *fp)

该函数用来检查调用各种输入输出函数（如 putc、getc、fread、fwrite 等）时出现的错误，如果该函数的返回值为 0（假），则表示未出错。如果返回一个非零值，则表示出错。在执行 fopen 函数时，ferror 函数的初始值自动置为 0。对同一个文件每一次调用输入输出函数，均产生一个新的 ferror 函数值，也就是说，在用 ferror 函数检测时，它反映的是最近一次函数调用的出错状态。

3. clearerr 函数

函数原型：void clearer(FILE *fp)

该函数用于复位错误标志，使 fp 所指向的文件中的错误标志和文件结束标志置零。输入/输出函数对文件进行读写时若出错，则文件就会自动产生错误标志，如果不对这些标志进行复位使文件恢复正常，就会影响程序对文件的后续操作，此函数就是用于实现此功能。

 自测题

一、选择题

（1）以下叙述中错误的是（　　　）。

A）C 语言中对二进制文件的访问速度比文本文件快。

B）C 语言中，随机文件以二进制代码形式存储数据。

C）语句 FILE　fp; 定义了一个名为 fp 的文件指针。

D）C 语言中的文本文件以 ASCII 码形式存储数据。

（2）有以下程序：

```
#include <stdio.h>
main()
 {
 FILE *fp;
 int i,k,n;
 fp=fopen("data.dat","w+");
 for(i=1;i<6;i++)
  {
   fprintf(fp,"%d ",i);
   if(i%3==0)  fprintf(fp,"\n");
  }
 rewind(fp);
 fscanf(fp,"%d%d",&k,&n);
 printf("%d %d\n",k,n);
 fclose(fp);
 }
```

程序运行后的输出结果是（　　　）。

A）0 0　　　　　　B）123 45　　　　　C）1 4　　　　　　　D）1 2

（3）以下与函数 fseek(fp,0L,SEEK_SET)有相同作用的是（　　　）。

A）feof(fp)　　　　　B）ftell(fp)　　　　　C）fgetc(fp)　　　　　D）rewind(fp)

（4）有以下程序：

```
#include "stdio.h"
void WriteStr(char *fn,char *str)
{
 FILE *fp;
 fp=fopen(fn,"w");
 fputs(str,fp);
 fclose(fp);
}
main()
{
 WriteStr("t1.dat","start");
 WriteStr("t1.dat","end");
}
```

程序运行后，文件 t1.dat 中的内容是（　　　）。

A）start　　　　　B）end　　　　　C）startend　　　　　D）endrt

（5）有如下程序：

```
#include <stdio.h>
main()
{FILE *fp1;
 fp1=fopen("f1.txt","w");
 fprintf(fp1,"abc");
 fclose(fp1);
}
```

若文本文件 f1.txt 中原有内容为：good，则运行以上程序后文件 f1.txt 中的内容为（　　　）。

A）goodabc　　　　　B）abcd　　　　　C）abc　　　　　D）abcgood

（6）有以下程序：

```
#include <stdio.h>
main( )
{
 FILE *fp;
 int i,k=0,n=0;
 fp=fopen("d1.dat","w");
  for(i=1;i<4;i++)
 fprintf(fp,"%d",i);
 fclose(fp);
 fp=fopen("d1.dat","r");
 fscanf(fp,"%d%d",&k,&n);
 printf("%d %d\n",k,n);
 fclose(fp);
}
```

执行后输出结果是（　　　）。

A）1 2　　　　　B）123 0　　　　　C）1 23　　　　　D）0 0

（7）有以下程序（提示：程序中 fseek(fp, -2L*sizeof(int), SEEK_END);语句的作用是使位置指针从文件尾向前移 2*sizeof(int)字节）

```
#include <stdio.h>
```

```
main( )
{
 FILE *fp;
 int i,a[4]={1,2,3,4},b;
 fp=fopen("data.dat","wb");
 for(i=0;i<4;i++)
   fwrite(&a[i],sizeof(int),1,fp);
 fclose(fp);
 fp=fopen("data.dat ","rb");
 fseek(fp,-2L*sizeof(int),SEEK_END) ;
 fread(&b,sizeof(int),1,fp); /*从文件中读取 sizeof(int)字节的数据到变量 b 中*/
 fclose(fp);
 printf("%d\n",b);
}
```

执行后输出结果是（　　）。

　　A）2　　　　　　　B）1　　　　　　　C）4　　　　　　　D）3

（8）若 fp 已正确定义并指向某个文件，当未遇到该文件结束标志时，则库函数 feof(fp)的值为（　　）。

　　A）0　　　　　　　B）1　　　　　　　C）-1　　　　　　　D）一个非 0 值

（9）下列关于 C 语言数据文件的叙述中正确的是（　　）。

　　A）文件由 ASCII 码字符序列组成，C 语言只能读写文本文件

　　B）文件由二进制数据序列组成，C 语言只能读写二进制文件

　　C）文件由记录序列组成，可按数据的存放形式分为二进制文件和文本文件

　　D）文件由数据流形式组成，可按数据的存放形式分为二进制文件和文本文件

（10）以下叙述中不正确的是（　　）。

　　A）C 语言中的文本文件以 ASCⅡ 码形式存储数据

　　B）C 语言中对二进制文件的访问速度比文本文件快

　　C）C 语言中，随机读写方式不适用于文本文件

　　D）C 语言中，顺序读写方式不适用于二进制文件

（11）以下程序企图把从终端输入的字符输出到名为 abc.txt 的文件中，直到从终端读入字符#号时结束输入和输出操作，但程序有错。

```
#include <stdio.h>
main()
{FILE *fout; char ch;
 fout=fopen('abc.txt','w');
 ch=fgetc(stdin);
 while(ch!='#')
   {fputc(ch,fout);
    ch=fgetc(stdin);
   }
 fclose(fout);
}
```

　　出错的原因是（　　）。

　　A）函数 fopen 调用形式错误　　　　　　B）输入文件没有关闭

　　C）函数 fgetc 调用形式错误　　　　　　D）文件指针 stdin 没有定义

（12）有以下程序：

```
#include <stdio.h>
main()
{
FILE *fp;
int i=20,j=30,k,n;
fp=fopen("d1.dat","w");
fprintf(fp,"%d\n",i);
fprintf(fp,"%d\n",j);
fclose(fp);
fp=fopen("d1.dat","r");
fscanf(fp,"%d%d",&k,&n);
printf("%d%d\n",k,n);
fclose(fp);
}
```

程序运行后的输出结果是（　　）。

A）20 30　　　　　　B）20 50　　　　　　C）30 50　　　　　　D）30 20

（13）以下叙述中错误的是（　　）。

A）二进制文件打开后可以先读文件的末尾，而顺序文件不可以

B）在程序结束时，应当用 fclose 函数关闭已打开的文件

C）在利用 fread 函数从二进制文件中读数据时，可以用数组名给数组中所有元素读入数据

D）不可以用 FILE 定义指向二进制文件的文件指针

（14）若要打开 A 盘上 user 子目录下名为 abc.txt 的文本文件进行读、写操作，下面符合此要求的函数调用是（　　）。

A）fopen("A:\user\abc.txt","r")　　　　　　B）fopen("A:\\user\\abc.txt","r+")

C）fopen("A:\user\abc.txt","rb")　　　　　　D）fopen("A:\user\abc.txt","w")

（15）下面的程序执行后，文件 test 中的内容是（　　）。

```
#include <stdio.h>
void fun(char *fname,char *st)
{FILE *myf;int i;
 myf=fopen(fname,"w");
 for(i=0;i<strlen(st);i++)
   fputc(st[i],myf);
 fclose(myf);
 }
main()
{
fun("test","new world");
fun("test","hello,");
}
```

A）hello,　　　　B）new worldhello,　　C）new world　　　D）hello, rld

（16）若 fp 是指向某文件的指针，且已读到文件末尾，则库函数 feof(fp)的返回值是（　　）。

A）EOF　　　　　　B）-1　　　　　　C）非零值　　　　D）NULL

（17）在 C 程序中，可把整型数以二进制形式存放到文件中的函数是（　　）。

A）fprintf 函数　　　B）fread 函数　　　　　C）fwrite 函数　　　D）fputc 函数

（18）标准函数 fgets(s, n, fp)的功能是（　　）。

A）从 fp 指向的文件中读取长度为 n 的字符串存入指针 s 所指的字符数组中。

B）从 fp 指向的文件中读取长度不超过 n-1 的字符串存入指针 s 所指的字符数组中。

C）从文件 f 中读取 n 个字符串存入指针 s 所指的内存单元中。

D）从文件 f 中读取长度为 n-1 的字符串存入指针 s 所指的内存单元。

二、填空题

（1）已有文本文件 test.txt，其中的内容为：Hello, everyone!。以下程序中，文件 test.txt 已正确为"读"而打开，由文件指针 fr 指向该文件，先完善程序然后写出运行结果。

```
#include <stdio.h>
main()
{FILE *fr;
 char str[40];
 【1】
 fgets(str,5,fr);
 printf("%s\n",str);
 fclose(fr);
 }
```

则程序的输出结果是___【2】___。

（2）若 fp 已正确定义为一个文件指针，d2.dat 为二进制文件，请填空，以便为"读"而打开此文件：

```
fp=fopen( 【3】 );
```

（3）以下程序用来统计文件中的字符个数。请填空。

```
#include "stdio.h"
main()
{FILE  *fp;   long  num=0L;
 if((fp=fopen("d2.dat","r"))==NULL)  //d2.dat 要存在,否则出错
  {printf("Open error\n");
   exit(0);}
 while( __【4】__ )
  {fgetc(fp); num++;}
 printf("num=%1d\n",num-1);
 fclose(fp);
 }
```

（4）以下程序的功能是打开文件后，先利用 fseek 函数将文件位置指针定位在文件末尾，然后调用 ftell 函数返回当前文件位置指针的具体位置，从而确定文件长度，请填空。

```
#include <stdio.h>
main()
{
 FILE *myf;   long  f1;
 myf= 【5】 ("test.txt","rb");   //打开已存在的 test.txt 文件
 fseek(myf,0,SEEK_END);
 f1=ftell(myf);
 fclose(myf);
 printf("%d\n",f1);
 }
```

（5）下面程序的功能是把从终端读入的文本（用@作为文本结束标志）输出到一个名为 d3.dat 的新文件中。请填空。

```
#include "stdio.h"
```

```
main()
 {FILE *fp;
  char ch;
  if((fp=fopen(  【6】  ))==NULL) exit(0);
  while((ch=getchar())!='@') fputc (ch,fp);
   【7】  ;
 }
```

（6）在下面的程序中，用户从键盘输入一个文件名，然后输入一串字符（用#结束输入）存放到此文件中形成文本文件，并将字符的个数写到文件尾部，请填空。

```
#include <stdio.h>
main()
{FILE *fp;
 char ch,fname[32];
 int count=0;
 printf("Input the filename :");
 scanf("%s",fname);
 if((fp=fopen(  【8】  ,"w+"))==NULL)
   {printf("Can't open file:%s \n",fname); exit(0);}
 printf("Enter data:\n");
 while((ch=getchar())!='#')
   { fputc(ch,fp);  count++; }
   fprintf(  【9】  ,"\n%d\n",count);
 fclose(fp);
 }
```

（7）下面程序的功能是把从终端读入的 10 个整数以二进制方式写到一个名为 d4.dat 的新文件中，请填空。

```
#include<stdio.h>
  FILE  *fp;
  main()
   {
   int i,j;
   if((fp=fopen(  【10】  ,"wb"))==NULL) exit(0);
   for(i=0;i<10;i++)
    {scanf("%d",&j);
     fwrite(&j,sizeof(int),1,  【11】  );
    }
   fclose(fp);
   }
```

（8）以下程序的功能是：从键盘上输入一个字符串，把该字符串中的小写字母转换为大写字母，输出到文件 test.txt 中，然后从该文件读出字符串并显示出来，请填空。

```
#include<stdio.h>
 main()
 {FILE *fp;
  char str[100];
  int i=0;
  if((fp=fopen("test.txt",  【12】  ))==NULL)
   {printf("can't open this file.\n");
    exit(0);}
  printf("input a string:\n");
  gets(str);
  while(str[i])
```

```
    {if(str[i]>='a'&&str[i]<='z')
     str[i]=___【13】___;
     fputc(str[i],fp);
     i++;
     }
   fclose(fp);
   fp=fopen("test.txt",___【14】___);
   fgets(str,100,fp);
   printf("%s\n",str);
   fclose(fp);
   }
```

（9）以下程序的功能是由终端输入一个文件名，然后把从终端键盘输入的字符依次存放到该文件中，用#作为结束输入的标志，请填空。

```
#include <stdio.h>
main()
{ FILE * fp;
 char ch,fname[10];
 printf("Input the name of file!\n");
 gets(fname);
 if((fp=fopen(___【15】___))==NULL)
  {printf("Cannot open\n");exit(0); }
 printf("Enter data\n");
 while((ch=getchar())!='#')fputc(___【16】___,fp);
 fclose(fp);
 }
```

（10）下面的程序是用来统计文件中字符的个数，请填空。

```
#include <stdio.h>
main()
 {FILE *fp;
 long num=0;
 if(( fp=fopen("d3.dat","r"))==NULL)   /*d3.dat 要已经存在,否则出错*/
  { printf( "Can't open file! \n"); exit(0); }
 while ( ___【17】___ )
  { fgetc(fp); num++; }
 printf("num=%d\n", num);
 fclose(fp);
 }
```

（11）以下 C 程序的功能是将磁盘中的一个文件复制到另一个文件中，两个文件名在命令行中给出。

```
#include <stdio.h>
  main(int argc,char *argv[ ])
   {FILE *f1,*f2;char ch;
    if(argc<___【18】___)
     {printf("Parameters missing!\n");exit(0);}
    if(((f1=fopen(argv[1],"r"))==NULL)||((f2=fopen(argv[2],"w"))==NULL))
     {printf("Can't open file!\n"); exit(0);}
    while(___【19】___)
   fputc(fgetc(f1),f2);
   fclose(f1);
   fclose(f2);
   }
```

上机实践与能力拓展

【**实践** 10-1】编程，要求从键盘输入一个字符串，把它输出到磁盘文件 file1.txt 中。

【**实践** 10-2】从键盘输入一个字符串，将其中的小写字母全部转换成大写字母，然后输出到一个磁盘文件 string.txt 中保存，输入的字符串以"#"结束。

【**实践** 10-3】有两个磁盘文件 a1.txt 和 a2.txt，各存放若干行字母，今要求把这两个文件中的信息按行交叉合并（即先是 a1.txt 的第一行，接着是 a2.txt 中的第一行，然后是 a1.txt 的第二行，跟着是 a2.txt 的第二行……），输出到一个新文件 a3.txt 中去。

【**实践** 10-4】将 5 名学生的数据（学号，姓名，成绩）从键盘输入，保存到文件 xs.dat 中，并求出最高分；然后在 xs.dat 的末尾再添加一位学生的数据，统计出 xs.dat 中保存的学生人数。

【**实践** 10-5】设 worker.dat 中的记录个数不超过 100，试读出这些数据，对年龄超过 50 岁的职工每人增加 100 元工资，然后按工资高低排序，排序结果存入文件 w_sort.dat 中。

【**实践** 10-6】有一磁盘文件 employee.dat，用于存放职工的数据。每个职工的数据包括：职工姓名、职工号、性别、年龄、住址、工资、健康状况、文化程度。今要求将职工名、工资的信息单独抽出来另建一个简明的职工工资文件 salary.dat。再从 salary.dat 文件中删去一名职工的数据，并存回原文件。

第11章

项目综合实训

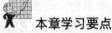 **本章学习要点**

1. 了解模块化程序设计的思想；

2. 掌握菜单的制作；

3. 掌握函数的定义与调用；

4. 掌握指针的使用；

5. 掌握结构体的定义；

6. 掌握单链表的创建、插入、删除、排序和查找等操作；

7. 掌握文件的操作。

本章旨在抛砖引玉，通过开发一个简化的学生成绩管理系统，展示 C 语言作为一门中级语言的特色及其功能。希望读者在学完本书的前 10 章后，能把所学的知识综合运用于本系统中。本系统作为一个综合实训项目，能让读者熟悉结构化程序设计的过程，理解结构化程序设计的思想，进一步掌握 C 语言中各种语句的使用，加深对 C 语言语法的理解，掌握数组、函数的定义与使用，掌握对指针和结构体的定义与使用，掌握对文件的操作。

1. 问题提出

在学校的教学管理中，常常要对学生的学习成绩进行录入、统计、排序、查询、修改等，现要求采用链表这样的数据存储结构对学生成绩进行管理，最后学生的成绩必须用文件的形式进行保存。

2. 需求分析

学生成绩管理系统主要用于学生成绩的日常管理，如成绩录入、保存、显示、修改、添加和删除等操作。它主要实现以下功能。

① 能录入学生的各门课的成绩信息，如学号、姓名、系部、班级、成绩（本系统中假设开考四门课程，实际课程数因专业的不同而不同）；

② 能按学号或姓名查询学生的各门课成绩、总分和平均分等;

③ 能对学生的成绩进行维护,如添加、修改、删除学生的成绩信息;

④ 能对学生的成绩等进行排序,如按学号、总分及某门课程的分数。

3. 系统功能模块的设计

学生成绩管理系统主要由系统管理、数据管理、数据查询和统计与排序等子模块组成,每个子模块下面又由若干子模块组成。学生成绩管理系统的基本功能模块如图 11-1 所示。

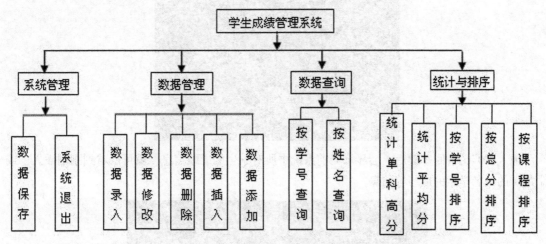

图 11-1　学生成绩管理系统功能模块图

本系统主要功能模块简介如下。

① 主菜单模块。

该模块是学生成绩管理系统的主界面,提供了本系统的入口与出口,通过一系列的菜单供用户选择,从而进入不同的功能模块。

② 数据录入模块。

该模块实现学生成绩等数据的录入与显示。通过相应的信息提示来告诉用户,下面要具体输入学生的哪些信息数据,输入结束后并在屏幕上显示出来,供用户查看有无输错。

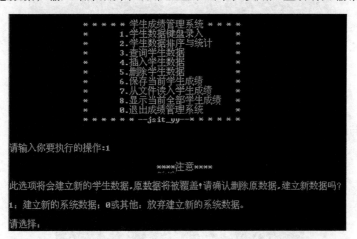

③ 数据维护模块。

该模块主要是用来实现学生成绩的插入(添加)、删除、保存(存储到文件中永久保存)等,以后只要对此文件进行各种操作就可以了。

输入"0"，按回车键后，会显示当前系统中所有学生的成绩信息，就可以看到刚刚插入（或添加）的一名学生的成绩等信息。

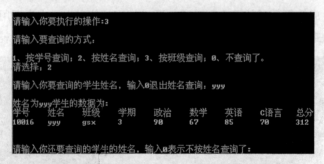

④ 数据管理模块。

该模块主要是对学生成绩按学号、姓名等关键字进行查询，而且还可以对学生的成绩按学号、姓名、总分和某门课成绩进行排序等。

下面是按相应的关键字查询的操作界面。

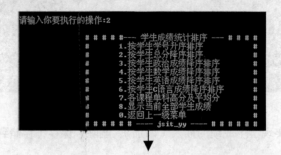

下面是排序与统计操作的界面：

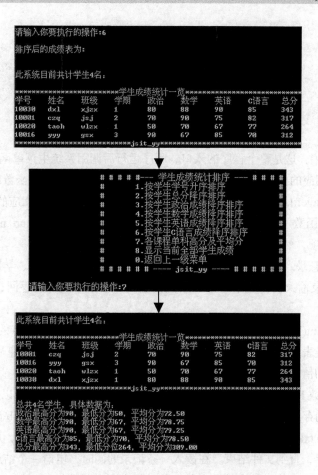

4．知识点

使用静态数组保存数据，虽然查找方便，但由于事先无法估计其大小，过大会浪费，过小会溢出；此外在数组中插入、删除元素需要移动大量数据。而使用链表存储数据，由于是动态分配存储空间，不需要预先估计其大小，而且插入和删除数据时无需移动大量数据，只要利用一部分空间存放指针即可。故本系统采用单链表来存储学生的成绩，并通过对链表的操作来实现对学生成绩的插入、删除、查询、排序等操作。

涉及的知识点：

（1）模块化程序设计的思想

（2）菜单的制作

（3）结构体的定义

（4）指针的使用

（5）单链表的创建、插入、删除、排序和查找等操作

（6）函数的定义与调用

（7）排序的算法

（8）文件的操作

5．程序（函数）设计

① 学生成绩结构类型定义：

```
typedef struct student
{
```

```
    int xh;                    /*学号*/
    char name[20];             /*姓名*/
    char banji[20];            /*班级*/
    char xueqi[8];             /*学期*/
    int score[4];              /*4门课成绩*/
    int sum;                   /*总分*/
    struct student *next;      /*指向下一结点的指针*/
}Pupil;                        /*新类型 Pupil*/
```

② 主函数 main()：这是整个程序的入口，程序运行后调用系统主菜单函数 main_menu()，根据用户的选择调用相应的函数（即功能模块），完成相应的功能；它也是函数的出口，在程序结束运行时，通过调用 savefile()或 savefile2()函数自动地将学生成绩保存到相应的文件中。

③ 系统主菜单函数 main_menu()和排序及统计子菜单函数 sort_sub_menu()：二者都是用 printf 函数作为菜单项，然后让用户在 0~8 之间进行选择。

④ 学生成绩信息录入函数 xsinfo()：输入学生的学号、姓名、班级、学期、4 门课成绩，当输入学号为 0 时结束输入。首先申请一个结点的空间，申请不成功则返回；否则输入学生成绩信息。

⑤ 显示函数 print()：从链表头部开始，采取顺序访问方式，依次将结点的学生成绩信息输出。首先声明一个遍历链表的指针 p，开始指向头结点，每输出一个结点的信息后，指针 p 后移一个结点，直到指针 p 的值为空。

⑥ 文件装入函数 loadfile()：从指定的文件中读取学生成绩信息，使得以后的添加、修改、查找和统计等操作在内存中进行，提高运行速度。先声明一个文件指针，以 rb 读的方式打开原有的学生成绩文件 xsdata.txt。若不能正常打开则退出程序；否则以块读取方式，从文件头开始，将记录一个一个读入内存，直到文件结束。在读入一条记录的同时，申请一个结点空间，将记录链接到当前链表的尾部。这样使得链表的顺序与文件的保存顺序一致。

⑦ 文件保存函数 savefile()：由于链表的数据保存在内存，当程序结束后，必须要将修改或者输入的数据保存到磁盘文件中，以免造成数据丢失。利用文件的读写操作，声明一个文件指针，以 wb 写的方式打开文件。若不能正常打开则退出程序；否则文件写操作，从链表的头结点开始依次将结点信息写入文件。

文件保存分为两种："保存"和"另存为"，当参数 savetype=1 时，执行"另存为"操作，将当前已修改的信息保存到另一个文件中，这样可将排序后的信息保存到不同的文件中，方便教师对学生成绩的日常管理。先输入要另存的文件名，然后再执行文件写操作。当参数 savetype=0 时，执行"保存"操作，此时不用输入文件名，还是用原来的文件名。

⑧ 删除函数 delete()：删除给定学号的学生记录。先输入要删除的学生学号，从头结点开始依次与每个结点的学号成员进行比较。若不相等，则比较下一个结点，直到遍历完整个链表；若相等，则找到记录，显示该结点的信息，同时给出确认删除信息，用户选择确认后进行删除操作。如果被删除的结点是头结点，则修改头指针（h=h->next）；否则将该结点（p）的前趋指针（q）的后继（q->next）指向后继结点（p->next），即执行语句 q->next=p->next。

⑨ 查找学生数据函数 find()：声明一个遍历链表的临时指针 p，根据选择的查询方式（学号、姓名和班级），输入相应的信息，从头结点开始查找。如果学号（或名字或班级）相同，则输出该学生的成绩信息，否则指针后移，直到指针 p 移到链表尾部为止，并给出找不到的提示信息。

⑩ 添加（插入）学生数据函数 add_new()：当添加学生，要输入学生成绩时，调用本函数。

对于链表，采用在头部插入比较方便，不需要遍历整个链表，先申请结点空间，得到指针 p，然后输入一名学生的成绩信息，计算总分，并把这些信息存储到新申请的空间中。设头指针为 head，插入新结点后要修改指针：p->next=head->next; head->next=p;，让 head 指向新结点 p，p 指向原链表的首部。添加新结点后，成绩排序可能会发生变化，可以调用 sort_xh_cj 函数，对它进行重新排序。

⑪ 排序函数 sort_xh_cj()：按照用户的选择，对学生的成绩按学号、总分、各门课成绩进行降序（或升序）排列，并调用 print 函数输出重新排序后的结果。在按某关键字进行排序时，是通过对链表中的结点两两比较，利用临时指针 px 和 for 循环实现按某关键字的升序或降序进行排序。

6. 系统实现（源代码）

```c
 #include <stdio.h>
#include <stdlib.h>
#include <malloc.h>
#include <string.h>
#define LEN sizeof(Pupil)

typedef struct student
{
 int xh;                                    /*学号*/
 char name[20];                             /*姓名*/
 char banji[20];                            /*班级*/
 char xueqi[8];                             /*学期*/
 int score[4];                              /*4 门课成绩*/
 int sum;
 struct student *next;
}Pupil;                                      /*新类型 Pupil*/
int i,n,flag=0;
Pupil xs[100],*ph;
char choose;

/*****用户函数原型说明********/
void main_menu();                            /*系统主菜单*/
void sort_sub_menu();                        /*排序子菜单(对学生记录按某关键字排序)*/
Pupil *xsinfo(Pupil *head);                  /*学生成绩数据输入函数即输入学生记录*/
Pupil *sort_xh_cj(Pupil *head,char);         /*对学生记录排序 1*/
void max_min_sum_avg(Pupil *head);           /*统计最高最低分及总分与平均分*/
void print(Pupil *head);                     /*输出学生记录*/
void find(Pupil *head);                      /*查找学生记录*/
Pupil *add_new(Pupil *head);                 /*添加学生记录*/
Pupil *del(Pupil *head,char xm[20] );
Pupil *loadfile( );                          /*读入文件中的学生数据*/
Pupil *reloadfile();                         //重新读入文件中的学生数据
void savefile(Pupil*h,int savetype);         //另存为文件
void savefile2(Pupil*h);                     //保存文件

/*---------成绩数据输入函数 xsinfo 开始----------*/
Pupil *xsinfo(Pupil *head)
{
```

```
     int num;
     Pupil *p1,*p2,*p,*q;
     FILE *fp,*fp2;
     n=0;
     p2=head;
     printf("\n请输入第%d名学生的学号,学号为0表示结束输入:",n+1);
     scanf("%d",&num);
     if(num==0)
      {
      p1=(Pupil *)malloc(LEN);
      p1->xh=0;p1->xh=xs[0].xh;
      strcpy(p1->name,"0");strcpy(xs[0].name,p1->name);
      strcpy(p1->banji,"0");strcpy(xs[0].banji,p1->banji);
      strcpy(p1->xueqi,"0");strcpy(xs[0].xueqi,p1->xueqi);
      p1->score[0]=0;xs[0].score[0]=p1->score[0];
      p1->score[1]=0;xs[0].score[1]=p1->score[1];
      p1->score[2]=0;xs[0].score[2]=p1->score[2];
      p1->score[3]=0;xs[0].score[3]=p1->score[3];
      fp=fopen("xs.dat","wb");
      fwrite(&xs[0],LEN,1,fp);
      fclose(fp);
      p1->sum=p1->score[0]+p1->score[1]+p1->score[2]+p1->score[3];
      p2->next=p1;
      p2=p1;
      }

     for(;num;)
     {
     n++;
     p1=(Pupil *)malloc(LEN);
     p1->xh=num;
     xs[n].xh=p1->xh;

      printf("请输入第%d名学生的班级:",n);
      scanf("%s",p1->banji); strcpy(xs[n].banji,p1->banji);

      printf("请输入第%d名学生的姓名:",n);
      scanf("%s",p1->name); strcpy(xs[n].name,p1->name);

      printf("请输入第%d名成绩所属学期:",n);
      scanf("%s",p1->xueqi); strcpy(xs[n].xueqi,p1->xueqi);

      printf("请输入第%d名学生的政治成绩:",n);
      scanf("%d",&p1->score[0]);xs[n].score[0]=p1->score[0];
      printf("请输入第%d名学生的数学成绩:",n);
      scanf("%d",&p1->score[1]);xs[n].score[1]=p1->score[1];
      printf("请输入第%d名学生的英语成绩:",n);
      scanf("%d",&p1->score[2]);xs[n].score[2]=p1->score[2];
      printf("请输入第%d名学生的C语言成绩:",n);
      scanf("%d",&p1->score[3]);xs[n].score[3]=p1->score[3];

      fp=fopen("xs.dat","wb");
      for(i=1;i<=n;i++)
```

214

```
 {if(fwrite(&xs[i],LEN,1,fp)!=1)
  printf("File write error\n");
  }
 fclose(fp);
 p1->sum=p1->score[0]+p1->score[1]+p1->score[2]+p1->score[3];
 p2->next=p1;
 p2=p1;
 printf("\n 请输入第%d 名学生的学号, 没有此学生则输入 0 表示结束:",n+1);
 scanf("%d",&num);
 }
 p2->next=NULL;
printf("\n\n");
return head;
}
/*---------成绩数据输入函数 xsinfo 结束----------*/


/**--排序与统计子菜单函数 sort_sub_menu 开始**/
void sort_sub_menu()
{
 printf("\n\t\t# # # #--- 学生成绩统计排序 --- # # # #\n");
 printf("\t\t#\t1.按学生学号升序排序\t\t#\n");
 printf("\t\t#\t2.按学生总分降序排序\t\t#\n");
 printf("\t\t#\t3.按学生政治成绩降序排序\t#\n");
 printf("\t\t#\t4.按学生数学成绩降序排序\t#\n");
 printf("\t\t#\t5.按学生英语成绩降序排序\t#\n");
 printf("\t\t#\t6.按学生 C 语言成绩降序排序\t#\n");
 printf("\t\t#\t7.各课程单科高分及平均分\t#\n");
 printf("\t\t#\t8.显示当前全部学生成绩\t\t#\n");
 printf("\t\t#\t0.返回上一级菜单\t\t#\n");
 printf("\t\t# # # # # # ---- jsit_yy ---- # # # # # #\n\n");
}
/**排序与统计子菜单函数 sort_sub_menu 结束**/


/*-----按学号、成绩等排序--------*/
Pupil *sort_xh_cj(Pupil *head,char choose_px)
{
 Pupil *p1,*p2=head,*pm,*px;
 Pupil mid;
 if (!(p2->next)) return head;
 for(p1=p2;p1->next!=NULL;p1=p1->next)
  {
  pm=p1;
  for(p2=p1->next;p2!=NULL;p2=p2->next)
   switch(choose_px)
    {
    case '1':if(pm->xh>p2->xh) pm=p2;break;
    case '2':if(pm->sum<p2->sum) pm=p2;break;
    case '3':if(pm->score[0]<p2->score[0]) pm=p2;break;
    case '4':if(pm->score[1]<p2->score[1]) pm=p2;break;
    case '5':if(pm->score[2]<p2->score[2]) pm=p2;break;
    case '6':if(pm->score[3]<p2->score[3]) pm=p2;break;
```

215

```
      }
    if (pm!=p1)
     {
      mid=*pm;
      *pm=*p1;
      *p1=mid;
      px=pm->next;
      pm->next=p1->next;
      p1->next=px;
     }
  }
 return head;
}
```

```
/*-------统计最高最低分及总分与平均分-------*/
void max_min_sum_avg(Pupil *head)
{
 Pupil *p=head;
 int max_1,max_2,max_3,max_4,min_1,min_2,min_3,min_4;
 int max_sum,min_sum;
 int sum_1=0,sum_2=0,sum_3=0,sum_4=0;
 float aver_1,aver_2,aver_3,aver_4,aver_sum;
 if(!p) return;
 max_1=min_1=p->score[0];max_2=min_2=p->score[1];
 max_3=min_3=p->score[2];max_4=min_4=p->score[3];
 max_sum=min_sum=p->sum;
 for(;p;p=p->next)
  {
   if(max_1<p->score[0]) max_1=p->score[0];
     else if(min_1>p->score[0]) min_1=p->score[0];
   if(max_2<p->score[1]) max_2=p->score[1];
     else if(min_2>p->score[1]) min_2=p->score[1];
   if(max_3<p->score[2]) max_3=p->score[2];
     else if(min_3>p->score[2]) min_3=p->score[2];
   if(max_4<p->score[3]) max_4=p->score[3];
     else if(min_4>p->score[3]) min_4=p->score[3];
   if(max_sum<p->sum) max_sum=p->sum;
     else if(min_sum>p->sum) min_sum=p->sum;
   sum_1+=p->score[0];sum_2+=p->score[1];sum_3+=p->score[2];sum_4+=p->score[3];
  }
 aver_1=1.0*sum_1/n;aver_2=1.0*sum_2/n;aver_3=1.0*sum_3/n;aver_4=1.0*sum_4/n;
 aver_sum=aver_1+aver_2+aver_3+aver_4;
 printf("总共%d名学生,具体数据为:\n",n);
 printf("政治最高分为%d,最低分为%d,平均分为%.2f\n",max_1,min_1,aver_1);
 printf("数学最高分为%d,最低分为%d,平均分为%.2f\n",max_2,min_2,aver_2);
 printf("英语最高分为%d,最低分为%d,平均分为%.2f\n",max_3,min_3,aver_3);
 printf("C语言最高分为%d,最低分为%d,平均分为%.2f\n",max_4,min_4,aver_4);
 printf("总分最高分为%d,最低分为%d,平均分为%.2f\n",max_sum,min_sum,aver_sum);
}
```

```
/***---查询学生成绩信息的函数 find 开始*---***/
void find(Pupil *head)
{
 Pupil *p;
 int fnum;
 char tem[20],choose2;
 char tem1[30],xs_num[30];
 if(n==0)
  {printf("\n 当前系统没有任何学生数据,你就别费力气了！\n ");
   return ;}
 for(;;)
  {
  printf("\n 请输入要查询的方式:\n");
  printf("\n1、按学号查询;2、按姓名查询;3、按班级查询;0、不查询了。\n");
  printf("请选择:");
  scanf("%c",&choose2);
  choose2=getchar();
  if(choose2=='0') break;  //不用 getchar();
  if(choose2=='1')
   {
   printf("\n 请输入要查询学生的学号,输入 0 退出学号查询:");
   scanf("%s",xs_num);
   fnum=atoi(xs_num);//把用户输入的字符转换成 int 型数

   if(fnum==0)printf("\n 你输入的学号不是非零数字开头,则视为你的输入是零！表示结束按学号查询
\n");
    for(;fnum;)
     {
      for(p=head;p!=NULL&&p->xh!=fnum;p=p->next);
      if(!p)
       {
       printf("\n\n 找不到你要查询的学号,请重新输入,输入 0 表示结束:");
       scanf("%s",xs_num);
       fnum=atoi(xs_num);//把用户输入的字符转换成 int 型数
      if(fnum==0) printf("\n 你输入的学号不是以非 0 数字开头,则视为你的输入是 0！表示结束按学号查
询\n");
       }
      else if(p->xh==fnum)
           {
            printf("\n 学号为%d 学生的数据为:\n",p->xh);
            printf("学号\t 姓名\t 班级\t 学期\t 政治\t 数学\t 英语\tC 语言\t 总分\n");
            printf("%d\t%s\t%s\t%s\t%d\t%d\t%d\t%d\t%d\n",p->xh,p->name,
p->banji,p->xueqi,p->score[0],p->score[1],p->score[2],p->score[3],p->sum);
            printf("\n\n 请输入你还要查询的学生的学号,输入 0 表示不按学号查询了:");
            scanf("%s",xs_num);
            fnum=atoi(xs_num);//把用户输入的字符转换成 int 型数
           }
     }
   }
  else if(choose2=='2')
        {
         printf("\n 请输入你要查询的学生姓名,输入 0 退出姓名查询:");
         scanf("%s",tem);
```

```
            for(;strcmp(tem,"0");)
              {
               for(p=head;p!=NULL&&strcmp(p->name,tem);p=p->next);
               if(!p)
                 {
                  printf("\n\n 找不到你要查询的姓名,请重新输入,输入 0 表示结束:");
                  scanf("%s",tem);
                 }
               else if(!strcmp(p->name,tem))
                     {
                      printf("\n 姓名为%s 学生的数据为:\n",p->name);
                      printf("学号\t 姓名\t 班级\t 学期\t 政治\t 数学\t 英语\tC 语言\t 总分\n");
                      printf("%d\t%s\t%s\t%s\t%d\t%d\t%d\t%d\t%d\n",p->xh,p->name,
                      p->banji,p->xueqi,p->score[0],p->score[1],p->score[2], p->score[3],
                      p->sum);
                      printf("\n\n 请输入你还要查询的学生的姓名,输入 0 表示不按姓名查询了:");
                      scanf("%s",tem);
                     }
                }


          }
       else if(choose2=='3')
             {
              printf("\n 请输入你要查询的班级,输入 0 退出班级查询:");
              scanf("%s",tem1);
              for(;strcmp(tem1,"0");)
                {
                 for(p=head;p!=NULL&&strcmp(p->banji,tem1);p=p->next);
                 if(!p)
                   {
                    printf("\n\n 找不到你要查询的班级,请重新输入,输入 0 表示结束:");
                    scanf("%s",tem1);
                   }
                 else if(!strcmp(p->banji,tem1))
                     {
                      printf("\n 班级为%s 的数据为:\n",p->banji);
                      printf("学号\t 姓名\t 班级\t 学期\t 政治\t 数学\t 英语\tC 语言\t 总分\n");
                      printf("%d\t%s\t%s\t%s\t%d\t%d\t%d\t%d\t%d\n",p->xh,
                             p->name,p->banji,p->xueqi,p->score[0],p->score[1],
                             p->score[2],p->score[3], p->sum);
                      printf("\n\n 请输入你还要查询的班级,输入 0 表示不按班级查询了:");
                      scanf("%s",tem1);
                     }
                  }
               }
              else if(choose2=='0') {printf("\n 你选择了不查询! \n");break;}
                  else {printf("\n 你以其他方式选择了不查询! \n");break;}
       }
 }
/***---查询学生成绩信息的函数 find 结束*---***/


/*-----添加学生信息 add_new 函数开始------*/
```

```
Pupil *add_new(Pupil *head)
{
 Pupil *p;
 int flag;
 printf("\n\n 请输入你要新添加的学生学号,学号为 0 表示结束输入:");
 scanf("%d",&flag);
 while(getchar()!='\n');
 for(;flag;)
     {
     p=(Pupil *)malloc(LEN);
     p->xh=flag;

     printf("请输入新添加学生成绩的所属学期:",n);
     scanf("%s",p->xueqi);
     printf("请输入新添加学生的班级:",n);
     scanf("%s",p->banji);
     printf("请输入新添加学生的姓名:",n);
     scanf("%s",p->name);
     printf("请输入新添加学生的政治成绩:",n);
     scanf("%d",&p->score[0]);
     printf("请输入新添加学生的数学成绩:",n);
     scanf("%d",&p->score[1]);
     printf("请输入新添加学生的英语成绩:",n);
     scanf("%d",&p->score[2]);
     printf("请输入第%d名学生的 C 语言成绩:",n);
     scanf("%d",&p->score[3]);
     p->sum=p->score[0]+p->score[1]+p->score[2]+p->score[3];
     p->next=head->next;
     head->next=p;
     n++;
     printf("\n 请输入还要添加的学生学号,若没有则输入 0 表示结束:");
     scanf("%d",&flag);
     }
 head=sort_xh_cj(head,1);
 printf("添加后的成绩表为:\n");
 print(head);
 return head;
}
/*-----添加学生信息 add_new 函数结束------*/


/*-----打印输出 print 函数开始--------*/
void print(Pupil *head)
{
 Pupil *p=head;
 if(!(p->next)&&!p)
   {printf("\n\n 此系统目前没有任何学生数据! \n\n\n");
   return;  //无返回值
   }
 printf("此系统目前共计学生%d 名:\n",n);
 printf("****************************学生成绩统计一览******************************\n");
 printf("学号\t 姓名\t 班级\t 学期\t 政治\t 数学\t 英语\tC 语言\t 总分\n");
 for(;p;p=p->next)
```

```
            printf("%d\t%s\t%s\t%s\t%d\t%d\t%d\t%d\t%d\n",
                    p->xh,p->name,p->banji,p->xueqi,
                    p->score[0],p->score[1],p->score[2],p->score[3],
                    p->sum=p->score[0]+p->score[1]+p->score[2]+p->score[3]);

printf("*****************************jsit_yy********************************\n\n");
    }
    /*-----打印输出 print 函数开始--------*/


    /*----------文件装入函数 loadfile 开始-------*/
    Pupil *loadfile( )
    {
     Pupil *p,*q,*head=NULL;
     FILE *fp;
     n=0;
     if((fp=fopen("xs.dat","rb"))==NULL)      /*以读方式打开二进制文件 xs.dat*/
       {
        printf("Can't open the file!");
        exit(1);
       }
     printf("\n Now Loading file xs.dat......\n");
     head=p;
     p=(Pupil *)malloc(sizeof(Pupil));          /*申请空间*/
     if(!p)                                      /*如果申请不成功*/
       {
        printf("\n Out of Memory");             /*内存溢出*/
        return NULL;                            /*返回空的头指针*/
       }
     head=p;                                     /*申请到空间,将其作为头指针*/
     printf("\n 学号\t 姓名\t 班级\t 学期\t 政治\t 数学\t 英语\tC 语言\t 总分\n");
     while(!feof(fp))                            /*循环读取数据直到文件结束*/
     {
      if(fread(p,sizeof(struct student),1,fp)==0)  break;   /*没读到数据,则跳出循环*/
      n=n+1;
      printf("%d\t%s\t%s\t%s\t%d\t%d\t%d\t%d\t%d\n",
              p->xh,p->name,p->banji,p->xueqi,
              p->score[0],p->score[1],p->score[2],p->score[3],
              p->sum=p->score[0]+p->score[1]+p->score[2]+p->score[3]);
      p->next=(Pupil *)malloc(sizeof(Pupil));        /*申请下一个结点空间*/
      if(!p->next)                                /*如果申请不成功*/
      {
       printf("\n Out of Memory");               /*内存溢出*/
       return head;                              /*返回头指针*/
       }
      q=p;                                        /*保存当前结点的指针,作为下一个结点的前驱*/
      p=p->next;                                  /*指针后移*/
      }
     q->next=NULL;                                /*最后一个结点的后继指针为空*/
     fclose(fp);                                  /*关闭文件*/
     printf("\n Load file success!\n");
     return head;
     }
```

```
/*----------文件装入函数 loadfile 结束-------*/



/********begin of reloadfile()**************/
/******重新读入文件 xs.dat 中数据的 reloadfile 函数 ******/
/**** ＃ ＃ ＃ 该函数是对函数 loadfile 的简化,主要是没有提示信息 ＃ ＃ ＃ **/
Pupil *reloadfile( )
{
 Pupil *p,*q,*head=NULL;
 FILE *fp;
 n=0;
 if((fp=fopen("xs.dat","rb"))==NULL)           /*以读方式打开二进制文件 xs.dat*/
 exit(1);
 head=p;
 p=(Pupil *)malloc(sizeof(Pupil));             /*申请空间*/
 if(!p)   return NULL;                          /*如果申请不成功,返回空的头指针*/
 head=p;                                        /*申请到空间,将其作为头指针*/
 while(!feof(fp))                               /*循环读取数据直到文件结束*/
   {
   if(fread(p,sizeof(struct student),1,fp)==0)
    break;                                      /*没读到数据,则跳出循环*/
   n=n+1;
   p->next=(Pupil *)malloc(sizeof(Pupil));      /*申请下一个结点空间*/
   if(!p->next)   return head;                  /*如果申请不成功,返回头指针*/
   q=p;                                         /*保存当前结点的指针,作为下一个结点的前驱*/
   p=p->next;                                   /*指针后移*/
   }
 q->next=NULL;                                  /*最后一个结点的后继指针为空*/
 fclose(fp);                                    /*关闭文件*/
 return head;
}
/********end of reloadfile()***********/



/***-----------------------------------***/
/**----有两种保存类型的函数 savefile()开始---***/
/***-----------------------------------***/
void savefile(Pupil*h,int savetype)
{
 FILE *fp;
 Pupil *p;
 char filename[28];
 if(savetype==1)   /*另存为*/
   {
   printf("\n\nEnter file name(for example d:\\data.txt):");
   scanf("%s",filename);
   }
 else
   strcpy(filename,"d:\\c_program\\xs.dat");
 if((fp=fopen(filename,"wb"))==NULL)            /*打开一个二进制文件,没有则建立*/
   {
   printf("Can't open file!\n");
```

```
 exit(1);
 }
printf("\nSaving file......");
p=h;
while(p!=NULL)
 {
 fwrite(p,sizeof(struct student),1,fp);       /*写入一条记录*/
 p=p->next;
 }
fclose(fp);                                    /*关闭文件*/
}
/**---有两种保存类型的函数 savefile 结束---***/


/******没有提示信息的保存文件函数 savefile2 开始*******/
void savefile2(Pupil *h)
{
 FILE *fp;
 Pupil *p;
 fp=fopen("xs.dat","wb");                      /*打开一个二进制文件,没有则建立*/
 p=h;
 while(p!=NULL)
 {
 fwrite(p,LEN,1,fp);                           /*写入一条记录*/
 p=p->next;
 }
 fclose(fp);                                   /*关闭文件*/
}
/******函数 savefile2( )结束******/


/*****************删除函数 DEL*********************/
/*---------------begin of del 函数-----------------*/
Pupil *del(Pupil *head,char xm[20] )
{
 FILE *fp1;
 int i,j;
 Pupil *p1,*p2;
 if(head==NULL)
  {
 printf("\n xs cj table null!\n\n");
 return head;
  }
 p1=head;
 while(strcmp(xm,p1->name)!=0&&p1->next!=NULL)
 {p2=p1;p1=p1->next;}
 if(strcmp(xm,p1->name)==0)
  {
  if(p1==head) head=p1->next;
  else p2->next=p1->next;
  printf("Delete:%s\n",xm);
  n=n-1;
  }
```

```
        else
           printf("%s not been found!\n\n",xm);
           /*删除后的数据保存到 xs.dat 文件中*/
        for(i=1;i<=n;i++)
         if(strcmp(xm,xs[i].name)==0)
           { for(j=i;j<n-1;j++)
             { xs[i].xh=xs[i+1].xh;
               strcpy(xs[i].name,xs[i+1].name);
               strcpy(xs[i].banji,xs[i+1].banji);
               strcpy(xs[i].xueqi,xs[i+1].xueqi);
               xs[i].score[0]= xs[i+1].score[0];
               xs[i].score[1]= xs[i+1].score[1];
               xs[i].score[2]= xs[i+1].score[2];
               xs[i].score[3]= xs[i+1].score[3];
               xs[i].sum=xs[i+1].score[0]+xs[i+1].score[1]+xs[i+1].score[2]+xs[i+1].
score[3];
             }
           }
        fp1=fopen("xs.dat","wb");
        for(i=1;i<=n;i++)
         fwrite(&xs[i],LEN,1,fp1);        //注意数组 xs[0]弃之没用
        fclose(fp1);                       //关闭文件
        return head;
}
/*-----end of del 函数-----*/


/***********系统主菜单函数 main_menu()开始***********/
void main_menu()
{
    printf("\n\t\t* * * * * 学生成绩管理系统 * * * *\n");
    printf("\t\t\t*1.学生数据键盘录入\t *\n");
    printf("\t\t\t*2.学生数据排序与统计\t *\n");
    printf("\t\t\t*3.查询学生数据\t\t *\n");
    printf("\t\t\t*4.插入学生数据\t\t *\n");
    printf("\t\t\t*5.删除学生数据\t\t *\n");
    printf("\t\t\t*6.保存当前学生成绩\t *\n");
    printf("\t\t\t*7.从文件读入学生成绩\t *\n");
    printf("\t\t\t*8.显示当前全部学生成绩\t *\n");
    printf("\t\t\t*0.退出成绩管理系统\t *\n");
    printf("\t\t* * * * * --jsit_yy--* * * * *\n\n");
}
/***********系统主菜单函数 main_menu()结束********/


/*主函数开始*/
 main()
 {
 Pupil *head,*p;
 int savetype=0;
 char select_px,m;
 //char choose,select_px,m;
```

```
        char xm[20];
        head=(Pupil *)malloc(LEN);
        head->next=NULL;

        system("CLS");
        flag=0;
        main_menu();
        while(!flag)
        {
          printf("\n请输入你要执行的操作:");
          choose=getchar();
          switch(choose)
            {
             case '1':printf("\n\t\t\t\t****注意****");
                      printf("\n\n此选项将会建立新的学生数据,原数据将被覆盖!");
                      printf("请确认删除原数据,建立新数据吗? \n\n");
                      printf("1:建立新的系统数据;0或其他:放弃建立新的系统数据。\n\n");
                      printf("请选择:");
                      getchar();
                      m=getchar();
                      while(getchar()!='\n');

                      if(m=='1') {head=xsinfo(head);print(head->next);
                                        getchar();break;}   //getchar();接受多余的字符如回车等
                      else  {printf("\n你选择了0或其他表示放弃建立新数据! \n");break;}
                  break;

             case '2':
                      flag=1;
                      sort_sub_menu();
                      select_px=getchar();
                      for(;flag;)
                      {
                       printf("请输入你要执行的操作:");
                       select_px=getchar();
                       while(getchar()!='\n');   //用于吸收输入的多余字符
                       switch(select_px)
                       {
                        case '1':
                        case '2':
                        case '3':
                        case '4':
                        case '5':
                        case '6':head=reloadfile(); /*重新读入文件xs.dat*/
                                 sort_xh_cj(head,select_px);
                                 printf("\n排序后的成绩表为:\n");
                                 print(head); flag=0;break;

                        case '7':head=reloadfile();print(head);
                                 max_min_sum_avg(head);flag=0;break;

                        case '8':head=reloadfile();
```

```
                           print(head);flag=0;break;
                 case '0':flag=0;break;
                 default: printf("\n\n 你的输入有误!请重新输入!\n\n");flag=0;break;
                 }
                 // printf("select_px=%c;flag=%d\n",select_px,flag);//测试用
                 if(select_px=='0'&&flag==0) {break;}//退出 while 循环,返回主菜单

                 sort_sub_menu();
                 flag=1;
              }
          break;//和上面的 case 2 配对

    case '3':head=reloadfile();find(head);reloadfile();
              while(getchar()!='\n'); //用于吸收输入的多余字符
              break;

    case '4':head=reloadfile();head=add_new(head); savefile2(head);
              break;   //此处不要用 while(getchar()!='\n');否则会出错

    case '5':head=reloadfile();
              printf("请输入要删除学生的姓名:");
              scanf("%s",xm);
              p=del(head,xm);print(p);savefile2(p);
              while(getchar()!='\n');break;

    case '6':printf("\n 请输入 0-save;1-save as:");
              scanf("%d",&savetype);
              savefile(head,savetype);
              while(getchar()!='\n');//用于吸收输入的多余字符
              break;

    case '7':head=loadfile();
              while(getchar()!='\n');//用于吸收输入的多余字符
              break;

    case '8':head=reloadfile();print(head);
              while(getchar()!='\n');break;

    case '0':system("pause");return 0;

    default:printf("\n\n 输入有误!请你重新输入!\n\n");
              while(getchar()!='\n');break;
  }
 //printf("choose=%c\n",choose);//测试用

  if(flag==0) main_menu();
  }
}
/*************主函数结束***************/
```

ASCII 值	控制字符	ASCII 值	控制字符	ASCII 值	控制字符	ASCII 值	控制字符
0	NUL	32	(space)	64	@	96	`
1	SOH	33	!	65	A	97	a
2	STX	34	"	66	B	98	b
3	ETX	35	#	67	C	99	c
4	EOT	36	$	68	D	100	d
5	ENQ	37	%	69	E	101	e
6	ACK	38	&	70	F	102	f
7	BEL	39	,	71	G	103	g
8	BS	40	(	72	H	104	h
9	HT	41	)	73	I	105	i
10	LF	42	*	74	J	106	j
11	VT	43	+	75	K	107	k
12	FF	44	,	76	L	108	l
13	CR	45	-	77	M	109	m
14	SO	46	.	78	N	110	n
15	SI	47	/	79	O	111	o
16	DLE	48	0	80	P	112	p
17	DC1	49	1	81	Q	113	q
18	DC2	50	2	82	R	114	r
19	DC3	51	3	83	X	115	s
20	DC4	52	4	84	T	116	t
21	NAK	53	5	85	U	117	u
22	SYN	54	6	86	V	118	v
23	TB	55	7	87	W	119	w
24	CAN	56	8	88	X	120	x
25	EM	57	9	89	Y	121	y
26	SUB	58	:	90	Z	122	z
27	ESC	59	;	91	[	123	{
28	FS	60	<	92	\	124	|
29	GS	61	=	93	]	125	}
30	RS	62	>	94	^	126	~
31	US	63	?	95	—	127	DEL

ASCII 值	控制字符	ASCII 值	控制字符	ASCII 值	控制字符	ASCII 值	控制字符
128	€	160	[空格]	192	À	224	à
129		161	¡	193	Á	225	á
130	‚	162	¢	194	Â	226	â
131	ƒ	163	£	195	Ã	227	ã
132	„	164	¤	196	Ä	228	ä
133	…	165	¥	197	Å	229	å
134	†	166	¦	198	Æ	230	æ
135	‡	167	§	199	Ç	231	ç
136	ˆ	168	¨	200	È	231	ç
137	‰	169	©	201	É	232	è
138	Š	170	ª	202	Ê	233	é
139	‹	171	«	203	Ë	234	ê
140	Œ	172	¬	204	Ì	235	ë
141		173		205	Í	236	ì
142	Ž	174	®	206	Î	237	í
143		175	¯	207	Ï	238	î
144		176	°	208	Ð	239	ï
145	‘	177	±	209	Ñ	240	ð
146	’	178	²	210	Ò	241	ñ
147	“	179	³	211	Ó	242	ò
148	”	180	´	212	Ô	243	ó
149	•	181	µ	213	Õ	244	ô
150	–	182	¶	214	Ö	245	õ
151	—	183	·	215	×	246	ö
152	˜	184	¸	216	Ø	247	÷
153	™	185	¹	217	Ù	248	ø
154	š	186	º	218	Ú	249	ù
155	›	187	»	219	Û	250	ú
156	œ	188	¼	220	Ü	251	û
157		189	½	221	Ý	252	ü
158	ž	190	¾	222	Þ	253	ý
159	Ÿ	191	¿	223	ß	254	þ

数值 8、9、10 和 13 可以分别转换为退格符、制表符、换行符和回车符。这些字符都没有图形表示，但是对于不同的应用程序，这些字符可能会影响文本的显示效果。

"空"表示在当前平台上不支持的字符。

C 语言的保留关键字

　　C 语言的关键字共有 32 个，根据关键字的作用，可将其分为数据类型关键字（12个）、控制语句关键字（12个）、存储类型关键字（4个）和其他关键字（4个）四类。

auto	break	case	char	const	continue	default
do	double	else	enum	extern	float	for
goto	if	int	long	register	return	short
signed	static	sizeof	struct	switch	typedef	union
unsigned	void	volatile	while			

C 语言运算符的优先级与结合方向

运算符类别	优先级	运算符	含　义	操作数个数	结合方向
初等运算符	1	（　）	圆括号		左结合（自左至右）
		[　]	下标运算符		
		->	指向结构体成员运算符		
		.	结构体成员运算符		
单目运算符	2	！	逻辑非运算符	1 单目运算符	右结合（自右至左）
		~（特殊）	按位取反(逻辑非)运算符		
		++	自增运算符		
算术运算符		--	自减运算符		
		-	负号运算符		
		（类型）	类型转换运算符		
		*	指针运算符		
位运算符<< >>		&	取地址运算符		
		sizeof	长度运算符		
关系运算符	3	*	乘法运算符	2 双目运算符	左结合（自左至右）
		/	除法运算符		
位运算符&^|		%	求余运算符		
逻辑运算符（不含!）	4	+	加法运算符		
		—	减法运算符		
条件运算符	5	<<	左移位运算符	2 双目运算符	左结合（自左至右）
		>>	右移位运算符		
赋值运算符	6	< <= > >=	关系运算符	2 双目运算符	左结合（自左至右）
逗号运算符	7	==	等于运算符		
		!=	不等于运算符		

续表

运算符类别	优先级	运算符	含 义	操作数个数	结合方向
	8	&	按位与运算符	2 双目运算符	左结合 （自左至右）
	9	^	按位异或运算符		
	10	|	按位或运算符		
	11	&&	逻辑与运算符	2 双目运算符	左结合 （自左至右）
	12	||	逻辑或运算符		
	13	? :	条件运算符	3 三目运算符	右结合 （自右至左）
	14	= += -= *= /= >>= <<= &= ^=	赋值运算符 复合赋值运算符	2 双目运算符	右结合 （自右至左）
	15	,	逗号运算符 （顺序求值运算符）		左结合 （自左至右）

说明

① 同一优先级的运算符，运算次序由其结合性决定。例如*与/具有相同的优先级别，其结合方向为自左至右，因此3*5/4的运算次序是先乘后除。—和++为同一优先级别，结合方向为自右至左，因此—i++相当于—（i++）。

② 不同的运算符要求不同的运算对象个数，如+（加）和—（减）为双目运算符，要求在运算符两侧各有一个运算对象（如：3+5，8-3 等）。而++和-（负号）运算符是单目运算符，只能在运算的一侧出现一个运算对象（如：-a，i++，--i，（float）i，sizeof（int），*p 等）。条件运算符是C语言中唯一一个三目运算符，如：x?a:b。

③ 初等运算符优先级最高，逗号运算符优先级别最低，位运算符的优先级别比较分散，有的在算术运算符之前（如~），有的在算术运算符之后关系运算符之前（如<<和>>），有的在关系运算符之后（如&、^、|）。为了容易记忆，使用位运算符时可加圆括号。

附录 **4**

常用 C 语言标准库函数

库函数是根据用户的需要编制并提供给用户使用的。每一种 C 编译系统都提供了一批库函数，不同的编译系统所提供的库函数的数目和函数名以及函数功能是不完全相同的。ANSI C 标准提出了一批建议提供的标准库函数。它包括了目前多数 C 编译系统所提供的库函数，但也有一些是某些 C 编译系统未曾实现的。考虑到通用性，本附录列出了 ANSI C 标准建议提供的常用的部分库函数。

由于 C 库函数的种类和数目很多，例如还有屏幕和图形函数、时间日期函数、与系统有关的函数等，每一类函数又包括各种功能的函数，限于篇幅，本附录不能全部介绍，只从教学需要的角度列出最基本的库函数。读者在编写 C 程序时可根据需要，查阅 C 库函数使用手册。

1. 数学函数

使用数学函数时，应该在源程序文件中使用以下预编译命令：

```
#include <math.h>或#include "math.h"
```

函 数 名	函 数 原 型	功 能	返 回 值
abs	int abs(int num);	计算整数 num 的绝对值	计算结果
acos	double acos(double x);	计算 arccos x 的值，其中−1<=x<=1	计算结果
asin	double asin(double x);	计算 arcsin x 的值，其中−1<=x<=1	计算结果
atan	double atan(double x);	计算 arctan x 的值	计算结果
atan2	double atan2(double x, double y);	计算 arctan x/y 的值	计算结果
cos	double cos(double x);	计算 cos x 的值，其中 x 的单位为弧度	计算结果
cosh	double cosh(double x);	计算 x 的双曲余弦 cosh x 的值	计算结果
exp	double exp(double x);	求 e^x 的值	计算结果
fabs	double fabs(double x);	求 x 的绝对值	计算结果
floor	double floor(double x);	求出不大于 x 的最大整数	该整数的双精度实数
fmod	double fmod(double x, double y);	求整除 x/y 的余数	返回余数的双精度实数

函　数　名	函　数　原　型	功　　能	返　回　值
frexp	double frexp(double val, int *eptr);	把双精度数 val 分解成数字部分（尾数）和以 2 为底的指数，即 val=$x*2^n$，n 存放在 eptr 指向的变量中	数字部分 x $0.5<=x<1$
log	double log(double x);	求 lnx 的值	计算结果
log10	double log10(double x);	求 $log_{10}x$ 的值	计算结果
modf	double modf(double val, int *iptr);	把双精度数 val 分解成数字部分和小数部分，把整数部分存放在 ptr 指向的变量中	val 的小数部分
pow	double pow(double x, double y);	求 x^y 的值	计算结果
sin	double sin(double x);	求 sin x 的值，其中 x 的单位为弧度	计算结果
sinh	double sinh(double x);	计算 x 的双曲正弦函数 sinh x 的值	计算结果
sqrt	double sqrt (double x);	计算 $\sqrt{x}$，其中 $x \geqslant 0$	计算结果
tan	double tan(double x);	计算 tan x 的值，其中 x 的单位为弧度	计算结果
tanh	double tanh(double x);	计算 x 的双曲正切函数 tanh x 的值	计算结果

2. 字符函数

在使用字符函数时，应该在源文件中使用预编译命令：

```
#include <ctype.h>或#include "ctype.h"
```

函　数　名	函　数　原　型	功　　能	返　回　值
isalnum	int isalnum(int ch);	检查 ch 是否是字母或数字	是字母或数字返回 1，否则返回 0
isalpha	int isalpha(int ch);	检查 ch 是否是字母	是字母返回 1，否则返回 0
iscntrl	int iscntrl(int ch);	检查 ch 是否是控制字符（其 ASCII 码在 0 和 0xlF 之间）	是控制字符返回 1，否则返回 0
isdigit	int isdigit(int ch);	检查 ch 是否是数字	是数字返回 1，否则返回 0
isgraph	int isgraph(int ch);	检查 ch 是否是可打印字符（其 ASCII 码在 0x21 和 0x7e 之间），不包括空格	是可打印字符返回 1，否则返回 0
islower	int islower(int ch);	检查 ch 是否是小写字母（a~z）	是小写字母返回 1，否则返回 0
isprint	int isprint(int ch);	检查 ch 是否是可打印字符（其 ASCII 码在 0x21 和 0x7e 之间），不包括空格	是可打印字符返回 1，否则返回 0
ispunct	int ispunct(int ch);	检查 ch 是否是标点字符（不包括空格）即除字母、数字和空格以外的所有可打印字符	是标点返回 1，否则返回 0
isspace	int isspace(int ch);	检查 ch 是否是空格、跳格符（制表符）或换行符	是，返回 1，否则返回 0
isupper	int isupper(int ch);	检查 ch 是否是大写字母（A~Z）	是大写字母返回 1，否则返回 0
isxdigit	int isxdigit(int ch);	检查 ch 是否是一个十六进制数字（即 0~9，或 A 到 F，a~f）	是，返回 1，否则返回 0
tolower	int tolower(int ch);	将 ch 字符转换为小写字母	返回 ch 对应的小写字母
toupper	int toupper(int ch);	将 ch 字符转换为大写字母	返回 ch 对应的大写字母

3. 字符串函数

使用字符串函数时，应该在源文件中使用预编译命令：

```
#include <string.h>或#include "string.h"
```

函 数 名	函 数 原 型	功 能	返 回 值
memchr	void memchr(void *buf, char ch, unsigned count);	在 buf 的前 count 个字符里搜索字符 ch 首次出现的位置	返回指向 buf 中 ch 的第一次出现的位置指针。若没找到 ch, 返回 NULL
memcmp	int memcmp(void *buf1, void *buf2, unsigned count);	按字典顺序比较由 buf1 和 buf2 指向的数组的前 count 个字符	buf1<buf2, 为负数 buf1=buf2, 返回 0 buf1>buf2, 为正数
memcpy	void *memcpy(void *to, void *from, unsigned count);	将 from 指向的数组中的前 count 个字符拷贝到 to 指向的数组中。From 和 to 指向的数组不允许重叠	返回指向 to 的指针
memove	void *memove(void *to, void *from, unsigned count);	将 from 指向的数组中的前 count 个字符拷贝到 to 指向的数组中。From 和 to 指向的数组不允许重叠	返回指向 to 的指针
memset	void *memset(void *buf, char ch, unsigned count);	将字符 ch 拷贝到 buf 指向的数组前 count 个字符中	返回 buf
strcat	char *strcat(char *str1, char *str2);	把字符 str2 接到 str1 后面, 取消原来 str1 最后面的串结束符"\0"	返回 str1
strchr	char *strchr(char *str,int ch);	找出 str 指向的字符串中第一次出现字符 ch 的位置	返回指向该位置的指针, 如找不到, 则应返回 NULL
strcmp	int *strcmp(char *str1, char *str2);	比较字符串 str1 和 str2	若 str1<str2, 为负数 若 str1=str2, 返回 0 若 str1>str2, 为正数
strcpy	char *strcpy(char *str1, char *str2);	把 str2 指向的字符串拷贝到 str1 中	返回 str1
strlen	unsigned intstrlen(char *str);	统计字符串 str 中字符的个数（不包括终止符"\0"）	返回字符个数
strncat	char *strncat(char *str1, char *str2, unsigned count);	把字符串 str2 指向的字符串中最多 count 个字符连到串 str1 后面, 并以 NULL 结尾	返回 str1
strncmp	int strncmp(char *str1,* str2, unsigned count);	比较字符串 str1 和 str2 中至多前 count 个字符	若 str1<str2, 为负数 str1=str2, 返回 0 若 str1>str2, 为正数
strncpy	char *strncpy(char *str1, *str2, unsigned count);	把 str2 指向的字符串中最多前 count 个字符拷贝到串 str1 中	返回 str1
strnset	void *setnset(char *buf, char ch, unsigned count);	将字符 ch 拷贝到 buf 指向的数组前 count 个字符中	返回 buf
strset	void *setset(void *buf, char ch);	将 buf 所指向的字符串中的全部字符都变为字符 ch	返回 buf
strstr	char *strstr(char *str1, *str2);	寻找 str2 指向的字符串在 str1 指向的字符串中首次出现的位置	返回 str2 指向的字符串首次出现的地址。否则返回 NULL

4. 输入输出函数

在使用输入输出函数时, 应该在源文件中使用预编译命令:

```
#include <stdio.h>或#include "stdio.h"
```

函 数 名	函 数 原 型	功　　能	返　回　值
clearerr	void clearerr(FILE *fp);	清除文件指针错误指示器	无
close	int close(int fp);	关闭文件（非 ANSI 标准）	关闭成功返回 0，不成功返回 −1
creat	int creat(char *filename, int mode);	以 mode 所指定的方式建立文件（非 ANSI 标准）	成功返回正数，否则返回−1
eof	int eof(int fp);	判断 fp 所指的文件是否结束	文件结束返回 1，否则返回 0
fclose	int fclose(FILE *fp);	关闭 fp 所指的文件，释放文件缓冲区	关闭成功返回 0，不成功返回非 0
feof	int feof(FILE *fp);	检查文件是否结束	文件结束返回非 0，否则返回 0
ferror	int ferror(FILE *fp);	测试 fp 所指的文件是否有错误	无错返回 0，否则返回非 0
fflush	int fflush(FILE *fp);	将 fp 所指的文件的全部控制信息和数据存盘	存盘正确返回 0，否则返回非 0
fgets	char *fgets(char *buf, int n, FILE *fp);	从 fp 所指的文件中读取一个长度为（n−1）的字符串，存入起始地址为 buf 的空间	返回地址 buf。若遇文件结束或出错则返回 EOF
fgetc	int fgetc(FILE *fp);	从 fp 所指的文件中取得下一个字符	返回所得到的字符。出错返回 EOF
fopen	FILE *fopen(char *filename, char *mode);	以 mode 指定的方式打开名为 filename 的文件	成功，则返回一个文件指针，否则返回 0
fprintf	int fprintf(FILE *fp, char *format,args,…);	把 args 的值以 format 指定的格式输出到 fp 所指的文件中	实际输出的字符数
fputc	int fputc(char ch, FILE *fp);	将字符 ch 输出到 fp 所指的文件中	成功则返回该字符，出错返回 EOF
fputs	int fputs(char str, FILE *fp);	将 str 指定的字符串输出到 fp 所指的文件中	成功则返回 0，出错返回 EOF
fread	int fread(char *pt, unsigned size, unsigned n, FILE *fp);	从 fp 所指定的文件中读取长度为 size 的 n 个数据项，存到 pt 所指向的内存区	返回所读的数据项个数，若文件结束或出错返回 0
fscanf	int fscanf(FILE *fp, char *format,args,…);	从 fp 指定的文件中按给定的 format 格式将读入的数据送到 args 所指向的内存变量中（args 是指针）	输入的数据个数
fseek	int fseek(FILE *fp, long offset, int base);	将 fp 指定的文件的位置指针移到 base 所指出的位置为基准、以 offset 为位移量的位置	返回当前位置，否则返回−1
ftell	long ftell(FILE *fp);	返回 fp 所指定的文件中的读写位置	返回文件中的读写位置，否则返回 0
fwrite	int fwrite(char *ptr, unsigned size, unsigned n, FILE *fp);	把 ptr 所指向的 n*size 个字节输出到 fp 所指向的文件中	写到 fp 文件中的数据项的个数
getc	int getc(FILE *fp);	从 fp 所指向的文件中读出下一个字符	返回读出的字符，若文件出错或结束返回 EOF
getchar	int getchar();	从标准输入设备中读取下一个字符	返回字符，若文件出错或结束返回−1
gets	char *gets(char *str);	从标准输入设备中读取字符串存入 str 指向的数组	成功返回 str，否则返回 NULL

函　数　名	函　数　原　型	功　　能	返　回　值
open	int open(char *filename, int mode);	以 mode 指定的方式打开已存在的名为 filename 的文件(非 ANSI 标准)	返回文件号(正数),如打开失败返回-1
printf	int printf(char *format, args, …);	在 format 指定的字符串的控制下,将输出列表 args 的值输出到标准设备	输出字符的个数。若出错返回负数
prtc	int prtc(int ch, FILE *fp);	把一个字符 ch 输出到 fp 所指的文件中	输出字符 ch,若出错返回 EOF
putchar	int putchar(char ch);	把字符 ch 输出到 fp 标准输出设备	返回换行符,若失败返回 EOF
puts	int puts(char *str);	把 str 指向的字符串输出到标准输出设备,将"\0"转换为回车行	返回换行符,若失败返回 EOF
putw	int putw(int w, FILE *fp);	将一个整数 w(即一个字)写到 fp 所指的文件中(非 ANSI 标准)	返回读出的字符,若文件出错或结束返回 EOF
read	int read(int fd, char *buf, unsigned count);	从文件号 fd 所指定的文件中读 count 个字节到由 buf 指示的缓冲区(非 ANSI 标准)中	返回真正读出的字节个数,如文件结束返回 0,出错返回-1
remove	int remove(char *fname);	删除以 fname 为文件名的文件	成功返回 0,出错返回-1
rename	int remove(char *oname, char *nname);	把 oname 所指的文件名改为由 nname 所指的文件名	成功返回 0,出错返回-1
rewind	int rewind(FILE *fp);	将 fp 指定的文件指针置于文件头,并清除文件结束标志和错误标志	移动成功返回 0,出错返回非 0
scanf	int scanf(char *format, args, …);	从标准输入设备按 format 指示的格式字符串规定的格式,输入数据给 args 所指示的单元。args 为指针	读入并赋给 args 数据个数。如文件结束返回 EOF,若出错返回 0
write	int write(int fd, char *buf, unsigned count);	丛 buf 指示的缓冲区输出 count 个字符到 fd 所指的文件中(非 ANSI 标准)	返回实际写入的字节数,如出错返回-1

5. 动态存储分配函数

在使用动态存储分配函数时,应该在源文件中使用预编译命令:

```
#include <stdlib.h>或#include "stdlib.h"
```

函　数　名	函　数　原　型	功　　能	返　回　值
callloc	void *calloc(unsigned n, unsigned size);	分配 n 个数据项的内存连续空间,每个数据项的大小为 size	分配内存单元的起始地址。如不成功,返回 0
free	void free(void *p);	释放 p 所指的内存区	无
malloc	void *malloc(unsigned size);	分配 size 字节的内存区	所分配的内存区地址,如内存不够,返回 0
realloc	void *realloc(void *p, unsigned size);	将 p 所指的已分配的内存区的大小改为 size。size 可以比原来分配的空间大或小	返回指向该内存区的指针。若重新分配失败,返回 NULL

6. 其他函数

有些函数由于不便归入某一类,所以单独列出。使用这些函数时,应该在源文件中使用预编译命令：

```
#include <stdlib.h>或#include "stdlib.h"
```

函　数　名	函　数　原　型	功　　　能	返　回　值
atof	double atof(char *str);	将 str 指向的字符串转换为一个 double 型的值	返回双精度计算结果
atoi	int atoi(char *str);	将 str 指向的字符串转换为一个 int 型的值	返回转换结果
atol	long atol(char *str);	将 str 指向的字符串转换为一个 long 型的值	返回转换结果
exit	void exit(int status);	中止程序运行。将 status 的值返回调用的过程	无
itoa	char *itoa(int n, char *str, int radix);	将整数 n 的值按照 radix 进制转换为等价的字符串，并将结果存入 str 指向的字符串中	返回一个指向 str 的指针
labs	long labs(long num);	计算 long 型整数 num 的绝对值	返回计算结果
ltoa	char *ltoa(long n, char *str, int radix);	将长整数 n 的值按照 radix 进制转换为等价的字符串，并将结果存入 str 指向的字符串	返回一个指向 str 的指针
rand	int rand();	产生 0 到 RAND_MAX 之间的伪随机数。RAND_MAX 在头文件中定义	返回一个伪随机（整）数
random	int random(int num);	产生 0 到 num 之间的随机数	返回一个随机（整）数
randomize	void randomize();	初始化随机函数，使用时包括头文件 time.h	无

习题参考答案

第1章 初识C语言

一、填空题

（1）函数首部、函数体

（2）多条、多行

（3）分号（或；）

（4）.c

（5）.exe

（6）主（或 main()）若干

（7）/* */

（8）圆括号或小括号或()

（9）花括号或大括号或{ }

（10）上机输入与编辑源程序、对源程序进行编译、与库函数连接、运行最后生成的可执行文件（简单地说就是：编辑、编译、连接与运行）

二、选择题

（1）A （2）C （3）B （4）D （5）C

三、简答题

（1）简述C语言的特点

答：1. 语言简洁、紧凑、使用方便、灵活；

2. C语言数据类型和运算符丰富；

3. C语言是一种结构化程序设计语言，层次清晰，便于按模块化方式组织程序，易于调试和维护；

4. 语法限制不太严格，程序设计自由度大；

5. 对数组下标越界不作检查，由程序编写者自己保证程序的正确性；

6. 能直接访问物理地址，能进行位操作，能实现汇编语言的大部分功能，可以直接对硬件进行操作；

7. 生成的目标代码质量高，程序执行效率高；

8. 用C语言编写的程序，可移植性较好。

（2）简述C程序的构成

答：C程序是由函数组成的，函数是C程序的基本单位，一个完整的C程序是由一个 main() 函数和若干其他函数组成的，但有且只有一个 main() 函数。

（3）简述C程序的开发步骤

答：C程序的开发一般要经过编辑、编译、连接、运行 4 个步骤。

上机实践与能力拓展

【实践 1-1】略

【实践 1-2】略

【实践 1-3】略

【实践 1-4】

源程序如下：

```
#include<stdio.h>
main()
{
printf("Welcome to jsit!\n");
}
```

【实践 1-5】

源程序如下：

```
#include <stdio.h>
main()
{
  int a=67,b=23,subs;
  subs=a-b;
  printf("subs=%d\n",subs);
}
```

第 2 章　数据类型、运算符与表达式

一、填空题

（1）3　2

（2）9.4

（3）3　4

（4）字母、数字和下划线　　字母或下划线

（5）一、一或多

（6）单引号（' '）　双引号（" "）　\0

（7）1、1

（8）先、后、变量的初始化

（9）char--->int--->long--->double　　float--->double

（10）30　　15

二、选择题

（1）D　　（2）A　　（3）C　　（4）B　　（5）B

（6）B　　（7）C　　（8）D　　（9）A　　（10）B

（11）C　　（12）B　　（13）A　　（14）D　　（15）C

（16）A　　（17）B　　（18）D

三、写出下列程序的运行结果

（1）

36

21

请按任意键继续…

（2）

i=−4

n=2

请按任意键继续…

（3）

3.500000

请按任意键继续…

（4）

9, 10, 9, 9

请按任意键继续…

（5）

a：9a

b：ffffff65

−2，−2

6c

请按任意键继续…

四、简答题

（1）字符常量和字符串常量有什么区别？

答：字符常量是用一对单引号括起来的字符，它有一般形式和特殊形式之分，一般形式的字符常量是用单引号括起来的单个字符，不能用双引号或其他符号；另一种特殊形式的字符常量是一对单引号里面以反斜杠（\）开头的多个字符，主要用来表示那些用一般字符不便于表示的控制字符，这种形式的字符常量就称为转义字符。字符串常量是用一对双引号括起来的一串字符。

（2）变量名和变量有何区别？

答：在程序运行中，其值可以改变的量就称为变量，变量有两个要素：变量名和变量值。每个变量都必须有一个名字，这就是变量名。变量之间也是用变量名加以区分的。在程序中通过变量名来引用变量值，变量值存储在内存单元中。

上机实践与能力拓展

【实践 2-1】修改下面程序中的错误，并上机进行运行调试。

（1）

改为：

```
#include<stdio.h>
 main()
 {int a,b=1,c=2;
  a=0;
```

```
  a=b+c;
  printf("a=%d\n",a);
  }
```

（2）

改为：

```
#include<stdio.h>
main()
 {int a,b;
  a=100;b=200;
  printf("(a++)+b=%d\n",(a++)+b);
  a=100;b=200;
  printf("a+(++b)=%d\n",a+(++b));
  a=100;b=200;
  printf("a+++b=%d\n",a+++b);
}
```

【实践 2-2】完善程序。下面程序的功能是：输入一个 3 位的十进制整数，要求按逆序输出对应的数，如输入 456，则输出 654。

完善后的程序为：

```
#include<stdio.h>
 main()
{int i,j,k,m,n;
printf("请输入一个 3 位的正整数： ");
scanf("%d",&m);           /*读入一个 3 位正整数，存放到变量 m 中*/
i=m/100;                  /*求百位上的数字*/
n=m%100;
j=n/10;                   /*求十位上的数字*/
k=n%10;                   /*求个位上的数字*/
n=100*k+10*j+i;           /*反向数*/
printf("%d ==> %d\n",m,n);
}
```

第3章　顺序结构程序设计

一、填空题

（1）控制语句、函数调用语句、表达式语句、空语句和复合语句

（2）9

（3）以；结束

（4）{ }

（5）%

（6）①遇空格或按回车键或 Tab 键。②按指定的宽度结束。③遇非法输入。

（7）标准库函数

（8）-17; 23; 67.38

（9）#include<stdio.h>

二、选择题

（1）C　　（2）A C　　（3）D　　（4）C　　（5）D

（6）D　　（7）C　　（8）B　　（9）B　　（10）D

（11）A　　（12）C　　（13）D

三、写出下列程序的运行结果

（1）

3 3

请按任意键继续...

（2）a=12345, b=−1.98e+002, c=6.50

请按任意键继续...

（3）

−1123, −11.70

请按任意键继续...

（4）

a=374 a=0374

a=fc a=0xfc

请按任意键继续...

（5）

　　12##, 12　　##

　3.14159260000##

请按任意键继续...

 ## 上机实践与能力拓展

【实践 3-1】用顺序结构程序实现下面的主菜单界面。

上面主菜单的源程序如下：

```
#include<stdio.h>
main()
{
  printf("\n\t\t* * * * 学生成绩管理系统 * * * *\n");
  printf("\t\t*\t1.学生数据键盘录入\t *\n");
  printf("\t\t*\t2.学生数据统计排序\t *\n");
  printf("\t\t*\t3.查询学生数据\t\t *\n");
  printf("\t\t*\t4.插入学生数据\t\t *\n");
  printf("\t\t*\t5.显示当前成绩表\t *\n");
  printf("\t\t*\t0.退出成绩管理系统\t *\n");
  printf("\t\t* * * * * * --jsit_yy--* * * * * *\n\n");
}
```

【实践 3-2】编写一个顺序结构的程序，求任意一名学生四门课程的总成绩和平均成绩。

源程序如下：

```
#include<stdio.h>
main()
{ float cj1,cj2,cj3,cj4,score,aver;
 printf("请输入任意一名学生四门课程的成绩: \n");
 scanf("%f %f %f %f",&cj1,&cj2,&cj3,&cj4);
 score=cj1+cj2+cj3+cj4;
```

```
aver=score/4;
printf("\n该同学四门课的总成绩为：%6.1f\n",score);
printf("该同学四门课的平均成绩为：%6.2f\n",aver);
}
```

【实践 3-3】用 printf 函数编程输出一棵水杉树。

源程序如下：

```
#include<stdio.h>
main()
{
printf("    *\n");
printf("   ***\n");
printf("  *****\n");
printf(" *******\n");
printf("*********\n");
printf("   ***\n");
printf("   ***\n");
}
```

【实践 3-4】用 printf 函数输出一棵圣诞树。

源程序如下：

```
#include<stdio.h>
main()
{
printf("          *            ,\n");
printf("                \x5f/^\\\x5f\n");
printf("                 <     >\n");
printf("    *            /.-.\\       *\n");
printf("          *      `/&\\\`              *\n");
printf("                ,@.*\x3b@,\n");
printf("               /_o.I %%\x5f\\   *\n");
printf("       *         (`\'--:o(_@;\n");
printf("               /`;--.,__ `\')          *\n");
printf("              ;@`o %% O,*`\'`&\\ \n");
printf("       *     (`\'--)_@ ;o %%\'()\\       *\n");
printf("             /`;--._`\'\'--._O\'@;\n");
printf("            /&*,()~o`;-.,_ `\"\"`)\n");
printf("     *       /`,@ ;+& () o*`;-\';\\\n");
printf("            (`\"\"--.,_0o*`;-\' &()\\ \n");
printf("           /-.,_    ``\'\'--...--\'`)  *\n");
printf("     *    /@%;o`:;\'--,.__   __.\'\'\\ \n");
printf("          ;*,&(); @ % &^;~`\"`o;@();        *\n");
printf("          /()Emily & ().o@Robin%O\\ \n");
printf("         `\"=\"==\"\"==,,,.,=\"==\"===\"`\n");
printf("        __.-----.(-\'\'\'#####---...__...-----._\n");
printf("               #####\n\n");
}
```

第 4 章 选择结构程序设计

一、填空题

（1）== != > >= < <=

（2）! && ‖ （非、与、或）

（3）0　1　1

（4）1　0

（5）(y%4==0)&&(y%100!=0)||(y%400==0)　【此处的小括号可以去掉】

（6）0

（7）1

（8）0

（9）10 9 11

（10）1

二、选择题

（1）A　　　（2）B　　　（3）C　　　（4）C　　　（5）D

（6）B　　　（7）B　　　（8）D　　　（9）A　　　（10）B

（11）C　　　（12）D　　　（13）A　　　（14）C　　　（15）C

（16）B　　　（17）D　　　（18）B　　　（19）D　　　（20）D

 上机实践与能力拓展

【实践 4-1】判断一个整数是否是 3 的倍数。

源程序如下：

```
#include<stdio.h>
main()
{
int m;
printf("请输入一个整数：");
scanf("%d",&m);
if(m%3==0)
  printf("%d 是 3 的倍数\n",m);
else
  printf("%d 不是 3 的倍数\n",m);
}
```

【实践 4-2】输入一个年份，判断它是否为闰年。

源程序如下：

```
#include<stdio.h>
main()
{
int year;
printf("请输入四位年份：");
scanf("%d",&year);
if((year%4==0)&&(year%100!=0)||year%400==0)
  printf("%4d 是闰年\n",year);
else
  printf("%4d 不是闰年\n",year);
}
```

【实践 4-3】某百货商场进行打折促销活动，消费金额（p）越高，折扣（d）越大，标准如下：

消费金额　　　　　　折扣

p<100	0%
100≤p<200	5%
200≤p<500	10%
500≤p<1000	15%
p≥1000	20%

编程，从键盘输入消费金额，输出折扣率和实付金额（f）。要求：

（1）用 if 语句实现；

（2）用 switch 语句实现。

源程序如下：

```
/*（1）用 if 语句实现*/
#include<stdio.h>
main()
{int  p,t;
 float d=0.0,f=0.0;
 printf("请输入消费金额：");
 scanf("%d",&p);
 if(p<100)
  {d=0;f=p*(1-d);printf("折扣率：%0.2f 实付金额：%0.2f\n",d,f);}
 else
  if(p>=100&&p<200){d=0.05;f=p*(1-d);printf("折扣率：%0.2f 实付金额：%0.2f\n",d,f);}
  else
    if(p>=200&&p<500) {d=0.1;f=p*(1-d);printf("折扣率：%0.2f 实付金额：%0.2f\n",d,f);}
    else
      if(p>=500&&p<1000) {d=0.15;f=p*(1-d);printf("折扣率：%0.2f 实付金额：%0.2f\n",d,f);}
      else{d=0.2;f=p*(1-d);printf("折扣率：%0.2f 实付金额：%0.2f\n",d,f);}
}
/*（2）用 switch 语句实现*/
#include<stdio.h>
main()
{int  p,t;
 float d=0.0,f=0.0;
 printf("请输入消费金额：");
 scanf("%d",&p);
 t=p/100;
 switch(t)
 {
  case 0:d=0;f=p*(1-d);printf("折扣率：%0.2f 实付金额：%0.2f\n",d,f);break;
  case 1:d=0.05;f=p*(1-d);printf("折扣率：%0.2f 实付金额：%0.2f\n",d,f);break;
  case 2:
  case 3:
  case 4:d=0.1;f=p*(1-d);printf("折扣率：%0.2f 实付金额：%0.2f\n",d,f);break;
  case 5:
  case 6:
  case 7:
  case 8:
  case 9:d=0.15;f=p*(1-d);printf("折扣率：%0.2f 实付金额：%0.2f\n",d,f);break;
  default:d=0.2;f=p*(1-d);printf("折扣率：%0.2f 实付金额：%0.2f\n",d,f);
 }
}
```

第 5 章   循环结构程序设计

一、填空题

（1）while do-while for

（2）do-while 语句

（3）for 语句

（4）2 0

（5）break;

（6）m%n

　　　　n

　　　　w

二、选择题

（1）C　　　（2）C　　　（3）B　　　（4）C　　　（5）D

（6）C　　　（7）D　　　（8）A　　　（9）B　　　（10）C

（11）B　　（12）C　　（13）C　　（14）B　　（15）D

（16）B　　（17）A　　（18）D　　（19）D　　（20）B

三、程序阅读题

（1）2870

（2）2, 0

（3）8

（4）36

（5）3, 1, −1,

（6）3, 1, −1, 3, 1, −1,

（7）a=16 y=60

（8）i=6, k=4

（9）1, −2

（10）2, 3

 上机实践与能力拓展

【实践 5-1】分别用 3 种循环语句编写 3 个程序，求 5!=1×2×3×4×5。

```
/*（1）用 for 语句*/
#include<stdio.h>
main()
{
 int i,s=1;
 for(i=1;i<=5;i++)
  s=s*i;
  printf("%d\n",s);
}
/*（2）用 while 语句*/
```

```
#include<stdio.h>
main()
{
 int i=1,s=1;
 while(i<=5)
     s=s*i++;
  printf("%d\n",s);
}
/*（3）用do-while语句*/
#include<stdio.h>
main()
{
 int i=1,s=1;
 do{
    s=s*i++;
    }while(i<=5);
printf("%d\n",s);
}
```

【实践5-2】用循环的嵌套编程求 1!+2!+3!+4!+5!。

```
#include<stdio.h>
main()
{int i=1;
 int sum=0,s=1;
 while(i<=5) {s=s*i;sum=sum+s;i++;}
 printf("sum=%d\n",sum);
}
```

【实践5-3】输入一行字符，分别统计出其中英文字母，空格，数字和其他字符的个数。

```
#include<stdio.h>
main()
{char c;
 int i=0,j=0,k=0,n=0;
 while((c=getchar())!='\n')
 {if(c>=65&&c<=90||c>=97&&c<=122) i++;
  else if(c>=48&&c<=57) j++;
        else if(c==32) k++;
              else n++;}
  printf("字母个数=%d,数字个数=%d,空格个数=%d,其他字符=%d\n",i,j,k,n);
}
```

【实践5-4】输入两个正整数 m 和 n，求它们的最大公约数和最小公倍数。

```
/*方法1*/
#include<stdio.h>
main()
{int m,n,i=1,k,s;
scanf("%d,%d",&m,&n);
for(;i<=m&&i<=n;i++)
 {if(m%i==0&&n%i==0) s=i;}
if(m>=n) k=m;
else k=n;
for(;!(k%m==0&&k%n==0);k++);
printf("最大公约数是%d,最小公倍数是%d\n",s,k);
}
```

```
/*方法2*/
#include<stdio.h>
main()
{int m,n,s,r,t;
scanf("%d,%d",&m,&n);
if(m<n) {t=m;m=n;n=t;}
s=m*n;
r=m%n;
while(r!=0)
 {m=n;n=r;r=m%n; }
printf("最大公约数是%d,最小公倍数是%d\n",n,s/n);
}
```

【实践5-5】用循环语句编程输出"九九乘法口诀表"。

```
#include<stdio.h>
main()
{
 int i,j,k;
 for(i=1;i<=9;i++)
  {
   for(j=1;j<=i;j++)
    {printf("%d*%d=%d ",i,j,i*j);
     if(i==j)   printf("\n");
    }
  }
}
```

【实践5-6】打印出所有的"水仙花数"。所谓"水仙花数"是指一个3位数，其各位数字立方之和等于该数本身。

```
153=1^3+5^3+3^3。
/*源程序如下*/
#include<stdio.h>
#include<math.h>
main()
{int x=100,a,b,c;
 while(x>=100&&x<1000)
  {a=0.01*x;
   b=10*(0.01*x-a);
   c=x-100*a-10*b;
   if(x==(pow(a,3)+pow(b,3)+pow(c,3)))
   printf("%5d",x);x++;
  }
}
```

【实践5-7】一个数如果恰好等于它的因子之和，这个数就称为"完数"。例如，6的因子为1、2、3，而6=1+2+3，因此6是"完数"。编程序找出1000之内的所有完数，并按下面格式输出其因子：

```
6 its factors are 1、2、3
/*方法1*/
#include<stdio.h>
main()
{int m,i,j,s;
 for(m=6;m<1000;m++)
```

```
{s=1;
 for(i=2;i<m;i++)
 if(m%i==0) s=s+i;
 if(m-s==0)
 {printf("%3d its fastors are 1 ",m);
  for(j=2;j<m;j++) if(m%j==0)
 printf("%d ",j);printf("\n");}
 }
}
/*方法 2*/
#include<stdio.h>
main()
{int m,i,j,s;
 for(m=6;m<1000;m++)
 {s=m-1;
  for(i=2;i<m;i++)
  if(m%i==0) s=s-i;
  if(s==0)
  {printf("%3d its fastors are 1 ",m);
   for(j=2;j<m;j++) if(m%j==0)
  printf("%d ",j);printf("\n");
   }
  }
}
```

【实践 5-8】用循环语句编程输出下面的菱形钻石图案。

```
#include<stdio.h>
main()
{
 int i,j,k;
 for(i=1;i<=4;i++)
  {
   for(j=1;j<=5-i;j++) printf(" ");
   for(k=1;k<=2*i-1;k++) printf("*");
   printf("\n");
  }
 for(i=1;i<4;i++)
  {
   for(j=1;j<=i+1;j++) printf(" ");
   for(k=1;k<=7-2*i;k++) printf("*");
   printf("\n");
  }
}
```

第 6 章 数 组

一、填空题

（1）按行存放

（2）2 4

（3）0 6

（4）8 （不包括\0，有效字符的个数）

（5）he

（6）scanf("%s",s1);或 char S1[]="Hello World!";

（7）strcpy(S2,S1);

（8）#include<string.h>或#include"string.h"   #include<stdio.h>或#include"stdio.h"

（9）0   数据类型

（10）1

二、选择题

（1）A   （2）D   （3）D   （4）C   （5）B

（6）C   （7）D   （8）D   （9）B   （10）B

（11）A   （12）D   （13）B   （14）B   （15）D

（16）B   （17）D   （18）D   （19）D   （20）C

（21）A   （22）B

三、写出下面程序的运行结果

（1）

1 0 0 0 0

0 1 0 0 0

0 0 1 0 0

0 0 0 1 0

0 0 0 0 1

（2）AQM

（3）AzyD

（4）

5 7 4 8 9 1

1 5 7 4 8 9

9 1 5 7 4 8

8 9 1 5 7 4

4 8 9 1 5 7

7 4 8 9 1 5

上机实践与能力拓展

【实践 6-1】用选择法对 10 个整数排序。

```
/*方法 1*/
#include<stdio.h>
main()
{int i,j,a[10],t;
 for(i=0;i<10;i++)
  scanf("%d",&a[i]);
 for(j=1;j<10;j++)
  for(i=0;i<=9-j;i++)
   if(a[i]>a[i+1])
```

```
    {t=a[i+1];a[i+1]=a[i];a[i]=t;}
 for(i=0;i<10;i++)
  printf("%5d",a[i]);
}
/*方法2*/
#include<stdio.h>
main()
{static int a[10],i,j,k,t;
 for(i=0;i<10;i++)
  scanf("%d",&a[i]);
 for(j=0;j<10;j++)
  for(i=0;i<9-j;i++)
   if (a[i]>a[i+1])
     {t=a[i+1];a[i+1]=a[i];a[i]=t;}
 for(i=0;i<10;i++)
  printf("%5d",a[i]);
 printf("\n");
}
```

【实践 6-2】有一个已排好序的数组，今输入一个数，要求按原来排序的规律将它插入数组中。

```
/*方法1*/
#include<stdio.h>
main()
{ static int a[10]={1,11,14,17,23,24,67,83,93};
  int i,j,t;
  scanf("%d",&a[9]);
  for(i=9;i>0;i--)
   if(a[i]<a[i-1])
    {t=a[i-1];a[i-1]=a[i];a[i]=t;}
   for(i=0;i<10;i++)
    printf("%5d",a[i]);
 printf("\n");
}
/*方法2*/
#include<stdio.h>
main()
{
static int a[5]={1,4,5,6,7};
int i,t,b;
scanf("%d",&b);
for(i=0;i<5;i++)
 {if(b<=a[i]) {t=a[i];a[i]=b;b=t;}
  printf("%d ",a[i]);}
printf("%d",b);
}
```

【实践 6-3】对三人的四门课程分别按人和科目求平均成绩，并输出包括平均成绩的二维成绩表。

```
#include<stdio.h>
 main()
{
int s[4][5];
int i,j,sum[4]={0};
```

```
float ren_avg,kc_avg[4];
printf("please input NO. and cj:\n");
for(i=0;i<4;i++)
 {for(j=0;j<5;j++)
  scanf("%d",&s[i][j]);}
printf("--NO-----KC1---KC2---KC3---KC4--ren_avg\n");
for(i=0;i<4;i++)
{
 ren_avg=(s[i][1]+s[i][2]+s[i][3]+s[i][4])/4.0;
 printf("%d %5d %5d %5d %5d %7.1f\n",s[i][0],s[i][1],s[i][2],s[i][3],s[i][4],ren_avg);
 for(j=0;j<4;j++)
  sum[i]+=s[j][i+1];
 kc_avg[i]=sum[i]/4.0;
}
printf("KC_AVG%7.1f%6.1f%6.1f%6.1f\n",kc_avg[0],kc_avg[1],kc_avg[2],kc_avg[3]);
printf("-KC_AVG---KC1---KC2---KC3---KC4\n");
}
```

运行结果如下：

```
please input NO. and cj:
201120 50 60  70 80
201109 60 50 90 80
201130 40 60 80 20
201122 70 50 40 30
--NO-----KC1---KC2---KC3---KC4--ren_avg
201120    50    60    70    80    65.0
201109    60    50    90    80    70.0
201130    40    60    80    20    50.0
201122    70    50    40    30    47.5
KC_AVG    55.0  55.0  70.0  52.5
-KC_AVG---KC1---KC2---KC3---KC4
请按任意键继续...
```

【实践 6-4】将一个数组中的值按逆序重新存放。例如：原来顺序为 8，6，5，4，1。要求改为 1，4，5，6，8。

```
#include<stdio.h>
main()
{int i,b[5];
for(i=0;i<5;i++)
 scanf("%d",&b[i]);
for(i=4;i>-1;i--)
 printf("%5d",b[i]);
printf("\n");
}
```

【实践 6-5】打印出杨辉三角形（要求打印出 6 行）。

```
#include<stdio.h>
main()
{ static int m,n,k,b[7][7];
  b[0][1]=1;
  for(m=1;m<7;m++)
  {for(n=1;n<=m;n++)
    {b[m][n]=b[m-1][n-1]+b[m-1][n];
     printf("%-5d",b[m][n]);}
```

```
    printf("\n");
   }
}
```

【实践 6-6】某计算机班有学生若干名,假设期末考试的时候考 5 门课, 每个学生的成绩按学生的姓名（假设用拼音或英文标识）存入计算机，请编写程序实现如下功能：

（1）求每个学生的总分和平均分；

（2）统计各门课程成绩在 85 分以上学生的百分比；

（3）输入一个学生的姓名时，显示该学生的总分和平均分。

```
/*源代码如下*/
#include<stdio.h>
main()
 {char xm[5][10],xs[10];
  int cj[5][5];
  int i,j,k=0,sum[3]={0};
  static int n=0;
  float ren_avg[3],kc_avg[5],bf;
  printf("please input xm and cj:\n");
  for(i=0;i<5;i++)
   {scanf("%s",xm[i]);
    n++;
    for(j=0;j<5;j++)
    scanf("%d",&cj[i][j]);
   }
  for(i=0;i<5;i++)
  {sum[i]=cj[i][0]+cj[i][1]+cj[i][2]+cj[i][3]+cj[i][4];
   ren_avg[i]=sum[i]/5.0;
  printf("xm=%s sum=%d avg=%4.1f\n",xm[i],sum[i],ren_avg[i]);
   }
 for(i=0;i<5;i++)
 if(cj[i][0]>=85&&cj[i][1]>=85&&cj[i][2]>=85&&cj[i][3]>=85&&cj[i][4]>=85) k++;
 bf=k*1.0/n;
 printf("各课85分以上学生百分比%0.1f%%\n",bf*100);
 printf("输入一个学生的姓名:");
 scanf("%s",xs);
 printf("\n-XM---SUM---AVG--\n");
 for(i=0;i<5;i++)
  if(strcmp(xs,xm[i])==0) {printf("%s %5d %6.1f\n",xs,sum[i],ren_avg[i]);break;}
 }
```

运行结果如下：

```
please input xm and cj:
Tom 40 50 60 70 80
czq 85 89 86 90 88
jwx 60 80 75 69 72
wyy 89 86 85 91 90
lxh 60 70 90 78 84
xm=Tom sum=300 avg=60.0
xm=czq sum=438 avg=87.6
xm=jwx sum=356 avg=71.2
xm=wyy sum=441 avg=88.2
xm=lxh sum=382 avg=76.4
```

各课 85 分以上学生百分比 40.0%
输入一个学生的姓名:wyy
-XM---SUM---AVG--
wyy 441 88.2
请按任意键继续...

第 7 章 函 数

一、填空题

（1）int

（2）值传递、地址传递（或传值、传址）

（3）嵌套调用、递归调用

（4）全局变量、局部变量 静态变量、动态变量

（5）void fac(int n,double x); 或 void fac(int ,double);

（6）自动的、静态的、寄存器的、外部的

（7）auto

（8）static 全局变量（即用 static 声明外部变量）

（9）定义时赋值 运行中赋值

二、选择题

（1）B   （2）D   （3）A   （4）B   （5）C

（6）D   （7）D   （8）B   （9）A   （10）B

（11）C   （12）D   （13）B   （14）A   （15）D

（16）C

三、程序阅读题

（1）

8, 17

（2）

024681012141618

024681012141618

（3）−5*5*5

（4）

i=5

i=2

i=2

i=4

i=2

（5）

输出 100～1000 的水仙花数。

四、程序改错题

（1）错误

```
add(int a,int b )
{ int c;
  c=a+b;
  return(c);}
```

（2）【答案】错误

```
long fun(long s)
{long t, sl=1;
 int d;
 t=0;
 while(s<0)
  { d=s/10;
    if(d%2=0)
    { *t=d* sl+*t;
       sl*=10;
    }
 s/=10;
   }
 return(t);
}
```

（3）【答案】错误

```
fun(char s[], int num[5])
{int k; i=5;
 for(k=1; k<=i; k++)
    num[k]=0;
 for(k=1; s[k]='\0'; k++)
  { i=-1;
    switch(s)
    { case 'a':case 'A':i=1;
      case 'e':case 'E':i=2;
      case 'i':case 'I':i=3;
      case 'o':case 'O':i=4;
      case 'u':case 'U':i=5;
    }
    if(i>0)
     num[i]++;
  }
}
```

（4）【答案】错误

```
fun(int m)
{double y=1.0, d;
 int i;
 for(i=2,i<=m,i+=1)
  { d=(double)i*(double)i;
    y-=1.0/d;
  }
 return(y);
}
```

（5）【答案】错误

```
void fun(char s[])
{int i,j;
 for(i=0,j=1; s[i]!='\0'; i++)
    if(s[i]>='0' && s[i]<='9')
     {s[j]=s[i];
j++;}
 s[j]="\0";
}
```

五、程序完善题

（1）【答案】① x2=mid−1　　　　　　② x1=mid+1

（2）【答案】① float fun(float a, float b);　　② x+y, x−y　　③ z+y, z−y

（3）【答案】① i<=10　　　　　　② array[i]　　③ return(avgr)

 上机实践与能力拓展

【实践 7-1】写一个函数，使给定的一个二维数组（3×3）转置，即行列互换。

```
#include<stdio.h>
int zhuangzhi(int b[3][3])
{int i,j,t;
 for(i=0;i<3;i++)
   for(j=0;j>=i&&j<3-i;j++)
    {t=b[i][j];b[i][j]=b[j][i];b[j][i]=t;}
    {t=b[1][2];b[1][2]=b[2][1];b[2][1]=t;}
 }
main()
{int a[3][3];
 int i,j;
 for(i=0;i<3;i++)
  for(j=0;j<3;j++)
   scanf("%d",&a[i][j]);
  printf("原矩阵为：\n");
  for(i=0;i<3;i++)
 {for(j=0;j<3;j++)
  printf("%3d",a[i][j]);
  printf("\n");}
 printf("转置矩阵为：\n");
 zhuangzhi(a);
 for(i=0;i<3;i++)
 {for(j=0;j<3;j++)
 printf(" %d",a[i][j]);
 printf("\n");}
}
```

【实践 7-2】写一函数用起泡法对输入的 5 个整数按由小到大的顺序排列。

```
#include<stdio.h>
int sort(q)
int q[];
 {int i,j,t;
  for(j=1;j<5;j++)
   for(i=0;i<=4-j;i++)
    if(q[i]>q[i+1]) {t=q[i+1];q[i+1]=q[i];q[i]=t;}
  }
main()
 {int y[5];int i;
  for(i=0;i<5;i++)
  scanf("%d",&y[i]);
  sort(y);
```

```
for(i=0;i<5;i++)
printf("%5d",y[i]);
printf("\n");
}
```

【实践 7-3】编写两个函数，分别求两个正整数的最大公约数和最小公倍数，用主函数调用这两个函数，并输出结果（两个正整数由键盘输入）。

```
/*源程序如下*/
#include<stdio.h>
max_gys(int m,int n)      /*定义最大公约数函数*/
{int i=1,t;
 for(;i<=m&&i<=n;i++)
  {if(m%i==0&&n%i==0) t=i;}
 return(t);
}
min_gbs(int x,int y)      /*定义最小公倍数*/
{int w;
 if(x>=y) w=x;
  else w=y;
  for(;!(w%x==0&&w%y==0);w++);
  return w;
}
main()
{int a,b,max,min;
printf("请输入两个正整数: ");
scanf("%d,%d",&a,&b);
max=max_gys(a,b);          /*调用最大公约数函数*/
min=min_gbs(a,b);          /*调用最小公倍数函数*/
printf("max=%d,min=%d\n",max,min);
}
```

【实践 7-4】写一个判断素数的函数，在主函数中输入一个整数，输出是否是素数的消息。

```
psushu(int m)
{int i,t=1;
for(i=2;i<m;i++)
 if(m%i==0&&i<m) break;
if(m-i==0) t=1; else t=0;
return t;
}
#include<stdio.h>
main()
{int a,s;
 printf("enter a shu is \n");
 scanf("%d",&a);
 s=psushu(a);
 if(s==1) printf("%d is sushu\n",a);
 else printf("%d is not sushu\n",a);
}
```

【实践 7-5】输入 3 个学生 2 门课的成绩，分别用函数求：①每个学生平均分；②每门课的平均分；③找出最高分所对应的学生和课程。

```
#include<stdio.h>
float x1[3],x2[2];
```

```
   /* 求每个学生的平均分*/
float per_ren_avg(float f[3][2])                    /*3人2门课*/
{float sum[3]={0.0};int i,j;
 for(i=0;i<3;i++)
  {for(j=0;j<2;j++)
   sum[i]=sum[i]+f[i][j];
   x1[i]=sum[i]/2.0;}
}
  /* 求每门课的平均分 */
 float per_course_avg(float y[3][2])                /*3人2门课*/
  {float sm[3]={0.0};int i,j;
   for(j=0;j<2;j++)
    {for(i=0;i<3;i++)
    sm[j]=sm[j]+y[i][j];
    x2[j]=sm[j]/3;
    }
   }
/*找出最高分所对应的学生和课程*/
float find(float kc[3][2],float s[2],int t[2])
{int i,j;
 for(j=0,s[j]=kc[0][j];j<2;j++)
  for(i=0;i<3;i++)
   if(s[j]<kc[i][j]) {s[j]=kc[i][j];t[j]=i;}
}


main()
{char name[3][20],course[2][20];                    /*3名学生，两门课程名称*/
 float score[3][2],k=0,max[2];
 int a[2],i,j;
 for(i=0;i<3;i++)
    gets(name[i]);                                  /*输入3名学生的姓名*/
 for(j=0;j<2;j++)
   gets(course[j]);                                 /*输入两门课程名称*/

 for(i=0;i<3;i++)
   for(j=0;j<2;j++)
   scanf("%f",&score[i][j]);                        /*双层for循环用来输入每名2门课程的成绩*/
 per_ren_avg(score);                                /*调用per_ren_avg函数求每个学生平均成绩*/
 per_course_avg(score);                             /*调用per_course_avg函数求每门课程平均成绩*/
 find(score,max,a);                                 /*调用find函数找出最高分所对应的学生和课程*/

 for(i=0;i<3;i++)
  {printf("%s avg:%.2f\n",name[i],x1[i]);}          /*输出每个学生的平均成绩*/

for(j=0;j<2;j++)
{printf("%s avg:%.2f\n",course[j],x2[j]);}          /*每门课的平均分*/

for(j=0;j<2;j++)
{printf("max: %.1f ",max[j]);
 printf("--%s--%s\n",name[a[j]],course[j]);         /*输出最高分所对应的学生和课程*/
 }
}
/*将上面程序中的3改为10，2改为5，就变成10个学生，5门课程的情形*/
```

【实践 7-6】编写一个函数 sort_xz，用选择法对 10 个整数从小到大排序。

```
#include<stdio.h>
main()
{
 int k,a[10];
 for(k=0;k<10;k++)
 scanf("%d",&a[k]);
 xzpx(a);
 for(k=0;k<10;k++)
 printf("%5d",a[k]);
}
sort_xz(int b[])
{
 int i,j,t;
 for(j=1;j<10;j++)
  for(i=0;i<=9-j;i++)
   if(b[i]>b[i+1])
    {t=b[i+1];b[i+1]=b[i];b[i]=t;}
```

第 8 章 指　针

一、填空题

（1）指针　指针　指针变量

（2）数组的首地址　数组元素的地址

（3）起始地址（首地址）　数组名或指针变量

（4）*(a+i)

（5）包含 4 个元素的一维数组

（6）指针

（7）函数

（8）整型数据

（9）指针　指针　整型（int）

（10）字符指针变量即指向 char 型数据的指针变量的指针变量（等价于 char c1;char *y=&c1;char *p=&y;）

（11）入口地址

（12）4, 12

（13）8, 8

二、选择题

（1）B　　（2）D　　（3）B　　（4）D　　（5）D

（6）B　　（7）C　　（8）A　　（9）D　　（10）D

（11）D　　（12）B　　（13）D　　（14）C　　（15）D

（16）B　　（17）B　　（18）C

三、写出下面程序的运行结果

（1）8, 7, 7, 8

（2）11, 11, 11, 12, 12, 20, 20, 20

（3）ga

（4）1，2，3，4，5，6，7，8，

（5）4

（6）Hello，World　　ello，World

（7）b，B，A，b

（8）o　love

四、简答题

（1）简述变量名、变量值和变量地址之间的关系。

答：变量名是变量的名字，变量值是变量的内容，变量地址就是编译系统给变量分配的存储单元的地址，对变量的引用就是引用变量值即变量的内容，在程序中是通过变量名进行访问的。

（2）简述指针、指针变量和指针变量的值之间的关系。

答：指针：一个变量的地址称为该变量的指针，对一个变量而言，一旦编译系统为该变量分配了单元，则该变量的地址就不再改变，直到该变量占用的存储单元被释放，所以变量的地址是一个整型常量。

指针变量：用来存放变量地址的变量。

指针变量的值：是指针（地址）。

（3）使用指针的优点：

① 提高程序效率；

② 在调用函数时变量改变了的值能够为主调函数所使用，即可从函数调用得到多个可改变的值；

③ 可以实现动态存储分配。

（4）函数的参数可以是哪些量？

函数的参数可以是变量、指向变量的指针变量、数组名、指向数组的指针变量、指向函数的指针和指向字符串的指针(指向结构体的指针)等。

上机实践与能力拓展

【实践 8-1】写一函数，求一个字符串的长度。在主函数中输入字符串，并输出其长度。

```c
#include <stdio.h>
#include <string.h>
int str_len(char *pt )
{
  return strlen(pt);
}
main()
{
 char str[100];
 int len;
 printf("Please input a string: \n");
 gets(str);
 len=str_len(str);
 printf("The string's length is %d\n",len);
}
```

【实践 8-2】输入 3 个整数，按从小到大的顺序输出。

```
/*方法 1*/
#include<stdio.h>
main()
{
 int a,b,c,*p1,*p2,*p3,*t;
 scanf("%d,%d,%d",&a,&b,&c);
 p1=&a;p2=&b;p3=&c;
 if(*p1>*p2)
   {t=p1;p1=p2;p2=t;}
 if(*p1>*p3)
   {t=p1;p1=p3;p3=t;}
 if(*p2>*p3)
   {t=p2;p2=p3;p3=t;}
 printf("%d,%d,%d\n",*p1,*p2,*p3);
}
/*方法 2*/
#include<stdio.h>
main()
{
 int a,b,c,*p1,*p2,*p3,t;
 scanf("%d,%d,%d",&a,&b,&c);
 p1=&a;p2=&b;p3=&c;
 if(a>b)
  {t=*p1;*p1=*p2;*p2=t;}
 if(a>c)
  {t=*p1;*p1=*p3;*p3=t;}
 if(b>c)
  {t=*p2;*p2=*p3;*p3=t;}
 printf("%d,%d,%d\n",a,b,c);
}
```

【实践 8-3】输入 3 个字符串，按从大到小的顺序输出。

```
/*方法 1--用二维数组实现--三个字符串任意*/
#include<stdio.h>
#include<string.h>
main()
{int i,k,m,n;
 char str[3][20],t[20];
 for(i=0;i<3;i++)
   gets(str[i]);   /*输入 3 个任意的字符串*/
k=strcmp(str[0],str[1]);
if(k>0)   {strcpy(t,str[0]);strcpy(str[0],str[1]);strcpy(str[1],t);}
m=strcmp(str[0],str[2]);
if(m>0)   {strcpy(t,str[0]);strcpy(str[0],str[2]);strcpy(str[2],t);}
n=strcmp(str[1],str[2]);
if(n>0)   {strcpy(t,str[1]);strcpy(str[1],str[2]);strcpy(str[2],t);}
for(i=0;i<3;i++)
puts(str[i]);   //改为 printf("%s\n",str[i]); 也可
}
/*方法 2--字符串固定不变*/
#include<stdio.h>
main()
```

```
{int i,k,m,n;
 char str[][20]={"jsit","hello","czq"},t[20];
k=strcmp(str[0],str[1]);
if(k>0)   {strcpy(t,str[0]);strcpy(str[0],str[1]);strcpy(str[1],t);}
m=strcmp(str[0],str[2]);
if(m>0)   {strcpy(t,str[0]);strcpy(str[0],str[2]);strcpy(str[2],t);}
n=strcmp(str[1],str[2]);
if(n>0)   {strcpy(t,str[1]);strcpy(str[1],str[2]);strcpy(str[2],t);}
for(i=0;i<3;i++)
printf("%s\n",str[i]);   //puts(str[i]);
}
```
/*方法 3--用指针数组实现*/
```
#include<stdio.h>
main()
{int k,m,n;
 char *str[3]={"jsit","hello","czq"},*t;  /*字符串固定*/
k=strcmp(str[0],str[1]);
if(k>0)   {t=str[0];str[0]=str[1];str[1]=t;}
m=strcmp(str[0],str[2]);
if(m>0)   {t=str[0];str[0]=str[2];str[2]=t;}
n=strcmp(str[1],str[2]);
if(n>0)   {t=str[1];str[1]=str[2];str[2]=t;}
printf("%s\n",*str);
printf("%s\n",*(str+1));
printf("%s\n",*(str+2));
}
```
/*方法 4---函数+指针数组--三个字符串任意*/
```
#include <stdio.h>
#include <string.h>
main()
{
    void swap(char *,char *);
    char *p[3];//指针数组，表示元素 str[0],str[1],str[2]存储的内容为指针(地址)
    char str[3][50];
    int i;
    printf("请输入 3 个字符串:\n");
    gets(str[0]); gets(str[1]); gets(str[2]);
    p[0]=str[0]; p[1]=str[1]; p[2]=str[2];
    //p[0],p[1],p[2]分别用于存储字符串数组 str[0],str[1],str[2]的首地址
    if(strcmp(p[0],p[1])<0)  swap(p[0],p[1]);
    if(strcmp(p[0],p[2])<0)  swap(p[0],p[2]);
    if(strcmp(p[1],p[2])<0)  swap(p[1],p[2]);
    printf("\n 按从大到小进行排序: \n");
    printf("%s\n%s\n%s\n",str[0],str[1],str[2]);//for(i=0;i<3;i++) puts(str[i]);
}
void swap(char *p1,char *p2)
{
    char temp[50];
    strcpy(temp,p1);
    strcpy(p1,p2);
    strcpy(p2,temp);
}
```

```
/*方法5---行指针*(p)[20]--从大到小排序*/
#include <stdio.h>
#include <string.h>
main()
{char str0[3][20],str1[20],(*p)[20];        /*注意行指针p不能定义成*(p)[3]*/
int i,k,m,n;
p=str0;
for(i=0;i<3;i++)
  scanf("%s",p+i);                          /*给二维数组str0赋值*/
k=strcmp(*p,*(p+1));
if(k<0)
 {strcpy(str1,*p);strcpy(*p,*(p+1));strcpy(*(p+1),str1);}
m=strcmp(*p,*(p+2));
if(m<0)
 {strcpy(str1,*p);strcpy(*p,*(p+2));strcpy(*(p+2),str1);}
n=strcmp(*(p+1),*(p+2));
if(n<0)
 {strcpy(str1,*(p+1));strcpy(*(p+1),*(p+2));strcpy(*(p+2),str1);}
for(i=0;i<3;i++)
 printf("%s\n",*(p+i));
 }


/*等价于下面程序*/
#include <stdio.h>
#include <string.h>
main()
{char str0[3][20],str1[20],(*p)[20];        /*注意行指针p不能定义成*(p)[3]*/
int i,k,m,n;
p=str0;
for(i=0;i<3;i++)
 gets(p+i);                                 /*给二维数组str0赋值*/
k=strcmp(str0[0],str0[1]);
if(l<0)
 {strcpy(str1,str0[0]);strcpy(str0[0],str0[1]);strcpy(str0[1],str1);}
m=strcmp(str0[0],str0[2]);
if(m<0)
 {strcpy(str1,str0[0]);strcpy(str0[0],str0[2]);strcpy(str0[2],str1);}
n=strcmp(str0[1],str0[2]);
if(n<0)
 {strcpy(str1,str0[1]);strcpy(str0[1],str0[2]);strcpy(str0[2],str1);}
for(i=0;i<3;i++)
 puts(*(p+i));
 }
/*方法6*/
#define N 3
#define M 20
#include <stdio.h>
#include <string.h>
main()
{char str0[N][M],str1[M],(*p)[M],(*q)[M];
int i,k,m,n;
q=str0;
```

```
for(p=q;p<q+N;p++)
gets(*p);
k=strcmp(*q,*(q+1));
if(k>0)
 {strcpy(str1,*q);strcpy(*q,*(q+1));strcpy(*(q+1),str1);}
m=strcmp(*q,*(q+2));
if(m>0)
{strcpy(str1,*q);strcpy(*q,*(q+2));strcpy(*(q+2),str1);}
n=strcmp(*(q+1),*(q+2));
if(n>0)
 {strcpy(str1,*q);strcpy(*(q+1),*(q+2));strcpy(*(q+2),*(q+1));}
for(p=q;p<q+N;p++)
puts(*p);
}
```

【实践 8-4】有一字符串，包含 n 个字符。写一函数，将此字符串中从第 m 个字符开始的全部字符
复制成为另一个字符串。

```
#include"stdio.h"
#define N 10
main()
{char a[N+1],b[N+1],*p,*q;
 int m;
 gets(a);
 scanf("%d",&m);
 p=a+m;q=b;
 strcpy(q,p);
 puts(q);
 printf("%s\n",p);  /*后加的，输出 p 指向的数组*/
 printf("%s\n",a);
 printf("%s\n",b);
}
```

【实践 8-5】对给定的 5 个字符串按升序排序。

```
#include <stdio.h>
#include<string.h>
main()
{
char *str[]={"WuXi","NanJ","ShangH","YangZ","NanT"};
char *p;
int i,j,k;
for(i=0;i<5-1;i++)          /*5 个字符串比较 4 趟*/
{k=i;
for(j=i+1;j<5;j++)
  if(strcmp(str[j],str[k])<0)
  k=j;
  if(k!=i)
  {
    p=str[k];
    str[k]=str[i];
    str[i]=p;
  }
}
printf("排序后的字符串为：\n");
```

```
for(i=0;i<5;i++)
puts(str[i]);
}
```

【实践 8-6】输入 10 个整数，将其中最小的数与第一个数对换，把最大的数与最后一个数对换。写三个函数；①输入 10 个数；②进行处理；③输出 10 个数。

```
#include<stdio.h>
f(x,n)
int x[],n;
{int *p0,*p1,i,j,t,y;
 i=j=x[0];p0=p1=x;
 for(y=0;y<n;y++)
   {if(x[y]>i)
    {i=x[y];p0=&x[y];}
   else if(x[y]<j)
   {j=x[y];p1=&x[y];}}
   t=*p0;*p0=x[n-1];x[n-1]=t;
   t=*p1;*p1=x[0];x[0]=t;
   return;
   }
main()
{int a[10],u,*r;
 for(u=0;u<10;u++)
 scanf("%d",&a[u]);
 f(a,10);
 for(u=0,r=a;u<10;u++,r++)
 printf(" %d",a[u]);
 printf("\n");
 }
```

第 9 章   结构体与共用体

一、填空题

（1）12   6.000000

（2）p<person+3   old=p->age   q->name,old

（3）while(p!=NULL) { n++; p=p->next;}

（4）stu.name   &stu.score

（5）sizeof(struct node)

（6）12   4

（7）(*b).day   b->day

二、选择题

（1）B   （2）C   （3）D   （4）B   （5）B

（6）D   （7）C   （8）D   （9）D   （10）A

（11）D   （12）C   （13）D   （14）D   （15）B

（16）D   （17）C   （18）A   （19）B   （20）D

（21）D   （22）D   （23）A   （24）C   （25）C

（26）B   （27）B   （28）C   （29）C   （30）C

三、程序阅读题

（1）10, y

（2）7, 3

（3）13431

（4）6

（5）13

（6）0 4 5 15

（7）2002Shangxian

上机实践与能力拓展

【实践 9-1】【1】*a,*b,*c　　【2】(int *) malloc(sizeof(int))　　【3】a, b, c

　　　　　　【4】*a,*b,*c　　【5】*min=*b　　　　　　　【6】*c<*min

　　　　　　【7】*min=*c　　【8】*min

【实践 9-2】【1】!='\n'　　【2】p=top

【实践 9-3】以下函数 creat 用来建立一个带头结点的单向链表，新产生的结点总是插在链表的末尾。单向链表的头指针作为函数值返回，请完善

　　　　　　　　【1】struct list *　　【2】struct list *　　【3】return(h);

【实践 9-4】

（1）p2->next->next=q;　　q->next=NULL;

（2）q->next=p1->next;　　p1-> next=q;　　　或：p1->next=q;　　q->next=p2;

（3）free(head);　　head=p1;

（4）p1->next=p1->next->next;　　free(p2);

（5）p=head;

　　　while(p!=NULL)　　或 while(p)

　　　　{ printf("%ld, %s,%f\n", p->num, p->name,p->score);　　p=p->next; }

（6）q=(struct　node *) malloc(sizeof(struct node));

　　　q->num=70011; strcpy(q->name, "Wu an"); q->score=76.8;

（7）p=p1=head;

　　　while(p->num! =x　　&& p!=NULL)

　　　　{ p3=p;　　p=p->next;　　}

　　　if (p->num ==x)

　　　　　{ p3->next=p->next; free(p);

　　　else　　printf("No found!\n");

【实践 9-5】建立一个链表，每个结点包括成员：学号、姓名、性别、年龄。输入一个年龄，如果链表中的结点所包含的年龄等于此年龄，则将此结点删去。

```
#define NULL 0
#define LEN sizeof(struct student)
struct student
 {char num[6];
  char name[8];
```

```
   char sex[2];
   int age;
   struct student *next;
   }stu[10];
main()
{struct student *p,*pt,*head;
 int i,lenth,iage,flag=1;
 int find=0;
 while(flag==1)
  {printf("input lenth of list(<10):");
   scanf("%d",&lenth);        /*决定了结点个数即 for 循环次数*/
  if(lenth<10) flag=0;
}
for(i=0;i<lenth;i++)
   {p=(struct student *)malloc(LEN);
    if(i==0)  head=pt=p;
    else    pt->next=p;
    pt=p;
    printf("xh:");
    scanf("%s",p->num);
    printf("name:");
    scanf("%s",p->name);
    printf("sex:");
    scanf("%s",p->sex);
    printf("age:");
    scanf("%d",&p->age);
}
p->next=NULL;
p=head;
printf("\n xh    name    sex   age\n");
while(p!=NULL)
  { printf("%4s%8s%6s%6d\n",p->num, p->name, p->sex, p->age);
   p=p->next;
  }
 printf("Input  age:");       /*输入年龄*/
scanf("%d",&iage);
pt=head;
p=pt;
if(pt->age==iage)             /*如果结点中含此年龄则删除该结点*/
   {p=pt->next;                  /*当有多个结点年龄相同时,只能删除多个*/
   head=pt=p;
   find=1;
   }
else    pt=pt->next;
while(pt!=NULL)
  {if(pt->age==iage)
    {p->next=pt->next; find=1; }
    else p=pt;
    pt=pt->next;
    }
if(!find)   printf("Not found%3d.",iage);
p=head;
```

```
printf("\n xh    name    sex    age\n");
while(p!=NULL)
 {
  printf("%4s%8s",p->num,p->name);
  printf("%6s%6d",p->sex,p->age);
  printf("\n");                    /*输出 4 个成员后换行*/
  p=p->next;
 }
```

【实践 9-6】现有两个链表，每个链表中的结点包括学号（xh）、成绩（cj）。要求把这两个链表合并，然后按学号升序排列。

```
#include <stdio.h>
#include <stdlib.h>
#define N 6                        /*链表中结点的个数*/
#define LEN struct student
struct student
{
    int xh;
    float cj;
    struct student *next;
};

struct student *create()
{
    int i;
    struct student *p,*head=NULL,*tail=head;
    for(i=0;i<N;i++)
    {
        p=(struct student *)malloc(sizeof(LEN));
        /*malloc 用来动态申请内存空间*/
        scanf("%d%f",&p->xh,&p->cj);
        p->next=NULL;
        if(p->xh<0)
        {
            free(p);          /*free 用来释放 malloc 申请的空间*/
            break;
        }
        if(head==NULL) head=p;
        else           tail->next=p;
        tail=p;
    }
    return head;
}

void output(struct student *p)
 {
    while(p!=NULL)
     {
      printf("%d\t%.2f\n",p->xh,p->cj);
      p=p->next;
     }
 }
```

```
struct student *link(struct student *p1,struct student *p2)
  {                                /*p1 指向链表 a,p2 指向链表 b*/
    struct student *p,*head;
    if(p1->xh<p2->xh)
      { head=p=p1;  p1=p1->next; }
    else
      { head=p=p2;    p2=p2->next; }
    while(p1!=NULL&&p2!=NULL)
      {
        if(p1->xh<p2->xh)
          {p->next=p1; p=p1; p1=p1->next;}
        else
          {p->next=p2; p=p2;  p2=p2->next;}
      }
    if(p1!=NULL)   p->next=p1;
    else           p->next=p2;
    return head;
}

struct student *sort(struct student *head)
{
  struct student *first;          /*排列后有序链表的头指针*/
  struct student *tail;           /*排列后有序链表的尾指针*/
  struct student *p_min;          /*保留键值更小的节点的前驱结点的指针*/
  struct student *min;            /*存储最小结点*/
  struct student *p;              /*当前比较的结点*/
  first=NULL;
  while(head!=NULL)               /*在链表中找键值最小的结点。*/
    {
      /*下面 for 语句就是体现选择排序思想的地方*/
      for(p=head,min=head;p->next!=NULL;p=p->next)/*循环遍历链表中的结点，找出此时最小的结
点。*/
        {
        if(p->next->xh<min->xh)    /*找到一个比当前 min 小的结点。*/
          {
          p_min=p;                 /*保存找到节点的前驱结点：显然 p->next 的前驱结点是 p。*/
          min=p->next;             /*保存键值更小的结点。*/
          }
        }
      if(first==NULL)              /*如果有序链表目前还是一个空链表*/
        {
          first=min;               /*第一次找到键值最小的结点。*/
          tail=min;                /*注意：尾指针让它指向最后的一个结点。*/
        }
      else                         /*有序链表中已经有结点*/
        {
        tail->next=min;            /*把刚找到的最小结点放到最后，即让尾指针的 next 指向它。*/
        tail=min;                  /*尾指针也要指向它。*/
        }
      if(min==head)                /*如果找到的最小结点就是第一个结点*/
        {
```

```
       head=head->next;            /*显然让 head 指向原 head->next,即第二个结点，就 OK*/
      }
     else                          /*如果不是第一个结点*/
      {
       p_min->next=min->next;      /*前次最小结点的 next 指向当前 min 的 next,这样就让 min 离开了
原链表。*/
      }
    }
   if(first!=NULL)                  /*循环结束得到有序链表 first*/
    { tail->next=NULL;}             /*单向链表的最后一个结点的 next 应该指向 NULL*/
   head=first;
   return head;
}
main()
{
  struct student *a,*b,*c,*d;
  printf("\n 请输入链表 a 的信息,格式(学号 成绩),学号小于零时结束输入: \n");
  a=create();                      /*调用 create()函数创建链表 a*/
  printf("\n 请输入链表 b 的信息,格式(学号 成绩),学号小于零时结束输入: \n");
  b=create();                      /*调用 create()函数创建链表 a*/
  printf("\n 链表 a 的信息为: \n");
  output(a);                       /*输出链表 a*/
  printf("\n 链表 b 的信息为: \n");
  output(b);                       /*输出链表 b*/
  c=link(a,b);                     /*调用 link()函数合并链表 a,b*/
  printf("\n 合并后的链表信息为: \n");
  output(c);                       /*输出合并后的链表 c*/
  d=sort(c);
  printf("\n 合并且排序后的链表信息为: \n");
  output(d);                       /*输出排序后的链表 d*/
}
```

【实践 9-7】编写一个函数 dayin，打印一个学生的成绩数，该数组中有 5 个学生的数据记录，每条记录均包括 xh、xm、cj[3]，用主函数输入这些记录，然后再用 dayin 函数输出这些记录。

```
#include<stdio.h>
#define N 5   /*5 名学生*/
struct xs
 {
  char xh[6];
  char xm[8];
  int cj[4];
 }stu[N];
main()
{
 int i,j ;
 for(i=0;i<N;i++)
  {
   printf("请输入学生成绩%d:\n",i+1);
   printf("学号:");
   scanf("%s",stu[i].xh);
   printf("姓名:");
   scanf("%s",stu[i].xm);
   for(j=0;j<3;j++)
```

```
    { printf("3门课成绩%d:",j+1);
      scanf("%d",&stu[i].cj[j]);
     }
    printf("\n");
   }
 dayin(stu);                    /*调用打印函数 dayin()*/
 }
dayin(struct xs stu[N])        /*调用打印函数 dayin()*/
{
 int i,j,sum=0;
 for(i=0;i<N;i++)
 {
  printf("%6s%8s ",stu[i].xh,stu[i].xm);
  for(j=0;j<3;j++)
    printf("%4d",stu[i].cj[j]);
  printf("\n");
 }
}
```

第 10 章 文　件

一、选择题

（1）C　　　（2）D　　　（3）D　　　（4）B　　　（5）C

（6）B　　　（7）D　　　（8）A　　　（9）D　　　（10）D

（11）A　　（12）A　　（13）D　　（14）B　　（15）A

（16）C　　（17）A　　（18）B

二、填空题

（1）【1】fp=fopen("test.txt","r");　　　【2】Hell

（2）【3】"d1.dat", "rb" 或 "d1.dat", "r+b" 或 "d1.dat","rb+"

（3）【4】!feof(fp)

（4）【5】fopen

（5）【6】"d3.dat", "w+" 或 "d3.dat", "w" 或 "d3.dat", "wt" 或 "d3.dat", "w+t"

　　　【7】fclose(fp)

（6）【8】fname　　　　　【9】fp

（7）【10】"d4.dat"　　　【11】fp

（8）【12】"w" 或 "w+" 或 "wt" 或 "w+t" 或 "wt+"

　　　【13】str[i]-32 或 str[i]-('a'-'A') 或 str[i]-'a'+'A'

　　　【14】"r" 或 "r+" 或 "r+t" 或 "rt+"

（9）【15】fopen(fname, "w")

　　　【16】ch

（10）【17】(!feof(fp)

（11）【18】3　　（命令行有 3 个参数，即要 argc>=3）　　　【19】!feof(f1)

解析：先将此文件保存为 xt10_11tk.c，然后编译为 xt10_11tk.exe 文件，最后打开命令提示符窗口，输入以下命令：

　　　C:\>xt10_11tk　yy.txt qq.czq

> 上面这三个文件均保存在 C 盘的根目录下，而且 yy.txt 要事先存在，否则会显示 "Can't open file!"

C:\>xt10_11tk 3   qq.czq   yy.txt

Can't open file!

上机实践与能力拓展

【实践 10-1】编程，要求从键盘输入一个字符串，把它输出到磁盘文件 file1.txt 中。

```
#include <stdio.h>
main()
{
  char ch;
  FILE *fp=fopen("file11.txt", "w+");
  if(fp==NULL)
    {printf("open the file fail!");
     return -1;
     }                            /*此处的 if 语句可无，若文件不存在则新建*/
  while((ch=getchar())!='\n')    /*遇回车结束输入*/
  fputc(ch, fp);
  fclose(fp);
}
```

【实践 10-2】从键盘输入一个字符串，将其中的小写字母全部转换成大写字母，然后输出到一个磁盘文件 string.txt 中保存，输入的字符串以"#"结束。

```
#include <stdio.h>
main()
{
  char ch;
  FILE *fp=fopen("string.txt", "w+");
  if(fp==NULL)
    {printf("open the file fail!");
     return -1;
     }
  while((ch=getchar())!='#')  /*遇#结束输入*/
    {if(ch>='a'&&ch<='z') ch-=32;
     fputc(ch,fp);
     }
  fclose(fp);
}
```

【实践 10-3】有两个磁盘文件 a1.txt 和 a2.txt，各存放若干行字符，今要求把这两个文件中的信息按行交叉合并（即先是 a1.txt 的第一行，接着是 a2.txt 中的第一行，然后是 a1.txt 的第二行，跟着是 a2.txt 的第二行，…），输出到一个新文件 a3.txt 中去。

```
#include <stdio.h>
#include<stdlib.h>
main()
{FILE *fp1,*fp2,*fp3;
```

```
    char str1[50],str2[50];
    fp1=fopen("a1.txt","r");          //a1.txt 要存在，否则出错
    fp2=fopen("a2.txt","r");          //a2.txt 要存在，否则出错
    fp3=fopen("a3.txt","w+");
    while(!feof(fp1)||!feof(fp2))
     {fgets(str1,50,fp1);
     if(!feof(fp1)) fputs(str1,fp3);     /*如果到a1.txt 文件尾则停止输出到a3.txt 文件*/
     fgets(str2,50,fp2);
                /*从fp2 指向的文件a2.txt 中读取49 个字符到以str2 为首地址的字符数组中*/
     if(!feof(fp2)) fputs(str2,fp3);     /*如果到a2.txt 文件尾则停止输出到a3.txt 文件*/
     }
fclose(fp1);
fclose(fp2);
fclose(fp3);
}
```

【实践 10-4】将 5 名学生的数据（学号，姓名，成绩）从键盘输入，保存到文件 xs.dat 中，并求出最高分；然后在 xs.dat 的末尾再添加一位学生的数据，统计出 xs.dat 中保存的学生人数。

```
#include<stdio.h>
struct student
    {char num[6];
     char name[8];
     int cj;
     }xs[5],zj,dq[10],*p=dq;
int max=0,k=0;
main()
{int i;
FILE *fp;
for(i=0;i<5;i++)
    {printf("Input cj of %d student:\n",i+1);
    printf("xh:");
    scanf("%s",xs[i].num);
    printf("name:");
    scanf("%s",xs[i].name);
    printf("score:");
    scanf("%d",&xs[i].cj);
    printf("\n");
    if(max<xs[i].cj) max=xs[i].cj;
  }

fp=fopen("xs.dat","w");
for(i=0;i<5;i++)
 if(fwrite(&xs[i],sizeof(struct student),1,fp)!=1)
    printf("File write error\n");
fclose(fp);
fp=fopen("xs.dat","r");
for(i=0;i<5;i++)
    {fread(&xs[i],sizeof(struct student),1,fp);
     printf("%s,%s,%d\n",xs[i].num,xs[i].name,xs[i].cj);
     }
printf("最高分: %d\n",max);
fclose(fp);
fp=fopen("xs.dat", "a");
```

```
scanf("%s%s%d",zj.num,zj.name,&zj.cj);
fwrite(&zj,sizeof(struct student),1,fp);
fclose(fp);


fp=fopen("xs.dat","r");
while(!feof(fp))
  k=fread(p,sizeof(struct student),100,fp);
printf("%d\n",k);
fclose(fp);
}
```

【实践 10-5】设 worker.dat 中的记录个数不超过 100，试读出这些数据，对年龄超过 50 岁的职工每人增加 100 元工资，然后按工资高低排序，排序结果存入文件 w_sort.dat 中。

```
#include<stdio.h>
#include<string.h>
#define N  4   /*处理的职工人数不超过100*/
struct work
  {char num[6];
   char name[10];
   char sex;
   int age;
   int salary;
  }worker[10],temp;


main()
  {FILE *fp;
   int i,j,k;
   for(i=0;i<N;i++)
     {printf("Input xinxi of %d worker:\n",i+1);
      printf("gh:");
      scanf("%s",worker[i].num);
      printf("name:");
      scanf("%s",worker[i].name);
      printf("sex:");        /*下行多出一个getchar()用来抵消回车符*/
      getchar();             //此处可改为scanf("%c",&worker[i].sex);
      worker[i].sex=getchar();
      getchar();             /*多出一个getchar()用来抵消回车符*/
      printf("age:");
      scanf("%d",&worker[i].age);
      printf("salary:");
      scanf("%d",&worker[i].salary);
      printf("\n");
     }
  fp=fopen("worker.dat","wb");
  for(i=0;i<N;i++)
   {if(fwrite(&worker[i],sizeof(struct work),1,fp)!=1)
    printf("File write error\n");
   }
  fclose(fp);
  printf("\n gh   name sex age  salary");
  fp=fopen("worker.dat","rb");
  if(fp==NULL)
   { printf("\ncan not open the file");
```

```
        exit(0);
      }
    for(i=0;i<N;i++)
      {fread(&worker[i],sizeof(struct work),1,fp);
       printf("\n%4s,%5s,%3c,%5d,%8d",worker[i].num,worker[i].name,worker[i].sex,worker
[i].age,worker[i].salary);
      }
    printf("\n**********************************\n");
    fclose(fp);
    printf("\nRenew content of worker.dat:");
    fp=fopen("worker.dat","wb");
    for(i=0;i<N;i++)
      {if(worker[i].age>50) worker[i].salary+=200;
       fwrite(&worker[i],sizeof(struct work),1,fp); }
    fclose(fp);
    fp=fopen("worker.dat","r");
    if(fp==NULL)
      {printf("\ncan't open the file");
       exit(0);
      }
    printf("\n gh   name sex age  salary");
    for(i=0;fread(&worker[i],sizeof(struct work),1,fp)!=0;i++)
        printf("\n%4s,%5s,%3c,%5d,%8d",worker[i].num,worker[i].name,worker[i].sex,
worker[i].age,worker[i].salary);
    fclose(fp);
    /*下面是对工资进行高低排序*/
    k=i;
    for(i=0;i<k;i++)
    for(j=i+1;j<k;j++)
     if(worker[i].salary<worker[j].salary)
      { temp=worker[i];
        worker[i]=worker[j];
        worker[j]=temp;
      }
    printf("\n\nafter sorting order new sort:");
    fp=fopen("w_sort.dat","w");
    for(i=0;i<k;i++)
      { fwrite(&worker[i],sizeof(struct work),1,fp);
        printf("\n%4s,%5s,%3c,%5d,%8d",worker[i].num,worker[i].name,worker[i].sex,worker
[i].age,worker[i].salary);
      }
    fclose(fp);
}
```

【实践 10-6】 有一磁盘文件 employee.dat，用于存放有职工的数据。每个职工的数据包括：职工姓名、职工号、性别、年龄、住址、工资。今要求将职工名、工资的信息单独抽出来另建一个简明的职工工资文件 salary.dat。再从 salary.dat 文件中删去一名职工的数据，并存回原文件。

```
#include<stdio.h>
#include<string.h>
#define N  3
struct work
{char num[6];
```

```
 char name[10];
 char sex;
 int age;
int salary;
}worker[10];

struct em
   {char name[10];
    int salary;
   }em_gz[10];

main()
 {FILE *fp1,*fp2;
  int i,j,n,flag;
  char name[10];
  for(i=0;i<N;i++)
  {printf("Input xinxi of %d worker:\n",i+1);
   printf("gh:");
   scanf("%s",worker[i].num);
   printf("name:");
   scanf("%s",worker[i].name);
   printf("sex:");
   scanf("%c",&worker[i].sex);
   worker[i].sex=getchar();/*此行和上一行都是给sex赋值，少一行结果就不对，很奇怪*/
   getchar();  /*多出一个getchar()用来抵消回车符*/
   printf("age:");
   scanf("%d",&worker[i].age);
   printf("salary:");
   scanf("%d",&worker[i].salary);
   printf("\n");
   strcpy(em_gz[i].name,worker[i].name);
   em_gz[i].salary=worker[i].salary;
  }

fp1=fopen("work.dat","wb");
for(i=0;i<N;i++)
 {if(fwrite(&worker[i],sizeof(struct work),1,fp1)!=1)
   printf("File write error\n");
 }
fclose(fp1);
fp2=fopen("salary.dat","wb");
 for(i=0;i<N;i++)
 {if(fwrite(&em_gz[i],sizeof(struct em),1,fp2)!=1)
  printf("File write error\n");
 }
 fclose(fp2);
printf("\n gh   name sex age   salary \n");
fp1=fopen("work.dat","rb");
for(i=0;i<N;i++)
 {fread(&worker[i],sizeof(struct work),1,fp1);
   printf("\n%4s,%5s,%3c,%5d,%8d",worker[i].num,worker[i].name,worker[i].sex,worker
[i].age,worker[i].salary);
```

```
        }
printf("\n*****************************************\n");
fclose(fp1);

printf("name   salary \n");
fp2=fopen("salary.dat","rb");
if(fp2==NULL)
  { printf("\ncan not open the file");
    exit(0);
  }
for(i=0;i<N;i++)
  {fread(&em_gz[i],sizeof(struct em),1,fp2);
   printf("%-8s%-6d\n",em_gz[i].name,em_gz[i].salary);
  }
fclose(fp2);
n=i;
printf("\nInput deleted name :");
scanf("%s",name);
for(flag=1,i=0;flag&&i<n;i++)
  { if(strcmp(name,em_gz[i].name)==0)
    { for(j=i;j<n-1;j++)
      { strcpy(em_gz[j].name,em_gz[j+1].name);
        em_gz[j].salary=em_gz[j+1].salary;
      }
     flag=0;
    }
  }
if(!flag)   n=n-1;
else        printf("\nNot found!");
printf("\nNew content of salary.dat:\n");
fp2=fopen("salary.dat","wb");
for(i=0;i<n;i++)
   fwrite(&em_gz[i],sizeof(struct em),1,fp2);
fclose(fp2);
fp2=fopen("salary.dat","r");
printf("name   salary \n");
for(i=0;fread(&em_gz[i],sizeof(struct em),1,fp2)!=0;i++)
   printf(" %-8s%6d\n",em_gz[i].name,em_gz[i].salary);
fclose(fp2);
}
printf("name   salary \n");
fp2=fopen("salary.dat","rb");
for(i=0;i<2;i++)
  {fread(&em_gz[i],sizeof(struct em),1,fp2);
   printf("%-8s%6d\n",em_gz[i].name,em_gz[i].salary);
  }
fclose(fp2);
}
```

[1] 谭浩强. C 程序设计[M]. 北京：清华大学出版社，1991.

[2] 谭浩强，张基温. C 语言程序设计教程（第 3 版）[M]. 北京：高等教育出版社，1992.

[3] 李大友. C 语言程序设计[M]. 北京：清华大学出版社，1999.

[4] 段智毅，杨辉. C 语言程序设计[M]. 北京：北京邮电大学出版社，2009.

[5] 谭浩强. C 程序设计（第四版）[M]. 北京：清华大学出版社，2010.

[6] 金升灿. C 语言程序设计[M]. 北京：机械工业出版社，2011.

[7] 王洪海，陈向阳，盛魁，邵立. C 语言程序设计[M]. 北京：人民邮电出版社，2011.

[8] 张磊. C 语言程序设计（第 3 版）[M]. 北京：清华大学出版社，2012.